普通高等院校"十三五"规划教材

生态乡村规划

主　编　赵先超　鲁　婵
副主编　胡艺觉　袁　超

中国建材工业出版社

图书在版编目（CIP）数据

生态乡村规划/赵先超，鲁婵主编．--北京：中
国建材工业出版社，2018.6（2022.1重印）
普通高等院校"十三五"规划教材
ISBN 978-7-5160-2291-7

Ⅰ.①生… Ⅱ.①赵…②鲁… Ⅲ.①乡村规划—中
国—高等学校—教材 Ⅳ.①TU982.29

中国版本图书馆 CIP 数据核字（2018）第 130188 号

内 容 提 要

本书第一章至第三章回顾了乡村的概念与乡村划分，提出了生态乡村规划的学科支撑与理论基础，简述了生态乡村规划及发展历程，介绍了生态乡村规划的方法和程序；第四章至第十章重点围绕生态乡村战略规划、产业布局与发展规划、居民点布局与节地控制规划、景观规划、基础设施与公共服务设施规划、环境规划、旅游规划等主题逐一介绍了生态乡村规划的主要专题规划内容；第十一章围绕生态乡村规划的编制依据、成果形式与要求、"多规合一"对生态乡村规划编制的"新"要求、"乡村振兴"对生态乡村规划实施的"新"要求、生态乡村规划建设模式等进行了阐述。

本书理论与实例相结合，系统阐述和专题探讨相结合，经典知识与前沿热点相结合，既具有教材的普遍性特点，也具有一定的研究属性，可作为全国高等院校城乡规划、人文地理与城乡规划、自然地理与资源环境、地理科学等相关本科专业以及城乡规划、农村与区域发展等相关研究生专业的教学用书，也可供乡村建设的规划人员、设计人员和管理人员参考。

生态乡村规划

主 编 赵先超 鲁 婵
副主编 胡艺觉 袁 超
出版发行：中国建材工业出版社
地　　址：北京市海淀区三里河路 1 号
邮　　编：100044
经　　销：全国各地新华书店
印　　刷：北京鑫正大印刷有限公司
开　　本：787mm×1092mm　1/16
印　　张：16.5
字　　数：400 千字
版　　次：2018 年 6 月第 1 版
印　　次：2022 年 1 月第 3 次
定　　价：**56.80 元**

本社网址：www.jccbs.com　　微信公众号：zgjcgycbs
本书如出现印装质量问题，由我社市场营销部负责调换。联系电话：(010) 88386906

普通高等院校"十三五"规划教材
《生态乡村规划》分册编委会

主　任：周跃云

副主任：周湘华　曾志伟　覃永晖　赵先超

委　员：欧　舟　李　昊　刘建文　张　昉　杨鹏飞

普通高等院校"十三五"规划教材
《生态乡村规划》分册编写组

主　编：赵先超　鲁　婵

副主编：胡艺觉　袁　超

成　员：谭书佳　贺莹莹　宋丽美　马肖迪　谢　皖
　　　　刘　扬　仝　杰　任　佳　凡雨宸　苗　杰

前　　言

伴随着社会主义新农村建设的推进，生态乡村规划及相应的人才培养开始被关注。然而，客观来看，当前国内尚缺乏一本较为系统、完善的乡村规划教材。近年来，湖南工业大学城市与环境学院（原建筑与城乡规划学院）以服务乡村振兴战略为己任，先后建设了新农村研究中心、乡村振兴战略研究院、美丽乡村建设与发展研究中心等研究平台，在生态乡村规划的人才培养、科学研究等层面均取得了一定的成果。而如何系统地梳理生态乡村规划的理论框架与规划内容进而培养更多生态乡村规划领域的人才加入到美丽乡村规划与设计、建设与发展服务阵营，既是一名高校城乡规划教育者的历史使命，也是服务美丽乡村规划与建设发展的契合点。

教材分为上、中、下三篇。上篇为理论篇（第一章至第三章），回顾了乡村的概念与乡村划分，提出了生态乡村规划的学科支撑与理论基础，简述了生态乡村规划及发展历程，介绍了生态乡村规划的方法和程序；中篇为专题篇（第四章至第十章），结合近年来编者从事乡村规划工作实践与理论研究成果，重点围绕生态乡村战略规划、产业布局与发展规划、居民点布局与节地控制规划、景观规划、基础设施与公共服务设施规划、环境规划、旅游规划等主题逐一介绍了生态乡村规划的主要专题规划内容；下篇（第十一章）为实施篇，围绕生态乡村规划的编制依据、成果形式与要求、"多规合一"对生态乡村规划编制的"新"要求、"乡村振兴"对生态乡村规划实施的"新"要求、生态乡村规划建设模式等进行了阐述。

本教材的编写由赵先超负责总体设计、策划、组织和统稿；鲁婵、胡艺觉负责教材框架的进一步细化与后期统稿工作。此外，贺莹莹、袁超负责书稿的前期统稿工作；袁超、马肖迪负责书稿的部分图片绘制工作。

本教材各章具体编写人员如下：第一章 绪论（马肖迪、鲁婵）；第二章 生态乡村规划的学科支撑与理论基础（马肖迪、胡艺觉）；第三章 生态乡村规划及发展（宋丽美、赵先超）；第四章 生态乡村战略规划（宋丽美、胡艺觉）；第五章 生态乡村产业布局与发展规划（任佳、袁超）；第六章 生态乡村居民点布局与节地控制规划（袁超、赵先超）；第七章 生态乡村景观规划（刘扬、仝杰）；第八章 生态乡村基础设施与公共服务设施规划（贺莹莹、苗杰）；第九章 生态乡村环境规划（谢皖、鲁婵）；第十章 生态乡村旅游规划（袁超、谭书佳、凡雨宸）；第十一章 生态乡村规划的实施（贺莹莹、鲁婵）。

本教材在编写过程中，参考了诸多国内外专家、学者的相关研究成果，在此对这些研究成果的作者也表示最衷心的感谢。

限于作者水平，本教材对生态乡村规划的研究广度和深度有限，旨在抛砖引玉，希望广大城乡规划专业相关师生以及广大乡村规划工作者能够关注生态乡村规划的理论研究和实践推广，从而共同推动"乡村振兴"国家重大战略的落实。

编　者

2018 年 5 月于湖南工业大学

目　　录

第一章 绪 论

本章主要回顾了乡村的概念与乡村划分，分析了"三农"问题与生态乡村的起源，介绍了乡村发展、乡村规划与乡村建设，提出了传统乡村规划的缺陷，由此引出了生态乡村规划。

中国是一个传统的农业大国。一直以来，乡村在国家发展中始终占据着重要的地位。随着全球生态环境问题的日益加剧，协调区域经济、社会发展与自然环境之间的关系，进而构建可持续发展的新局面以及实现新时期区域可持续发展的宏伟目标已成为当今社会各界所关注的重要课题之一。而如何实现新时期区域可持续发展的目标，生态规划在推进区域可持续发展进程中具有重要的作用。乡村地域和乡村人口数量庞大，乡村的生态化规划、建设是区域生态化建设的重要组成部分，也是实现美丽乡村建设目标的重点领域之一。正是由此，在寻求可持续发展路径的大背景下，将生态理念、生态技术引入乡村规划是十分必要的。

第一节 乡村的概念和乡村划分

一、乡村的概念

乡村是居民以农业为主要经济活动的一类聚落的总称，指除直辖市、地级市、县级市、县政府驻地的城关镇以及其他建制镇以外的不属于城镇的区域。乡村普遍具有以农业生产为主要经济基础、社会结构相对较为简单、居民生活方式与城市有明显差别等特点。

《辞海》中指出乡村是表示地域的概念，划分的标准是以农业经济为主的聚居地，是指"以农业经济为主的"人口聚居地区；乡村的范围，又应当是指除了建制市、建制镇和其他集镇之外的区域；在统计学上，一般将未划入城市的人口均归属农村人口。

对于乡村概念的进一步理解，一般从以下几个方面展开：从人口密度来看，乡村的人口聚集程度低，人口密度较小，人员构成简单；从产业构成上看，乡村主要以第一产业为主；从社会角度来看，乡村的社会结构和居民生活方式较简单且单一；从社会文化取向来看，乡村居民一般被视为重视家庭、敬重长者，具有较为强烈的小区域意识，并且对社会政治的变迁保持较小程度关注的固守传统价值体系者；从居民所从事的职业取向来看，乡村是以基础工业、农业、林业等作为主导产业形态的区域。

1

二、乡村的划分

改革开放以来，我国经济迅速发展，城镇化水平得到了显著提升，城市建设日新月异，乡村规划建设也逐渐被重视。一方面，近年来，国家对乡村出台了改善乡村面貌等一系列措施，如建设社会主义新农村、特色小镇建设、美丽乡村建设、打造田园综合体模式、城乡一体化发展、乡村旅游等政策。特别是党的"十九大"提出实施乡村振兴战略，推动了一批"农业强、农村美、农民富"的生态乡村建设。另一方面，由于各乡村自然地理区位、经济发展水平、自身发展基础等存在较大差异，国内出现了不同类型的乡村发展模式。进行乡村发展模式研究，以及进行科学的生态乡村规划编制的重要前提是科学掌握乡村类型。

对于乡村类型划分，可采用不同的划分标准进行，如根据人口规模、地形地貌、布局方式等。

参考《镇规划标准》，按照人口规模，乡村可分为特大型村、大型村、中型村、小型村四类；按照行政级别来划分，乡村可分为自然村和行政村；按照地形地貌进行分类，乡村可划分为平原村、丘陵村、滨湖村、沿海村、草原村、山区村等；按照布局方式不同，乡村通常划分为集中式布局类和分散式布局类；按照肌理形态，乡村可划分为散点式、街巷式、组团式、条纹式和图案式乡村。其具体见表1-1。

表1-1 乡村的划分依据及类别

划分依据与标准	乡村类别
人口规模	特大型村、大型村、中型村、小型村
行政级别	自然村、行政村
地形地貌	平原村、丘陵村、滨湖村、沿海村、草原村、山区村
布局方式	集中式布局、分散式布局
肌理形态	散点式、街巷式、组团式、条纹式、图案式

1. 按照人口规模进行划分

特大型村人口规模大于1000人，大型村人口在601～1000人之间，中型村人口在201～600人之间，小型村的人口小于等于200人（表1-2）。特大型村一般是乡政府或村民委员会的所在地，拥有一定数量的文化教育、生活服务设施，这些乡村一般分布在农业发展状况良好的平原地区，以华北地区居多；中型村和大型村是我国最常见的乡村，一般由几个乡村组成一个行政村，并设有小学、幼儿园以及基础的公共服务设施；小型村主要分布在丘陵区、山地区、林区以及牧区等，占地面积较大，但是人口规模较小，因受到自然条件的影响和限制，乡村住宅分布一般较为分散。

表1-2 镇规划标准中对乡村规划规模的分级

乡村类型	规划人口规模分级（人）
特大型	＞1000
大型	601～1000
中型	201～600
小型	≤200

2. 按照行政级别进行划分

按照行政级别对乡村进行划分，主要分为自然村和行政村。其中，自然村是居民长时间在某处自然环境中聚集而自然形成的村落，一般是自发形成的，村庄自然环境良好，基础设施较落后，一般具有朴实的风俗习惯；行政村是国家按照法律规定而设立的农村基层管理单位，指政府为了方便管理，在乡镇政府以下建立的我国最基层的农村行政单元，它由若干个自然村组成，行政村有一套领导班子（党支部、村委会）管理，其下属的不同自然村则设置平行的不同行政小组（村民小组）。

3. 按照地形地貌进行划分

乡村按地形地貌可划分为平原村、丘陵村、滨湖村、沿海村、草原村、山区村等。一般来说，平原村、滨湖村和沿海村物种丰富，地域条件优越，村民文化程度较高，社会物资或人员流动性相对频繁，经济发展水平也相对较高；草原村大多是经过长期的畜牧、种植、养殖而形成的部落，经常是以季节性生产和以第一产业为主的生活方式，不同于农区和林区是较固定的乡村形式，草原村通常是随着经济的发展，居民在满足基本的物质生活后逐渐形成的乡村部落；山区村一般较落后，村庄发展较闭塞，基础设施较落后，生产方式比较单一，贫困人口较多。

4. 按照布局方式进行划分

乡村按照布局方式主要分为集中式布局和分散式布局两类。其中，集中式布局分为组团式布局、块状式布局和带状式布局；分散式布局分为分散组团式布局和多点分散式布局。根据乡村的地形地貌以及社会发展等影响因素，乡村规划布局时要因地制宜，采取合适的布局形态。

集中式布局是以现状村庄为基础或重新选址集中建设的布局形式。集中式布局乡村往往具有组织结构简单、内部设施健全、节约土地、便于基础设施建设、节省投资等特点，并且可以使居民更好地共享资源，做到资源利用的最大化。同时，集中式布局乡村也往往能够提升集中地区的区域活力，增强村庄的凝聚力。

（1）组团式布局。组团式布局由两片或两片以上相对独立建设用地组成的村庄，如图 1-1a 所示。组团式空间布局与现状地形结合紧密，能较好地保持原有的社会组织结构，并减少拆迁和村民搬迁数量，减少对自然环境的破坏，能将更多的绿化景观引入到村庄当中，使较多田园风光渗透到乡村的景观当中。但是该类型乡村多存在服务设施较分散，公共设施、基础设施配套费用相对较高等问题。

（2）块状式布局。块状式布局的乡村多分布在平原地区，其优点是可以节约、集约利用土地资源。块状式布局乡村房屋比较集中，平面形态呈近圆形或不规则的多边形，多以道路交叉点、泉水或寺院等为中心集聚众多住宅自然形成，如图 1-1b 所示。

（3）带状式布局。带状式布局的乡村多沿河流、山谷、交通线或为避免洪水浸淹而沿高地成条带状，或者若干乡村首尾相接成带状式，如图 1-1c 所示。

分散式布局是乡村地区另外一种常用的空间布局形式，体现了人与自然和谐共生的特点。这种布局方式表面看起来较为随意，但各个村庄存在一定的联系。

（1）分散组团式布局。该类型乡村能充分结合自然地理环境，是由若干规模较小

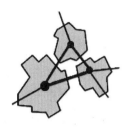

(a) 组团式布局 　　　　(b) 块状式布局 　　　　(c) 带状式布局

图 1-1　集中式布局

的居住组团形成的布局形式，具有结构松散、无明显中心区、整体布局呈现各种不规则形状的特点，易于和现状地形结合，有利于乡村环境景观保护，如图 1-2a 所示。

（2）多点分散式布局。多点分散式布局较为灵活，村庄用地发展具有一定的弹性，与自然和谐共融，村庄周边环境优美，如图 1-2b 所示。但是该类型乡村也多存在用地较为分散，土地利用率低；各村庄不易统一配套建设基础设施，分散建设成本较高；各村庄居民联系不方便，不易形成浓郁的乡村氛围等问题。

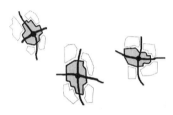
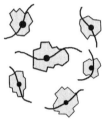

（a）分散组团式布局 　　　　　（b）多点分散式布局

图 1-2　分散式布局

5. 按照肌理形态进行划分

乡村按照其肌理形态可划分为散点式、组团式、街巷式、条纹式、图案式等。乡村的肌理是在乡村的自然生态、传统文化与社会经济协调发展的基础之上形成的乡村聚居格局，蕴含着丰富的社会、历史、文化价值。在生态乡村规划建设中保护传统乡村风貌，重视村庄肌理形态的延续具有重要的意义。

（1）散点式布局。散点式布局形式的乡村与周围自然环境融为一体，具有不拘一格、自然和谐的肌理美。散点式布局是指建筑物自然分布于起伏的乡村聚居地，这种布局方式并不试图去改造自然，不追求规整的布局，建筑虽散点分布，具有一定的随意性，但又凝聚于某个中心，如公共广场、池塘等。但是由于布局方式较为松散，建筑各间距较大，所以土地利用率较低，如图 1-4a 所示。

（2）组团式布局。组团式布局的乡村受自然地形影响较大，常见于地形较复杂的较大村庄。如地势内有较大的河、湖、塘等水系，村庄受到河网及地形高差的影响，把村庄分割形成两个及两个以上彼此相对独立的组团，并由道路、水系、植被等进行连接，各个组团虽然相对独立但又存在一定的联系，如图 1-4b 所示。

（3）街巷式布局。街巷式布局的村庄布置一般沿着主要道路展开，布局形式比较规整，如图 1-4c 所示。街巷在乡村中起着联系各功能分区以及公共空间的作用，通过建筑的围合来界定空间边界。空间秩序感较强，具有一定的内聚性，肌理形态比较丰富。如中国第一水乡周庄（图 1-3），有着悠久的历史，形成了江南水乡独特的水街肌理形态，街道呈井字形，尺度宜人，村庄依河成街与水系有机融合，街巷的曲折、进退、对景、节律等方面处理较好，宫、庙、塔、牌楼等构成了丰富的街道对景。

图 1-3 江苏省昆山市第一水乡周庄

（4）条纹式布局。条纹式布局的村庄肌理常见于地形高差较大的山地村庄。由于丘陵山地坡度较大，受山地环境因素较大，依据自然地势而形成的由不同高差的台地地形，建筑群呈条状伸展布局为特点的条纹式村庄聚合力较强，对用地相对紧张的山地村庄是一种较适宜的布局方式，如图 1-4d 所示。

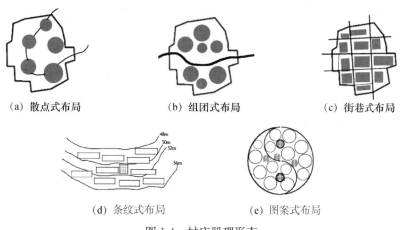

（a）散点式布局　　　　　（b）组团式布局　　　　　（c）街巷式布局

（d）条纹式布局　　　　　（e）图案式布局

图 1-4 村庄肌理形态

（5）图案式布局。图案式布局的村庄形态肌理一般受地形或风水理念等影响，会采用某种象征意义的特殊图案进行规划（图 1-4e），如八卦形的乡村。这类村庄目的是体现出某种文化及宗教的理念，村庄一般聚族而居，整个村庄不仅体现人与自然和谐共生的关系，而且体现着宗族式布局的等级尊卑观念。如浙江省兰溪市诸葛八卦村（图 1-5），村中建筑格局按"八阵图"样式布列，是国内仅有、举世无双的古文化村落。该村地形中间低平，四周渐高，中央形成一口池塘。池塘是诸葛八卦村的核心所在，也是布列"八阵图"的基点。

图 1-5 浙江省兰溪市诸葛八卦村

第二节 "三农"问题与生态乡村的起源

一、"三农"问题的产生

（一）"三农"的概念及其特征

1. "三农"的概念

从空间形态、活动内容、身份主体角度来看，农村、农业和农民统称为"三农"。"三农"问题便是由农业、农村和农民这三方面在一定时间、一定条件和一定的制度下造成的一系列问题总和的简称。农业问题、农村问题和农民问题都与我国的国计民生、国家稳定和经济发展密不可分，但这三个问题的侧重点也不尽相同。

2. "三农"的特征

（1）农村问题

农村目前突出表现的问题之一是户籍制度改革。户籍制度将城乡进行了二元分割，从而造成了城乡之间的政治、经济、文化、生态的差异，在计划经济体制下这种户籍制度是自上而下行政管理的必然要求，但在建设社会主义市场经济的今天已经不太适合国家的发展要求。伴随着户籍制度改革的实施，对解放的剩余劳动力进行合理的安置是首要解决的问题；另外一个突出的问题是旧村改造。旧村改造是实现乡村现代化发展的客观要求，也是促进乡村可持续发展的重要途径。实施旧村改造可以置换出大量的土地，使土地高效利用，同时加快乡村建设的规范性，提高农民的社会保障水平。

（2）农业问题

农业问题主要是农业产业化的问题。市场经济是以市场为导向、根据市场配置资源的经济形态，农业不能快速发展的一个重要原因是农业的购销体制不畅。与发达国家相比，中国农业产业化经营组织规模较小，又由于不同地区农村的经济发展水平相差较大，导致农业产业化发展较不平衡。规模化经营是农业产业化的基本特征，但是作为农业生产最基本的土地，我国农户平均土地经营规模仅 $1.42hm^2$，而美国、西欧各国、日本、韩国则分别达 $195.12hm^2$、$18\sim69hm^2$、$114hm^2$、$112hm^2$，我国与其他国家相比较存在很大差距。农村实行新的土地承包政策以后，管理机制仍不完善，可持续发展的意识不强，农村发展忽视了对生态环境的保护。同时，我国农副产品加工业水平整体偏低，这些都是制约农业发展的因素。

（3）农民问题

农民问题可以分为素质和减负两个问题。其中，农民素质问题主要是指文化素质。据统计，截至 2000 年底中国义务教育中人口覆盖率达到 85%，在普九未能覆盖人口中，农村人口占大多数。因此，提高农民素质是乡村发展的重要举措之一；另一个重要问题是减负，特别是进城务工人员、农村留守居民的减负问题仍然突出。

尽管农村问题、农业问题和农民问题三者的侧重点不尽相同，但是发展农业和农村经济、增加农民收入是一脉相承的。农业、农村、农民是三位一体的问题，应进行综合性地考虑分析，制定出结构严谨的系统性改革措施，从而使"三农"问题得到有效的解决。

(二)"三农"问题产生的根源

1. 我国基本国情及历史原因

(1)"三农"问题产生的宏观经济因素

由于我国发展战略重点和资源配置导向侧重于城市，从而导致国民收入再分配对农村经济的发展造成了一定的威胁。另外，从国民经济上来看，对农民经济带来重大影响的因素之一是中国城镇居民消费结构的变化。由于中国长期存在城乡分割的局面，城乡人口收入差距较大，这就决定了城乡居民消费结构的变化对整个国民经济势必会产生至关重要的影响。首先，城镇居民对食品消费的支出增长缓慢，直接影响了农业生产的发展和农民收入的增加；此外，现阶段我国农产品供过于求和加入世贸组织后农产品进口数量的增加，使得我国农村潜在的国内需求市场得不到释放，这也对我国农业生产产生一定的影响。

(2)小农经济思想的制约

自几千年的封建社会以来，小农经济始终处于主导地位。小农经济是长期以来中国封建社会农业生产的基本模式。小农经济以家庭为生产生活单位，农业和家庭手工业结合，生产的主要目的是满足自家基本生活的需要和交纳赋税，是一种自给自足的自然经济。

(3)城乡人口迁移渠道不畅

长期以来形成的城乡二元结构体系把乡村居民和城镇居民自主地划分到了两种不同的经济体系中。户籍制度的存在阻碍了农村人口进入城市的数量。除此之外，劳动就业制度、教育制度、医疗和养老保险等制度也限制了城乡人口的自由迁移。城市生活费用较农村高，各类生活设施和公共服务费用的上涨，增加了农民进城的生活成本，也减少了农民进入城市的数量。城市对于农民工进入的行业、工种和素质门槛有一定的要求，也在一定程度上制约了城乡人口的流动。

(4)农村基础比较薄弱

目前我国农业基础比较薄弱，农业仍然是制约国民经济发展的薄弱环节。早期我国对农村基础设施建设投资的总量不足，投资结构不平衡，各个类型的农村基础设施建设投资效益偏低，使得农业设施薄弱，对抗灾害能力较差，导致农村经济增长缓慢。另外，农业资源人均占有量少，截止到 2015 年，我国陆地面积为 947.8 万 km^2，实际耕地面积为 $1.3 \times 10^8 hm^2$，年度人口抽样调查推算中国人口总数 13.8×10^8 人，人均耕地面积只有 $0.09 hm^2$，人均淡水资源量不足 $2300 m^3$，分别为世界平均数的 1/3 和 1/4，耕地面积和水资源量不足是农村发展落后的重要原因之一。农村的科技水平不高，创新能力不足，劳动者素质较低，机械化程度低等一系列问题也导致了农村问题的产生。

(5)农业税制度的不健全

进行农村税费改革是我国农村继土地改革、实行家庭联产承包经营以来的又一重

大改革。农村税费制度的建立可以减轻农民的负担，增加农民收入，保护和发展农村生产力。然而，随着我国加入世界贸易组织，我国农业的发展还面临外来农产品的冲击，大量廉价的来自国外（主要是发达国家）的农产品影响着国内农产品市场，我国农产品明显缺乏竞争力。因此，农业税制度还需进一步改革完善。

2. 农业自身发展制约因素

（1）农业资源消耗巨大

我国农业生产尚且依靠资源的高消耗来实现，使得农村资源短缺问题较严重。近年来，我国现代农业发展方式粗放，过度消耗资源等问题日益突出，严重影响着农业的可持续发展。从资源供需情况看，我国农业资源供需矛盾突出。我国人口总量每年增加 700 万左右，相当于每年大约要增加 40 亿 kg 粮食、80 万 t 肉类、50 万 t 植物油。从资源利用效率看，我国农业资源投入产出率低。农业用水占全国用水总量的 70% 左右，但我国农业用水利用率只有 40% 左右，每立方米水平均生产粮食仅为 1kg，远低于欧洲等发达国家 70% 左右的水平；从资源持续利用情况看，我国资源退化严重，全国水土流失面积占国土面积约 40%，全国约 90% 的可利用天然草原不同程度地退化，农产品质量以及食品安全问题凸显，直接影响着我国农产品的国际竞争力。

（2）农业环境污染问题严峻

农业环境主要包括土地、森林、草原、水资源、空气等，具有广泛性、整体性、区域性的特点，是农业的基本物质条件。由于长期以来无节制地利用农业资源，并且不重视环保以及可持续发展的要求导致广大农村区域自然灾害加剧、农业资源衰退、水土流失和沙漠化等问题日益严重，并且不适当地大量使用农药，造成土壤、水体污染和农畜产品有害物质残留，过量和不合理地施用化肥，引起蔬菜和地下水硝酸盐积累和水体富营养化等现象比较普遍，农业环境遭到不同程度的破坏已成为农业发展的制约因素。随着社会的进步，工厂建设的加快，农田、牧场受工业"三废"污染严重。农业环境恶化危害人体健康，危害农业生产进而导致农业减产、绝产和农产品质量下降。

（3）农产品流通渠道不畅

目前，我国农产品流通的新体制还未形成。国家扶持政策不够完善，农业方面的惠农政策主要侧重于生产阶段，对农产品流通领域的重视度还不够。作为农产品主要流通渠道的批发市场缺少法律政策的保护和支持，农民使用成本较昂贵。此外，以农民为主体的运输经营主体，缺乏自身素养和商业头脑，缺少对市场灵活性的把握，在流通过程需要各个主体间长期的经济联系，农民不具备网络知识，对现代化的交易手段掌握不足，导致不能及时地了解流通领域的信息，对市场的反应能力较弱。同时由于种植和售卖缺少科学的指导，不能适应市场的需要，市场的价格和需求与产品的供需往往不一致，导致农产品滞销。

二、"三农"问题之乡村发展

新时期，我国通过实施走农村城镇化道路、积极建设农村（民）专业合作组织、大力发展社区支持农业、加快发展乡村旅游等措施，较大程度上缓解了"三农"问题，有效促进了乡村的健康发展。

1. 走农村城镇化道路

对中国地区差异和城乡差异的相关研究表明,城市化和工业化水平在一定程度上影响着农民收入,主要原因有:一是城市化水平越高,农村经济受城市经济的拉动就越大;二是工业化程度越高,非农产业越发展,农村劳动力在第二、三产业就业机会越多,农产品加工、储运等农业产业化步伐就越快;三是城市化和工业化直接带动农业生产方式变革和农业科技进步。近年来,国家对农村城镇化问题十分关注。如 2005 年国家提出实现"转移农民、减少农民、富裕农民、建设会主义新农村"的伟大战略;2010 年的一号文件,提出发展农村城镇化战略的具体对策,鼓励通过土地机制的创新,在中部地区大规模启动小城镇建设,吸引农民进集镇、城市;同时扶持乡镇企业、农业产业化和第三产业发展,促进农村城市化、农业现代化、农民农工化。走农村城镇化道路可在一定程度上加快农业现代化建设,促进乡村振兴和农村区域社会、经济的可持续发展。

2. 积极建设农村(民)专业合作组织

农村(民)专业合作组织是以农民的经济利益为中心,通过健全的组织手段以及相关政策的支持来运作的体系,需要政府、相关部门以及农民共同努力,可在一定程度上促进"三农"问题的解决,进而促进新时期农村区域的可持续发展。政府和各级非政府组织帮助农民建设健全的农村(民)专业合作组织,以减免税收和其他优惠政策鼓励农民通过合作提高经济规模,真正实现农业产业的"种养加"结合,即种植业、养殖业和农产品加工业相结合;真正达到"农工商"一体化;真正做到社员平等参与(决策、经营),利益均等。各级政府主动促进农民合作进入金融、保险、加工、批发市场等领域,以非农经营获得的利润支援农业。农民应切实履行职责,加强组织观念,进而促进农业现代化的发展。

上海农村合作社的创新探索

以上海的农村合作社为例,上海在切实加强农村集体"三资"管理上,采取多管齐下、系统推进的方式,积极推进农村集体经济产权制度改革,取得了初步成效。具体措施如下:

(1)清产核资,摸清家底。2010 年,上海对 9 个涉农区县的农村集体资产进行了清产核资。2011 年又对中心城区有农村集体资产的五区六镇进行了清产核资,摸清了家底。在 2012 年监管平台建设时,强调凡上监管平台的,必须做好农村集体资产清产核资和相关公示工作。

(2)统计农龄,界定身份。开展农村集体经济组织成员界定和农龄统计工作时,上海坚持遵循"依据法律、尊重历史、照顾现实、实事求是"的原则。至 2013 年 9 月,涉农郊区 118 个乡镇农龄统计工作已全部完成,并已完成数据录入平台工作。据统计,全郊区 1648 个村,涉及 25366 个生产小组、558.2 万个集体经济组织成员,合计总农龄 11851.7 万年,人均 21.2 年。

(3)制定文件,理顺体制。2010 年 10 月,上海市政府办公厅转发《市农委关于

加强农村集体资金、资产、资源管理的若干意见》，对加强农村集体"三资"管理作了明确规定。2012年3月，上海市委、市政府出台了《关于加快推进上海农村集体经济组织改革发展若干意见（试行）》，在此基础上，市有关部门先后围绕改革的工作程序、加强经营性物业项目管理、经济合作社证明书、收益分配、奖补工作和推进镇级改革制定了8个配套文件，对进一步推进产权制度改革工作提出了明确要求。针对区（县）农村集体"三资"管理体制不顺的实际情况，2010年起，青浦、嘉定、奉贤、金山、闵行和宝山6个区先后明确了农委行使农村集体资产管理的职能，全市区（县）一级统一由国资部门转变为农业部门主抓农村集体资产管理工作。

（4）健全制度，规范运行。①健全完善财务管理制度，建立健全了农村组织财务收支预决算、民主理财、财务公开、重大事项民主决策等近20项财务管理和内部控制制度；②健全完善村级会计委托代理制度，全面推行村级会计委托代理制，统一制度、审核、记账、公开和建档；③村级组织所有财务活动做到全面公开，重大财务事项逐项逐笔公开；涉及农民切身利益的重大事项，随时公开；④健全完善民主决策制度。凡是集体经济组织重大财务活动和财务事项，如集体土地征收征用、承包、租赁、干部报酬、大额举债、集体资产处置，以及年度收支预决算、集体企业改制等，必须经集体经济组织成员或成员代表会议讨论决定。

（5）建设平台，阳光运行。从2011年起，按照"制度加科技"的工作要求，依托现代化信息网络技术，上海建设农村集体"三资"监督管理平台，通过严格的分级监督，将各类农村集体"三资"信息在网上公开、网上运行、网上监管，实现"权力在阳光下运行，资产在改制中增值，资金在网络上监管，资源在市场中配置"。

（6）健全体制，加强监管。上海乡镇一级农村集体资产总量较大，占70.8%。加强乡镇集体资产监督管理，推进镇级集体经济组织产权制度改革的重要性日益凸显。

注：该部分内容主要来源于参考文献。

3. 大力发展社区支持农业

对于多数农村来讲，第一产业仍然是广大农村赖以生存以及村民获取经济收入的主要产业类型。农产品的生产、农产品的安全问题至关重要。农产品从农村耕地（生产）到城市餐桌（消费）过程的诸多环节，一方面使生产者（农民）利益有所流失；另一方面容易形成农产品的安全问题，使城市居民对蔬菜食品农药残留产生恐惧。正是在上述背景下，社区支持农业正在全球兴起。社区支持农业是消费者与生产者直接联系，消费者提前预付生产费用和生产者共同承担未来一年可能出现的风险，而生产者则通过健康的生产方式和技术生产食品，定期配送和提供消费者健康和安全的食品。这种农业模式强调消费者和生产者相互依赖、相互依存、共担风险、共享收益。

4. 加快发展乡村旅游

农村经济发展缓慢，突出表现的问题之一是农民收入不高。而乡村旅游作为广大农村区域的一种新兴产业，在促进乡村居民增收以及促进乡村发展中具有重要的作用。乡村旅游主要依托的是乡村的自然资源、农业资源、田园风光，这些资源的发展主要由当地农民参与开发和管理。农民作为经营者和劳动者二位一体，劳动力与土地、资本相结合投入自主经营，是创造财富后的直接受益者。另外，发展乡村旅游，农民足不出户就可以从当地旅游业中受益，也解决了大量农村剩余劳动力，使剩余劳动力得到有效利用。从这个层面上来讲，乡村旅游是推动农业、旅游业供给侧结构性改革的重要力量。乡村旅游可以释放产业发展的新活力，促进休闲农业、观光农业等新型农业的发展，将种植农业转变为可游览、可欣赏、可参与、可娱乐的新型农业，带动住宿、餐饮、购物、加工、娱乐等关联产业的发展，从而有效促进乡村第一、二、三产业的融合发展。

三、生态乡村的起源

乡村发展经历了旧石器时代的洞穴居址、新石器时代的原始聚落、乡村聚落、传统村落、社会主义新农村、生态乡村等阶段。生态乡村是乡村发展到一定程度的结果。应该说，生态乡村是随着乡村居民生活质量与社会经济水平的不断提高，特别是乡村居民生态环保意识的增强而逐渐形成的一种协调性的乡村空间形态。

（1）旧石器时代，洞穴居址出现

在漫长的原始社会，人类最初以采集和渔猎等为谋生手段。在这一漫长的时期，人类为了自身安全和繁衍生息，不断地在大自然中寻找安全庇护的场所，甚至为了获得天然食物，人类不得不随时迁徙。原始人会对自然条件优越、地理位置便利的洞穴择优，或者择树筑巢而居。同时，有研究表明，到旧石器时代晚期已有相对成熟的穴内空间模式。这些极其简单、原始的居处散布在一起，就组成了最原始的聚落，但这还不是真正意义上的聚落。

（2）新石器时代，原始聚落出现

伴随着由旧石器时代进入到新石器时代，由于生产力的发展，出现了农耕与饲养的生产方式。距今 9000～7000 年，农业出现。由于农作物从种植到收成需要很多工序，加上农业需要的石器工具与狩猎工具相比，不仅种类多、数量大，而且比较重。因而从事农业的人逐渐考虑建造固定的可以长期使用的住所。随着母系氏族的产生，便出现了按照氏族进行定居的"聚落"，并随农业的发展和人口的增多，聚落逐渐发展壮大。

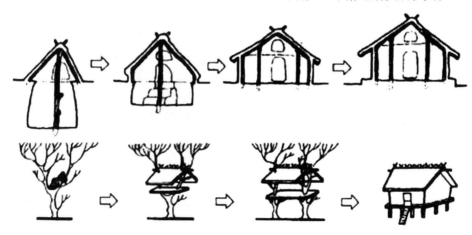

图 1-6　从巢居到穴居的发展历程

从人类居住环境的发展历史上看，从穴居野处到筑室成居，人类经历了百万年的漫长过程。在人类进化的早期阶段，人类的聚居条件是处于一种原始的状态。随着生产力的发展，产品交换日益频繁，出现了"村落"，这时候人类已经能够挖掘横穴和竖穴并加盖简单的屋顶，这一阶段为有组织的原始聚居阶段，如图1-6所示。

（3）乡村聚落的出现

距今4500年左右，也就是龙山时代到来之后，远古聚落逐渐被新兴的城邑和其周边郊野的村落所取代，新兴城乡二元结构登上历史舞台，出现了"乡村"。在这个时期，多数中心性聚落渐渐从"聚落"中脱胎而出，成为"城市"或"城邑"，一般乡村则处于发展缓慢的状态。城邑是与早期方国同时出现的，一定程度上标志着聚落的终结、城市与乡村的出现以及城乡对立的形成。而乡村自出现之日起，就注定了以城邑为中心的附庸地位，一个城邑统治着若干村落成为早期城乡关系的基本模式。

（4）传统村落的发展

我国乡村聚落的产生是人类以血缘关系为纽带而形成的一种聚族而居的村落雏形。这种按血缘关系聚族而居的状态，历经奴隶社会和封建社会，至今在广大农村中还有广泛而深刻的影响。传统乡村聚落大多是自发性形成的，其聚落形态反映周围环境多种因素的作用和影响。传统村落是以农业和农业资源为主要生产方式的居住群落，其不仅能为区域的发展提供物质基础，更是承载区域文化的载体，是中国农耕文明留下来的文化遗产。

（5）社会主义新农村建设

社会主义新农村建设最初的提出是在解放初期。20世纪80年代中央文件里也曾提到建设社会主义新农村。十六届五中全会闭幕后，社会主义新农村的建设达到了高潮。社会主义新农村建设是在我国已经进入以工促农、以城带乡的发展阶段，解决"三农"问题成为全党工作的重中之重的背景下提出的。社会主义新农村建设的思路是既要扶持农业、农村和农民的发展，也要培育农业良性发展、农村自我造血、农民适应市场的自立能力，实现农村经济发展、农民生活水平提高、农村基础设施改善、农村社会事业发展、农村基层民主政治完善。

（6）生态乡村的兴起

世界上第一个有生态乡村雏形的村庄于1971年诞生于美国田纳西州。在当时并没有"生态乡村"这一概念，村民们将这个村庄称为"农庄"。乡村居民们在入村前都要做出坚守信仰、过质朴生活的约定。居民们自发组织在村庄内种下一片林场并对其进行维护，村内居民的生计来源主要依靠于收获树上的蘑菇。

1985年，美国学者麦克劳克林（Mc Laughlin）和戴维森（Davidson）在其著作《黎明建造者，不断变化世界中的社区生活》中首次提出了"生态乡村"一词，并首次将"ecological"与"village"两词合二为一，通过"创新性地解决问题"来整合人类与自然之间的联系。

1991年，在盖亚基金会的资助下，美国学者罗伯特·吉尔曼（Robert Gilman）发表了题为《生态乡村与可持续发展社区》（Ecovillages and Sustainable Communities）的研究报告，报告中展现了全球各地规划建设发展成功的生态乡村案例，并在其中初次归纳了生态乡村的概念，即以人与自然和谐相处为标准的全功能定居点，把人类活动结合到不损坏自然环境为特色的居住地中，支持健康地开发利用资源，可以可持续地发展到将来。在这之后，世界各地开始出现生态乡村的规划建设，由北欧国家发展壮大并推及至其他发达国家。

中国对生态乡村的研究起始于 20 世纪末期。学术界在"农村城镇化""城乡统筹"的大背景下提出了建设"社会主义新农村""文明生态村"等概念，并开展了大量有意义的实践和广泛深入的研究。

改革开放以来，中国的乡村经济有了快速的发展，但农民"重经济、轻环保"的意识占据主流。面对农村日益严重的水土流失、森林破坏、土地沙化、畜禽粪便污染、水土资源的污染等生态环境问题，学术界从乡村产业系统层面提出了以有机农业、生物农业、自然农业等取代现代石油农业的替代农业模式。自我国政府提出生态文明建设以来，广大乡村也开展了广泛的生态化建设，亦取得了一定成效。生态乡村建设不仅是一个自然环境保护问题，更是谋划中国经济转型和开辟新的经济增长点的战略问题，确保绿水青山真正成为金山银山的问题。从一定程度上讲，乡村优势在于生态，这一优势决定了生态乡村建设必然成为生态文明建设引领者和绿色生活重心。如果说工业文明是城市改造乡村，生态文明则是乡村改造城市。生态乡村建设将成为、也必然成为推动中国经济发展的先进生产力。

第三节　乡村发展、乡村规划与乡村建设

一、乡村发展

乡村发展是指乡村由落后状态向发达状态的进步、转化过程，可视为特定乡村地域系统内农业生产发展、经济稳定增长、社会和谐进步、环境不断改善、文化持续传承的良性演进过程。乡村发展主要包括乡村经济发展和产业结构的变迁、社会和居民的发展等。

新时期，乡村的发展面临三个方面的转变。第一，乡村发展由传统到现代化的转变，包括土地利用方式、产业发展模式、就业方式、消费结构等的转变；第二，乡村发展观念由以城市为重心，到乡村与城市等值发展转变，体现为乡村城市化与乡村内涵式提升并重；第三，乡村规划由城乡规划中的不够重视，到城乡规划中的地位提升的转变。

从国内来看，乡村发展研究起源于民国时期乡村建设运动，涌现了梁漱溟、江恒源、晏阳初等一批乡村研究工作者。在我国对乡村的相关研究中，主要侧重对乡村转型发展及乡村发展的类型、模式进行研究，内容涉及经济、社会、人口等多个方面，主要是从产业结构、人口结构、生活方式、建筑风貌和空间布局等角度出发来探讨乡村的时序演变、发展类型及对策。从国外来看，对乡村发展的研究，发达国家将乡村发展的研究重点放在乡村社会变化的原因和结果上，并探究其在地理尺度上运行的过

程；发展中国家则将乡村发展研究的重点放在乡村经济和社会方面，如农业发展、乡村工业化和城镇化、乡村服务中心的空间组织、乡村人口和聚落系统、乡村社会发展和能源开发等，并在此基础上划分乡村发展类型，提出乡村区域发展的政策建议，为制定乡村社会和经济综合发展规划提供科学依据。

近年来，国家出台了一系列的政策措施大力支持乡村的发展，乡村发展也逐渐向"农业增效、农民增收、农村繁荣"方向发展。但是，乡村在发展中也遇到了一些问题。第一，村庄规划编制相对落后。进行村庄建设的前提是有完善的村庄规划体系，村庄规划作为指导乡村建设的法令性文件一般应具有前瞻性、时效性和连贯性的特点。但是目前乡村发展存在的问题是村庄规划的编制相对落后，省市县都相对缺乏系统性规划部署，规划编制的概念不明确，组织方法不灵活，资金落实不到位，能力水平还不高等现象，进而导致规划编制的期限较长，乡村发展没有目标性。第二，村庄环境成为乡村发展的瓶颈。乡村拥有良好的自然生态环境，但是相比城市而言，国家对乡村环境保护的投资较少，导致乡村环境保护政策和监督政策不完善，农民主动保护环境的意识不高。与此同时，随着经济的快速发展和人民生活水平的普遍提高，乡村建设逐渐向粗放式开展，造成了生态资源的破坏以及生活污染、工业污染和农业面源污染相互交织的现象，导致了乡村发展面临着巨大的威胁。第三，缺少合力创建的系统。乡村发展是一个系统工程，需要各工作部门在自己业务范围内开展乡村建设，但目前相关部门缺乏有效沟通与配合，全面统领、上下联动、部门协作、齐抓共管的乡村建设大格局尚未形成。第四，农民主体作用发挥不足。乡村的规划建设是以乡村居民的利益为基本原则，农民是乡村建设的主力军，是乡村建设的决策者，是生产经营活动投入的主体。但是大多数农民科学文化水平不高，主动参与的意识不强，因此在乡村发展中，农民在这个关乎自身利益的建设中没有承担起主体作用，导致乡村发展不够健全。

二、乡村规划

城乡规划包括城镇体系规划、城市规划、镇规划、乡规划和村庄规划。乡村规划一般是指城乡规划法中的村庄规划。乡村规划是依照法律规定，运用适宜的经济技术合理地进行乡村的空间规划布局、土地利用规划以及生产生活服务设施和公益事业等各项建设的部署与具体安排，同时也对乡村自然资源和历史文化遗产保护、防灾减灾等方面做出了规划安排。乡村规划是在全面把握乡村社会发展的基础上，根据乡村的社会经济发展水平、产业结构和组织的定位、文化教育等现状条件和未来可持续发展所做出的总体安排。随着建设社会主义新农村战略的实施，村庄规划的地位突显，就其内容来说，主要包括村庄布点规划、建设规划与整治规划。它与乡村产业发展规划、基础设施建设规划、社会事业发展规划等，共同构成完整的乡村建设规划体系。

国内真正意义上的乡村规划始于2005年十六届五中全会以后。全会提出按照"生产发展、生活富裕、乡风文明、村容整洁、管理民主"的要求，扎实推进社会主义新农村建设。这一时期的新农村规划，其编制内容主要包括乡村发展定位与规模、总体空间布局、产业发展策略、土地利用、道路交通、公共和基础设施、绿化景观、近期建设等方面，编制程序往往包括现状调研与访谈、方案设计、成果公示等环节。在《城乡规划法》出台之前，这些新农村规划均不是法定规划。

乡村规划以促进乡村经济发展作为根本目标，把保护乡村环境和实现资源永续利用作为长期目标进行的规划布局。乡村规划一般包括乡村空间战略规划、乡村产业发展规划、乡村居民点规划、乡村用地布局规划、乡村景观规划、乡村基础设施与公共服务设施规划等内容。

（1）乡村空间战略规划

宏观层面的乡村空间战略规划主要考虑整体乡村职能因素、生态环境因素、城乡统筹因素等；中观层面的乡村空间战略规划主要考虑空间形式美的因素，包括空间轮廓线、空间轴线、空间色彩形象设计等；微观层面的乡村空间战略规划主要考虑"穴点"空间、邻里空间、道路空间、绿地景观等空间设计因素。乡村空间规划一般需关注以下几点内容：①注重功能的组合，乡村空间按功能要求一般划分为公共空间、半公共空间、私密空间三类；②注重服务系统的完善，各类服务设施的设置要充分考虑村民的生产、生活要求以及使用便利的原则；③注重生态环境的保护，在乡村规划设计时应充分结合乡村的地形地貌，保护基地内原有的河流、山坡等自然因子以及保护耕地；④注重人文环境的建设，结合乡村当地的历史人文传统和村民生活模式，进行乡村空间的组织；⑤注重基础设施的完善，要做好各专项规划，特别是道路、排水、环卫等专项规划。

（2）乡村产业发展规划

乡村产业一般分为传统产业与新型产业两类。传统产业一般是指工业化进程中或前期保留下来的一些产业，主要以投入大量的自然资源、劳动力和资本来促进自身发展，多以传统技术为主，对资源具有严重的依赖性。目前，乡村振兴的重点之一是促进产业转型，乡村产业正由传统劳动密集型向新型高新技术密集型或资本密集型转变。发展新型产业，如乡村旅游、田园综合体等则是推动产业兴旺、乡村发展、乡村振兴的另外一个重要举措。要将推动乡村产业振兴与推动乡村产业发展有机结合，紧紧围绕发展现代农业，围绕农村第一、二、三产业融合发展，构建乡村产业体系，实现产业兴旺；要把产业发展落到促进农民增收上来，全力以赴消除农村贫困，进而推动乡村生活富裕。

（3）乡村居民点规划

居民点是乡村居民聚居和生产资料集中配置的场所，是组织生产和生活的地方，它是由居住生活、生产、交通运输、公用设施、园林绿化等多种体系构成的复杂综合体。自2005年党的十六届五中全会通过的《中共中央关于制定国民经济和社会发展第十一个五年规划的建议》文件中提出"建设社会主义新农村是我国现代化进程中的重大历史任务"以来，乡村居民点的研究与实践便得到了重视。国内针对乡村居民点的空间布局优化、乡村居民点的发展形态、乡村居民点的战略模式以及乡村居民点的用地布局等主题开展了深入研究，提出了一系列可操作、可实践的乡村居民点布局模式，如提出撤村改居、联片聚合、积极发展、控制发展、原址改造、整体搬迁等乡村居民点用地调控类型。

（4）乡村用地布局规划

乡村用地布局规划强调严格遵守规划与建设红线，对非建设用地不能进行建设活动。对建设用地要本着集约、节约的原则加以利用。首先，乡村拥有丰富的自然资源环境，进行乡村用地布局时应尊重自然肌理，采取适度集中的方法，避免土地资源的浪费；其次，乡村的主题是居民，进行乡村规划建设时要本着以人为本的原则，根据村庄的发展定位，在满足生活便利的同时，乡村用地布局要有利于居民进行生产活动；最后，规划应注意近、中、远期相结合，要结合乡村人口增长和经济不断发展的预测判断，留有各项设施建设的备用空地。

（5）乡村景观规划

乡村景观规划一般以农田种植、大地景观为背景，以乡土树种为基调，充分考虑春季观花、夏季采摘、秋季观果等景观效果。对于山区与丘陵地区，可利用高差打造地景长廊；对于高铁高速沿线两侧，可增加生态林带的建设；对于平原地区，可将景观打造与农田林网相结合。乡村绿化是乡村进行景观规划的重要手段，不同的绿化组织方式和绿地系统是实现乡村最佳景观效果的重要途径。乡村绿化的主要包括环村林带、街道绿化、庭院绿化、墙体绿化、空闲地绿化、节点绿化等六种类型。进行乡村景观规划时要通过上述几种绿化形式的合理组织，形成以环村林带为外环，以公共绿地为中心，以其他几种类型的绿化为基础的"点、线、面"相结合的乡村网络式绿地系统。

（6）乡村基础设施和公共服务设施规划

基础设施是乡村居民生产、生活的前提。乡村基础设施与公共服务设施的完善关乎居民生活的质量水平，也反映出村庄的整体发展水平。基础设施主要包括道路工程、给水工程、排水工程、环卫工程、燃气工程、供电工程、通讯工程等，在规划阶段的专项规划中应结合上位规划以及发展愿景进行合理的统筹安排。公共服务设施具有公益性和盈利性，根据当地的经济发展水平，参照相关的国家规范、地方标准进行合理的选择。在进行乡村公共服务设施规划时，应采取集中和分散布置相结合的方法，使其能更好地为居民服务。

三、乡村建设

关于什么是"乡村建设"，梁漱溟先生的陈述最多。他认为，"乡村建设最要紧的有两点，就是农民自觉和乡村组织""创造新文化，救活旧农村，或者倒转过来说，就是从创造新文化上来救活旧农村，这便是乡村建设"。晏阳初、梁漱溟、卢作孚分别开创了民国乡村建设史上以教育、文化、经济为切入点和重点的定县、邹平、北碚三种模式，他们的思想是20世纪30年代乡村建设思想的典型代表。在乡村建设中，既要推进城乡统筹加快产业提升，又要注重天人合一实现可持续发展。近年来，我国乡村建设工作如火如荼地开展，实施了环境整治、新农村建设、美丽乡村规划、乡村人居环境改善等工程，取得了一定的成就。但在广大乡村建设过程也存在许多误区，导致乡村生态肌理受到一定程度破坏，造成了乡村规划千篇一律的现象，乡村本土特色也逐渐被磨灭。总体上看，当前乡村建设中存在的误区主要表现在：

（1）生搬硬套城市的建设模式

乡村一般是没有经历过大规模的建设活动，保存着原有的自然生态肌理，村内没有高楼大厦，没有大面积的硬质水泥铺地和现代化的广场，也没有人工修剪的绿化植物，取而代之的是顺应地势建设的村宅、富有时代印记的石板路和自然成趣的野生花草植物。但在现在的乡村建设中，由于缺少丰富的经验，建设者们常常按照城市的建设模式进行乡村规划建设。在乡村建设中对自然水体进行随意的填充；对生态植被没有很好地利用，建设成为规则式的绿化工程；拆除石板路，铺设成千篇一律的硬质水泥路；建设大面积硬质铺地的公园广场而忽视了自然形成的共享空间。这种生搬硬套城市的建设模式使村庄失去了原有的活力和生机，违背了乡村"以人为本"和"可持续发展"的宗旨。

（2）乡村自然肌理遭到破坏

乡村一般都拥有良好的自然生态环境，如自然的河流体系、丰富的植物景观以及各具特色的地形地貌，这些都是乡村得以健康发展的基础条件。但是出现的急功近利的做法是：乡村在发展中开始追求快速的发展模式，传统节约的生产方式逐渐被现代化粗放式的生产方式所取代。除此以外，乡村发展中不遵守规划中明确规定的用地性质和红线，选择挖山毁林、填塘建路，甚至占用农业耕地进行建设活动，这使得乡村原本的自然肌理遭到了一定程度的破坏，使乡村原本的自然生态景观受到威胁。

（3）缺乏对特色建筑的重视

建筑是地方历史的重要载体，也是彰显地方特色的标志。在当前的乡村建设过程中，保护特色建筑工作并未得到足够的重视，主要体现在：第一，在乡村规划时，对一些历史建筑随意地改变原始功能，对功能进行随意地置换，没有坚持以保护为主的原则；第二，在新建村宅时，为了靓丽新奇，选择与乡村风貌不相协调的建筑形式，使村庄新老建筑不协调，村庄面貌遭到破坏；第三，在建筑整治过程中，没有根据建筑的质量以及历史建筑保护等级进行划分，对传统建筑与一般性建筑采取了相同的整治措施，破坏了传统建筑的原貌。

第四节　传统乡村规划的缺陷与生态乡村规划的兴起

一、传统乡村规划的缺陷

住建部早在 2013 年 9 月即下达了《传统村落保护发展规划编制基本要求（试行）》。以传统村落为例，规定中明确了"编制保护发展规划，要坚持保护为主、兼顾发展，尊重传统、活态传承，符合实际、农民主体"的原则，明确了"调查村落传统资源，建立传统乡村档案，确定保护对象，划定保护范围并制定保护管理规定，提出传统资源保护以及村落人居环境改善的措施"等任务，并分别对保护规划与发展规划提出了基本要求。然而现实中的传统村落规划却在一定程度上存在弊端（普通村落同样如此），概括如下：

（1）传统乡村规划在编制时往往缺乏深入的乡村调查，对其内部结构和相关保护认识不足，普遍沿用城市规划的办法来进行传统乡村的规划，并且有些规划缺乏真正的指导价值。

（2）保护规划方面多数停留在原则条文层面，保护范围没有严格的界定，大多数按照现状进行划分，缺乏有针对性的、有效的保护措施和保护方案。

（3）规划设计与规划实施的脱节，往往是通过评审并经批准的乡村规划在真正的规划实施阶段没有起到太大的指导作用。

（4）有些规划布局不尊重传统乡村的自然生态环境及地形地貌条件，采用"城市化"规划的手法，进一步破坏了村落的传统肌理与乡村风貌。

（5）产业是乡村得以发展的重要基础之一，但在规划时对产业定位较为困难，普遍难找到有效的产业突破点，极大多数乡村不论资源、交通、市场条件如何皆选择发展旅游业为主，有的将保护发展规划完全按旅游规划定位。

（6）对乡村公共环境的整治方案有一些套用城市型的规则形广场、景观水景、"美化"、"亮化"等手法忽视了乡村原有的自然景观。

（7）在基础设施规划方面，特别是污水排放、垃圾处理、消防设施上缺乏有针对性的、便捷有效的处理办法，同时对基础设施的配套缺乏统一的标准。

（8）规划时普遍缺少乡村居民的广泛参与，忽略了规划主体的利益诉求以及生产、生活活动的便捷性，同时规划在乡村保护和整治方面普遍缺乏探讨与引导。

（9）规划成果普遍按照一个模式出一套图纸及文本，缺乏针对乡村具体的要求及重点问题的有效解决方案与措施，规划可操作性较差，实施效果不理想。

上述情况的产生与现行的规划设计委托机制有一定的关系。现在传统乡村规划的委托仍然沿袭着城乡规划委托的办法，只委托规划设计，不涉及项目设计，对实施阶段也不进行指导，规划设计通过评审即任务全部完成。在具体实施过程中的项目设计、规划调整、问题解决及实施效果如何与原规划设计单位缺少沟通和交流，导致规划设计与规划实施的严重脱节，既不利于规划设计水平的提高，更不利于规划最后实施的效果，对传统乡村的发展也带来了一定的影响。

二、生态乡村规划的兴起

生态乡村规划的兴起及实践推进与生态、规划的理论研究基本同步。特别是生态乡村规划的理论研究较大程度上推动了国内乡村规划实践的进程。

在理论层面，和沁认为，生态乡村规划就是将改善乡村生活和自身发展与自然环境之间的关系融入到乡村的生产生活中，着力提升乡村生态环境和乡村面貌。刘晔认为，生态乡村这个概念是对应于"生态城市"概念产生的，并且乡村是一个复杂的生态系统，包括人类、农业和自然，以生态文明为视角，把生活、生产、生态统一起来。具体包括乡村的基础设施建设、社会事业建设、生态文化建设和生态经济发展四部分。谢松业认为生态乡村规划就是生态村建设，是在考虑乡村各区域的生态系统的基础上，利用资源来改善乡村的生态环境，从而形成一个复合的有机的生态系统。具体内容包括农业生态环境规划、生态社区规划、生态住宅规划、生态产业规划、生态文化建设规划等。

在实践层面，自党的"十七大"第一次明确提出建设生态文明的目标以来，我国十分重视生态文明建设，并积极主动地将生态文明建设贯穿到乡村建设发展的全过程。生态乡村规划是生态文明建设的重要环节，也是实现全面小康的关键环节。总的来说，生态乡村规划就是对乡村生态环境和人居环境进行改善，提高村民的生态保护意识，并使农村经济在生态平衡的基础上发展，形成一个处处体现和谐、经济可持续发展的生态乡村。党的"十八大"将生态文明建设纳入中国特色社会主义事业"五位一体"整体布局。生态乡村建设作为生态文明建设的重要支撑，必然要求生态乡村规划的强力支撑。党的"十九大"提出"乡村振兴"战略，生态乡村规划作为乡村规划建设的首要一环，必然在乡村实现乡村振兴战略目标进程中得到进一步发展。

复习思考题：

1. 请结合某一具体乡村，分析乡村的内涵是什么？
2. 请结合实际，论述乡村发展的主要途径。
3. 请结合实际，简述乡村规划一般包括哪些专题规划内容？
4. 请简述当前乡村建设中存在的典型误区。

第二章 生态乡村规划的学科支撑与理论基础

本章主要介绍了生态乡村规划的学科支撑，并就生态乡村规划的理论基础进行了探讨，为开展生态乡村规划编制及相关理论研究提供参考。

第一节 生态乡村规划的学科支撑

生态乡村规划（编制）及理论研究主要以建筑学、城乡规划学、生态学和经济学等相关学科作为支撑。如图 2-1 所示。

一、建筑学

众所周知，建筑学是一门综合性学科，涉及理、工、文、艺诸多领域，具有科学与艺术、人文与工程结合的特点。根据美国的 CIP-2010 目录，建筑学科群包括 8 大类：建筑学，城市、社区与区域规划，环境设计，景观建筑学，室内设计，房地产研究，建筑历史与评论和建筑科学与技术。从这个层面出发，并根据学科内在关系的疏近关系，可以归为建筑学组（含建筑学、室内设计与建筑历史与评论）、规划学组（含城市、社区与区域规划）、

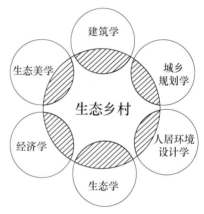

图 2-1 生态乡村规划的相关支撑学科

景观学组（含环境设计与景观建筑学）、综合组（含房地产研究）以及技术组（建筑科学与技术）。

建筑学在生态乡村规划、建设中的应用主要体现在：第一，在建筑选址、建筑的朝向、日照、风环境和微气候等因素方面，建筑学通过优良的布局设计，减少空调等制冷取暖设备的使用，进而实现乡村建设的生态化目标；第二，外部空间的植物种植是改善微气候的重要方法之一，因此在生态乡村建筑设计过程中，须注重室外环境资源的合理利用和设计，既能营造良好的自然景观效果，又促进了生态系统的自我调节功能；第三，相比城市而言，乡村拥有良好的生态基底和较舒适的气候环境，在室内环境中，建筑冬季供热、夏季制冷、热水供应系统、照明系统以及家电等方面的能耗不利于低碳节能，在建设规划设计施工阶段，采用被动措施，并对常规能源、可再生能源进行优化利用能在一定程度上体现乡村生态规划的基本内涵；第四，在规划设计

时选取良好的建筑朝向，提升建筑围护结构的保温隔热性能及改善建筑的遮阳效果等，并在此基础上，生态乡村建设时亦可结合地方实际情况，选取可再生能源技术，如加装太阳能光伏电板、太阳能热水器等，考虑建筑的生态性，加强乡村的生态建设。

二、城乡规划学

国内的城乡规划学是多学科融合发展的结果。其中地理学科在 20 世纪 70 年代后期融入，城市地理和人文地理的融入夯实了城乡规划学科的基础；生态学在世界环境危机提出以后融入，"生态城市"建设已成为现今城市建设的共识；资源环境、道路交通、人文历史等学科也正在向城乡规划学靠拢。正是多学科交叉融合才能使城乡规划学得到全面系统的发展。在生态乡村规划中，城乡规划学对生态乡村规划的原则、各专项规划的确定以及乡村环境建设等方面都具有指导意义。

城乡规划学在生态乡村规划建设中的应用主要体现在：第一，城乡规划学在理论上研究城乡人居环境发生、发展、演化的动因；城乡聚落环境结构和功能的关系；城乡聚落环境和经济系统、社会系统、生态环境系统等相互影响和作用的机理；城乡人居环境聚居地的组合和分布的特征，以及城乡人居环境在演化过程中各种现象及其表现模式等，可为生态乡村规划提供理论参考；第二，在规划实践方面，城乡规划学基于理论研究获得的规律、机理、模式、相互影响及作用等结论，研究根据经济、社会、生态环境效益最大化的要求，按照可持续发展的要求科学规划、建设和管理城乡人居环境，提高资源利用效率，进而改善城乡关系，实现城乡人居环境最优化；第三，城乡规划学重视乡村的统筹发展，注重乡村的建设布局，倡导保护环境的绿色发展理念，不断优化乡村的发展环境、自然环境和人文环境，以此来实现生态乡村的规划建设目标。

三、生态学

改革开放以来，中国经济快速发展，但资源、环境等问题日益凸显。正是由此，生态文明建设迫在眉睫。中国共产党十八届三中全会把生态文明建设提高到国家发展的核心战略位置。要从根本上实现生态文明建设的战略目标，需要从生态文明理念及其学科体系的重建做起。其中生态学是生态文明建设的重要学科支撑。生态学拥有众多学科，如：生态伦理学使人类意识到与自然的依存关系；农业生态学重现乡村文明和农耕文明；生态经济学让生态学渗透到经济学中，从资源节约和环境保护两个方面与经济学直接对话；生态工程学让清洁生产和低碳消费有了技术支撑。其中，对生态乡村规划影响较大的是乡村生态学。

乡村生态学主要强调乡村的自然资源与社会经济的可持续发展。乡村生态学学科指导生态乡村规划、建设主要体现在以下几个方面：第一，重建城市社区与乡村社区的依存关系，理顺城乡交接界面景观上发生的物质、能量、价值、信息和智力的有序流动；第二，发掘、继承和传播乡土生态文化和优良农耕文明；第三，恢复农产品生产者（农民）和消费者（城市居民）的信任关系；第四，以村落为单位，研究乡村能源途径，特别是"三料"（肥料、饲料和燃料）的解决途径。总而言之，就是要遵循乡

村生态学的学科性质和研究尺度，循序渐进地处理好乡村生态系统水平结构和垂直等级层次之间的和谐关系，以重建一个可持续的乡村生态系统。

四、经济学

经济学有较多的二级学科，其中与生态乡村规划、建设关联较多的学科是生态经济学。生态经济学是20世纪60年代后期成立的一门综合生态学与经济学的交叉学科。从本质上说，生态经济学隶属于经济学的范畴，围绕着人类经济活动和自然生态之间相互影响、相互作用的联系，研究生态经济结构、功能、规律、生产力以及生态经济效益等方面的内容，其最终目的是促使社会经济在生态平衡的条件下，实现经济稳定的可持续发展。

生态经济学在生态乡村规划、建设中的应用主要体现在：第一，为乡村制定涵盖经济、生态等内容的指标体系提供参考，要求乡村发展规划指标体系要做到经济、生态的协调统一；第二，在生态乡村规划项目建设中，要充分考虑项目投入产出、环境影响评价、外部性成本等，从而科学综合确定生态乡村建设项目。

五、生态美学

生态美学是以自然—社会—经济复合生态系统为研究对象，以生态美为研究主题，研究生态审美的范畴和人的生态审美意识、生态美感享受，以及生态美的创造、发展及其相关规律的学科。其中，生态美是指人与自然、人与社会、人与人之间协调可持续发展的一种状态、过程和关系，是和谐生态关系、生态责任、生态道德、生态服务和生态价值的综合体现，是形式美、关系美、过程美和功能美的有机统一。生态美学可广泛适用于生态规划、退化生态系统的恢复与重建、城乡生态环境建设、生态产业与生态经济建设、生态文明与生态文化建设等领域，如在进行生态规划和其他规划时，除遵循相关特定原则外，还必须坚持生态美学的基本原则；项目规划设计既要满足人类的审美情趣和需要，更要强调其生态合理性和科学性。

与城市相比，乡村一般对环境的保护制度和监督体系较弱，加之其他因素制约，在乡村中常出现垃圾乱堆、卫生设施匮乏的现象，在一定程度上对乡村的面貌造成了威胁。在生态乡村规划中，既不可忽视对环境的保护，还要注重生态系统的延续以及加强乡村的生态美学建设。第一，在规划阶段，应做到全面考虑，全方位统筹，加强生态规划。如在基础设施方面，注重广场绿化、公园绿地规划、道路以及景观小品的营造；在人居环境方面，进行绿色建筑建设、绿色交通规划、清洁能源利用、生活垃圾无害处理等，并且在乡村建设中推行生态技术，促进资源节约。第二，要在乡村规划建设过程中，融入生态美学的理念，将乡村环境人性化、柔美化，与生态化建设相结合，创造出既能服务居民又能营造美感的人居环境。

六、人居环境科学

人居环境科学是一门以人类聚居（包括乡村、集镇、城市等）为研究对象，着重探讨人与环境之间的相互关系的科学。它强调把人类聚居作为一个整体，而不像城市规划学、地理学、社会学那样，只涉及人类聚居的某一部分或者某个侧面。人居环境学科倡导建设符合人类理想的聚居环境。而构建一个良好的人居环境，不能只着眼于它的部分建设，而且要实现整体的完满，达到自然系统、人类系统、社会系统、居住系统和支持系统的有机统一，既要面向"生物的人"，达到"生态环境的满足"，还要面向"社会的人"，达到"人文环境的满足"。

生态乡村规划建设是一个系统性工程，人居环境应贯穿于乡村建设的整个过程之中，主要体现在：第一，要有全局观念，科学理清影响乡村人居环境建设的薄弱点，并与乡村自然系统、人类系统、社会系统、居住系统和支持系统各要素相结合，在编制规划时做到良好衔接。第二，制定科学的乡村规划体系，保障规划的贯彻落实。在进行乡村规划编制时，要以居民的利益为中心，考虑其生产、生活的需要，又要因地制宜，根据当地的自然条件，完善乡村布局规划。同时，要注意与上位规划的衔接，保证乡村专项规划的同步落实，并为远期规划的各项建设留有空地。尊重自然保护自然资源，积极主动地优化农村人居环境，建设生态乡村。第三，加强思想宣传教育，提高村民环保意识。建立健全体制机制，调动广大农民群众保护环境、节约资源的积极性，树立可持续发展的观念，进而提高农民的生活水平。第四，完善乡村基础设施，提高农民生活水平。完善乡村基础性配套设施，提升乡村公共配套设施，要从改造水、电、路、污等方面入手，同时对相应的文化生活设施进行改造升级，提高乡村生产生活条件。第五，结合各地地方特色，大力发展乡村经济。在经济发展上，立足环境优势、资源条件和人文特色，针对各地发展基础与资源特色的差异，以产业转型为途径，以发展乡村经济为目的，大力推进新型产业的发展，完善生态乡村的规划建设。

第二节　生态乡村规划的理论基础

生态乡村的规划和建设需要一定的理论支撑。总体来看，支撑生态乡村规划的理论有可持续发展理论、田园城市理论、城乡一体化理论、人居环境科学理论、生态设计理论、城乡统筹理论、土地集约节约利用理论、生态旅游承载力理论以及景观生态学理论。

一、可持续发展理论

1987 年，联合国世界与环境发展委员会发表题为《我们共同的未来》报告，正式提出可持续发展概念，标志着可持续发展理论的诞生。一般认为，可持续发展的定义为：既满足当代人的需求，又不对后代人满足其需求的能力构成危害的发展。可持续发展理论的核心思想是：人类应协调人口、资源、环境和发展之间的相互关系，在不损害他人和后代利益的前提下追求发展以及人与自然、人与人之间的和谐，其实质是人地关系理论的延续和拓展。

可持续发展主要涉及可持续经济、可持续生态和可持续社会三方面，主要包含以下几个方面的内涵：（1）共同发展。可持续发展追求的是整体发展和协调发展，即共

同发展。（2）协调发展。既包括经济、社会、环境三大系统的协调，也包括世界、国家和地区三个层面的协调，还包括一个地区内经济与人口、资源、环境、社会以及内部各个阶层的协调。（3）公平发展。一是时间维度上的公平，即当代人的发展不能损害后代人的发展能力；二是空间维度上的公平，即一个地区的发展不能损害其他地区的发展能力。（4）高效发展。即在经济、社会、资源、环境、人口等协调下实现高效率发展。（5）多维发展。即各地区在实施可持续发展战略时应从区域实际出发，走符合各自区域实际的多样性、多模式的发展道路。

在生态乡村规划中，应合理利用自然资源、确保资源的生态安全，实现土地利用的综合效益，促进人与自然和谐相处，实现乡村的可持续发展。可持续发展理论在生态乡村规划中的主要应用体现在：第一，要优先考虑乡村资源的可持续性，特别是注重资源的代际合理分配，构建可持续的高效资源利用方式；第二，要特别注意乡村环境的可持续性，特别是产业引入上，不可引入高能耗的产业类型；第三，以乡村经济发展为基础，促进乡村经济子系统、环境子系统、社会子系统的良性互动从而实现乡村向更高级形式有序演化的可持续发展。简言之，就是利用村庄系统的开放性，增加乡村系统的复杂性，提高乡村系统的协同性，促进乡村进入耗散结构状态，实现人与自然、人与人、人与社会、人自身和谐共生的生态乡村可持续发展。

二、田园城市理论

田园城市，它与一般意义上的花园城市有着本质的区别。它是 19 世纪末英国社会活动家霍华德提出的关于城市规划的设想。这一概念最早是在 1820 年由著名的空想社会主义学家罗伯特·欧文（Robert Owen 1771-1858）提出的。霍华德在他的著作《明日，一条通向真正改革的和平道路》中认为应该建设一种兼有城市和乡村优点的理想城市，他称之为"田园城市"。他在书中倡导"用城乡一体的新社会结构形态来取代城乡对立的旧社会结构形态"。他认为城与乡是优势互补的，必须联合，只有和谐的统一，才会有新的希望和新的城市文明。

霍华德设想的田园城市是一个占地 2400hm²，人口为 3.2 万人的城乡一体化的城市。城区平面呈圆形，中央是一个公园，由六条主干道路从中心向外辐射，把城区分为六个扇形地区，在其核心部位布置一些独立的公共建筑（图 2-2）。在城市直径外的 1/3 处设一条环形的林荫大道，并以此形成补充性的城市公园，在此两侧均为居住用地。在居住建筑地区中，布置学校和教堂，在城区的最外围地区建设各类工厂、仓库和市场。当田园城市发展到一定的规模，则由若干个这样的田园城市围绕一个占地 4860hm²、人口为 5.8 万人的中心城市形成

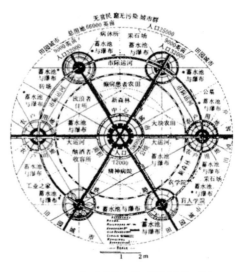

图 2-2 "田园城市"理论图解（1）

社会城市。其中每个城市之间设置永久的隔离绿带，并通过放射交织的道路、环形的市际铁路、从中心城市向各田园城市放射的上面有道路的地下铁道和市际运河来相互联系。通过上述各种规划，将城市和乡村的各自特点吸取过来，取长补短，加以融合，形成一种具有新的特点的生活方式（图 2-3）。所以说田园城市其根本目的就是建立一个这样的"城市—乡村磁铁"。

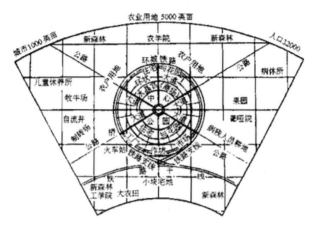

图 2-3　"田园城市"理论图解（2）

　　田园城市理论在生态乡村规划中的作用主要体现在：第一，强调城乡资源的整合。在社会发展的进程中，可以看出城市与乡村的关系还是十分紧密的。首先，城市的发展需由乡村提供必需的生活原材料和生产的基础设施；其次，乡村的发展需要城市的带动。田园城市理论的目标之一是实现城乡统筹发展，这就要求城乡在土地利用规划、产业转型升级、资源合理利用、社会保障服务等方面做到城乡一体化发展。第二，强调人与环境的和谐统一。良好的生态环境是增强乡村竞争力和吸引力的重要因素，在规划阶段把景观作为一个系统性工程，进行城乡景观系统规划加强城乡之间的联系。第三，强调城乡基础设施与公共服务设施的均等化。城乡在基础设施以及公共服务设施建设方面，应本着公平、均等的原则进行合理配置，充分满足城乡居民的利益，实现资源共享。

三、城乡一体化发展理论

　　城乡一体化思想在我国改革开放后，特别是在 20 世纪 80 年代末期开始逐渐受到重视。1984 年，《中共中央关于经济体制改革的决定》提出了"要充分发挥中心城市的作用，逐步形成以城市特别是大、中城市为依托的，不同规模的、开放式、网络性的经济区"；1990 年前后，城乡一体化研究开始向城乡边缘区推进。城乡边缘区兼有城市和乡村两种地域的特征，是中国独特的地域类型，构成城市、乡村、城乡边缘区三元地域结构类型；1990 年代中后期，城乡一体化研究开始了理论上的探索，讨论城乡一体化目标、战略、特征、发展方向，动力机制与实现条件，阻碍因素与具体措施等。我国城乡一体化研究的重点在于把城乡一体化作为一个自然经济社会复合系统，研究

它的目标、战略、特征、动力机制等方面的内容，如杨培峰提出城乡一体化是"自然—空间—人类"系统，满足人的需求与追求发展是城乡一体化的两大目标，在这样的目标驱使下，通过城乡经济职能变迁，城乡空间结构完善，城乡一体化研究、规划、管理，形成自然—空间—人类良性循环系统。

城乡一体化发展理论在生态乡村规划中的应用主要体现在：第一，城乡发展规划一体化。城乡发展规划不仅只要求城市的经济发展，同时也要规范乡村地区的规划建设，并且要做到城乡规划有一定的呼应，实现城乡统筹发展。第二，城乡基础设施建设一体化。城乡基础设施建设一体化主要指交通、通讯、供水、供电、供气、垃圾及污水处理等基础设施向乡村发展、覆盖，形成城乡共建、城乡联网、城乡共享的过程。第三，城乡公共服务一体化。城乡公共服务一体化是城乡经济社会发展一体化的重要内容，它是指城乡都能够按照公平的标准进行义务教育、社会保障、科教文卫、环境保护等基本公共服务的建设活动，使城市居民与农村农民都能均等化地享用各项公共服务设施。第四，城乡就业一体化。城乡就业一体化主要指实现城乡就业目标一体化、城乡就业政策一体化、城乡劳动力市场一体化、建立城乡统一的就业服务制度，实行统一的劳动用工制度，建立城乡一体化的社会保障体系，对城乡劳动力资源进行合理配置，从而促进城乡经济社会的全面协调发展。第五，城乡社会管理一体化。从管理角度来看，城乡社会一体化大体包涵五方面的内容：城乡基础教育一体化、城乡医疗卫生一体化、城乡社会保障一体化、城乡就业与住房保障一体化、城乡社会管理与文化共享一体化。总体来看，城乡一体化是要求城乡应按照公平公正、标准统一的原则建设基本保障和服务设施，打破城乡分割的二元社会结构，促进城市与乡村社会保障制度与公共服务互动统筹的格局。

四、人居环境科学理论

人居环境科学是一门以包括乡村、集镇、城市等在内的所有人类聚居为研究对象的科学。如前文所述，它着重研究人与环境之间的相互关系，并强调把人类聚居作为一个整体，从政治、社会、文化、技术各个方面，全面、系统、综合地加以研究，而不像城市规划学、地理学、社会学那样，只是涉及人类聚居的某一部分或是某个侧面。吴良镛院士是人居环境科学理论的主要倡导者，他在1993年提出发展"人居环境学"并撰写了《人居环境科学导论》。在《人居环境科学导论》中提出以建筑、园林、城市规划为核心学科，把人类聚居作为一个整体，从社会、经济、工程技术等多个方面，较为全面、系统、综合地加以研究，集中体现整体、统筹的思想。

人居环境科学理论在乡村规划建设以及乡村整治规划方面起着支撑作用。第一，对于乡村居民点的布局和选址，应结合乡村的自然生态系统，并且考虑道路交通规划、绿地规划、基础设施规划、开敞空间布局等因素，选择合适的布局模式进行规划建设，为乡村居民创造出舒适宜人的人居环境；第二，在进行生态乡村规划时，要本着"以人为本"的原则，尊重居民的意愿，为居民的生产生活提供良好的自然环境，从而构建良好的人居环境；第三，在乡村整治规划中，可运用人居环境科学理论进行指导建设，从乡村的空间规划、节地控制规划、产业布局规划、景观系统规划、基础设施与公共服务设施规划等方面进行统筹安排，全面提升生态环境效益，从而既营造宜人的居住环境又促进生态乡村建设的步伐。

五、生态设计理论

20 世纪 60 年代以后，《寂静的春天》《增长的极限》等著作的问世激起了人们对生态环境的关注，掀起了生态研究的热潮。这一时期有关生态设计的著作如雨后春笋般层出不穷，比如《设计结合自然》《从生态城市到活的机器：生态设计原理》等。20 世纪 70 年代，由联合国教科文组织发起的"人与生物圈"计划（MAB），开启了城市生态系统的研究，内容涉及城市中生态环境、环境污染、生活质量、气候变化等多层面的系统研究。1984 年，MAB 中提出了生态城市形态规划的五项原则，即生态保护战略、生态基础设施、居民的生活标准、文化历史的保护、将自然融入城市。

20 世纪 80 年代，城市生态学传入我国并引起了社会各界的广泛关注。1984 年、1986 年分别在上海和天津召开了第一届和第二届城市生态科学研讨会，之后每年在全国范围内都会召开不同规模的城市生态学研讨会或开设生态城市生态学研讨班。2002 年，第五届国际生态城市大会在深圳召开，极大地推动了我国城市生态学的发展。应该说，经过近年来的理论研究与实践推进，目前生态设计理论已经被广泛应用到区域规划、城市规划、乡村规划中。

生态设计理论在生态乡村规划建设中的应用主要体现在：第一，河流、山体、森林、湿地等大型生态要素，由于其所承担的生态功能较强，对区域内乡村的生态系统均能够产生重大影响。因此，在区域空间层次，乡村生态规划的重点是通过对影响乡村发展的大型生态要素的研究，梳理生态要素，从而提出保护和控制要求，构建生态系统。第二，在村域规划中，村域内的生态乡村规划主要通过廊道、斑块和基质的生态网络的布局，在充分评价村域生态适宜性、敏感性的基础上划分村域生态功能区划，制定管制要求，提出具体的保护和修复措施，促进生态乡村的建设。第三，在具体乡村内部空间规划中，乡村的生态设计又可分为生态人居设计、生态产业设计、生态环境设计和生态设施设计四大类，因此对村庄进行生态设计规划需要结合各类生态要素的特性和村庄内部空间进行具体设计。

六、城乡统筹理论

城乡统筹理论在解决我国城乡差异、城乡发展不平衡的问题层面具有重要作用。在党的十六届三中全会《中共中央关于完善社会主义市场经济体制若干问题的决定》中提出要落实科学发展观，实施城乡统筹战略，通过以城带乡、以工促农，加强城乡互动，促进城乡协调发展。从内容上看，城乡统筹战略是一项系统性的工程，它关注的内容较多，涉及的面较广，主要包括统筹城乡空间规划、统筹城乡产业发展、统筹城乡基础设施及生态环境建设、统筹城乡劳动就业、统筹城乡社会保障、统筹城乡社会事业发展等方面。

生态乡村的规划建设，不仅是对乡村内部空间资源的整合利用，也要关注外部空间的规划衔接，注重在空间规划、生活生产、生态环境、社会保障等方面加强城乡统

筹，进而促进城乡一体化发展。城乡统筹理论在生态乡村规划中的应用主要体现在：第一，统筹城乡空间布局。规划时要以城乡空间布局的优化为目标，把城乡作为一个有机整体进行规划安排，在空间规划上，强调城乡空间上的衔接和延续，提高城乡土地集约节约，促进城乡融合协调发展。第二，统筹城乡经济产业。产业是经济增长的重要基础，由于我国存在城乡二元经济结构，导致城乡经济发展不平衡，产业种类差异较大，产业互动性较弱。应在注重城乡资源有序利用的同时构建适合城乡发展优势且又相互补充的产业结构体系，调整城乡关系，缩小城乡差别。第三，城乡生态环境统筹。在保护生态环境的基础上，加强城乡生态环境的融合协调发展，形成城乡生态环境大系统，把乡村自然环境和城市人工环境进行有效的联系，使之形成自然与人工的相互结合，发挥最大的优势，实现城乡环境的共同发展。第四，城乡社会服务统筹。强调城乡享有一样的公共服务水平，在乡村规划中加强乡村文化、教育和环保等社会服务水平，并且构筑覆盖城乡的基本公共服务供给体系，使公共资源整合协调发展，努力实现城乡基本公共服务均等化。

七、土地集约节约利用理论

李嘉图等古典政治经济学家在地租理论中对农业用地的研究中提出了土地集约节约利用理论观点。土地集约节约利用理论是指通过增加农业用地上的资金、技术等资本要素投入，提高农业产出效率。土地集约节约利用的研究经历了定性到定量的过程，从早期的主要探讨土地集约节约利用的概念和存在的问题研究发展到当前的建立指标体系进行定量评价。综合来看，土地集约节约利用即是在土地利用空间合理布局的基础上，进行土地资源的优化配置，以求实现土地利用综合效益最大化的动态过程。

乡村的发展以及生态乡村的规划建设均应注重土地的集约节约利用。土地集约节约理论在乡村规划建设中的应用主要体现在：第一，科学编制乡村空间规划。编制村庄规划，保证建设项目的有序进行，避免乡村建设杂乱无章，改善乡村生产生活条件和整体面貌。引导农民适度集中居住，稳步推进人口向城镇集中、工业向园区集中、居住向社区集中，促进乡村建设用地从粗放到集约的转变，推动人居环境的改善与资源集约利用水平同步提高。第二，统筹开展乡村土地整治。首先，在充分尊重居民意愿的基础上，合理制定乡村建设和整治行动计划，强化规划的可操作性。其次，应综合考虑多个部门的项目建设资源，统筹乡村土地整治项目，结合乡村建设规划有序推进乡村的土地整治。第三，严格落实耕地保护制度。乡村土地的集约节约，首先要在规划阶段对各项土地的用途进行科学合理安排，实现资源的合理配置。其次，要以土地整治为途径，严格规划管理各项土地的建设，控减建设用地总量；并且要充分调动基层群众的耕地保护意识，加大非法占用耕地处罚力度。第四，以耕地保护为主要目标，通过土地的合理整治使耕地的质量有较大程度的提高，进而实现耕地效益的最大化，实现乡村土地的集约节约利用。

八、生态旅游承载力理论

旅游景区资源的过度盲目的开发必会引起旅游地的生态破坏、社会冲突等问题，进而影响旅游地的生命周期和旅游业的可持续发展，因此客观上某个旅游地会存在容纳或承载旅游活动的最适值或极限值，这就是旅游承载力。由于承载力所反映的是对任何一种自然资源的利用都存在一定极限的概念，而这种认识源自人们担心某种自然资源或环境的过度利用会造成永远损毁的严重后果，因此旅游承载力所能反映的是某一景区旅游开发活动对一定生活水平下旅游需求的限制目标。生态旅游的出发点是做到对景区生态环境保护的最大化，并且将旅游景区的生态环境保护与旅游活动、经济增长结合起来，在旅游承载力的基础之上，结合具体的旅游活动确定旅游地的生态可持续发展以及保证旅游活动达到最适水平。因此，可以概括地说，生态旅游承载力的概念应包含两个方面：一是生态系统自身的承载力；二是景区开展生态旅游发展所能承受的压力。生态旅游承载力是开展生态旅游区域的生态系统可承载的最大旅游活动强度，或者说是生态旅游地的生态系统结构与功能的最大自我恢复能力，以及在旅游活动强度及其产生带来影响中的最大承受能力和最大缓冲能力。

生态旅游承载力理论在生态乡村规划、建设中的应用主要体现在：第一，资源环境承载力。在生态乡村建设的过程中，一方面经济发展受环境承载力的制约，另一方面经济发展也会影响到区域的环境承载力。在环境承载力的阈值范围内，经济发展是持续的，资源开发是可接受的，环境系统是可以自我循环和净化的；一旦无限制地超过区域自然条件的限制，大力发展乡村经济，就有可能造成乡村环境系统难以承受的外界压力和环境挑战，进而造成乡村环境系统的结构受损、功能失调，最终也必将影响到经济发展的成果。第二，经济环境承载力。生态乡村建设中经济环境协同发展，是以环境经济学、协同论、系统论、控制论等理论为基本原理，建立和维持经济发展与环境保护之间的正向相互作用关系，实现环境保护和经济发展的普遍机制。第三，基础设施承载力。生态乡村的规划在协调旅游发展、促进生态环境和谐的同时，要完善旅游设施，提高综合接待能力，规范旅游服务，提高游客满意度，加大宣传力度，提升各生态乡村旅游知名度。

九、景观生态学理论

景观生态学是一门强调空间格局、生态过程及尺度之间的相互作用，涵盖的斑块—廊道—基底理论、景观异质性理论、景观连接度及渗透理论对城市生态园林的建设有着重要的指导意义。《国家生态园林城市标准》中明确规定了与景观生态学密切相关的一些定性标准，即应用生态学与系统学原理来规划建设城市，在城市的性质、功能、发展目标等方面提出支撑理论，并编制城市绿地系统规划将其纳入到城市总体规划，制定完整的城市生态发展战略、措施和行动计划；城市的规划建设要与区域协调发展，形成完整的城市生态系统，对自然地貌、植被、水系、湿地等生态敏感区域进行有效的保护，使生物多样性趋于丰富；城市人文景观和自然景观和谐融通，继承城市传统文化，保持地形地貌、河流水系等自然形态，保护具有独特的城市人文、自然景观等传统特色。

在生态乡村规划建设中，景观生态学同样发挥了重要作用，这种作用主要体现在乡村的景观规划方面。景观生态学在生态乡村规划中的应用主要体现在以下两个方面：

第一，在生态乡村规划中的景观系统规划中，景观生态学结合土地利用、生态学、地理学、景观建筑学、农学、土壤学等学科，通过对景观的类型以及各类型存在的差异、景观时空变化规律进行分析和理解，本着乡村生态资源、绿地景观在环境承载力范围内发挥最大效益的原则，对其规划布局、配置要求进行合理的安排；第二，乡村景观规划是对景观进行有目的的干预，其规划的依据是乡村景观的内在结构、生态过程、社会经济条件以及人类的价值需求，这就要求在生态乡村规划建设中要全面分析和综合评价景观自然要素，同时考虑社会经济的发展战略、人口问题，还要进行规划实施后的环境影响评价，形成系统性评价、规划、预测思路，促进生态乡村中景观系统的协调可持续发展。

复习思考题：

1. 请结合本科人才学位授予目录，思考支撑生态乡村规划的建设学科还有哪些？

2. 请结合某一具体乡村，思考生态乡村规划支撑理论在该乡村规划、建设中的具体应用。

第三章 生态乡村规划及发展

本章主要介绍了生态乡村规划的概念、特征和内容，探讨了生态乡村规划的类型，研究了生态乡村规划的由来与发展，提出了生态乡村规划的方法与程序。

第一节 生态乡村规划的概念及内容

一、生态乡村规划的概念

生态乡村是指在乡村城镇化、城乡一体化发展过程中，针对乡村发展过程中出现的种种不协调问题，应用社会—经济—自然复合生态系统、生态经济学等理论与方法，以和谐、可持续为理念，以建设生态文明的乡村社会为目标，以生态产业、生态人居、生态环境、生态文化为主要建设内容，按照"生态优先"的发展战略思想指导建设成布局合理、人口规模适中、人居环境宜人、各产业协调发展的新乡村。

生态乡村规划是根据乡村的资源条件、现有产业基础、国家经济发展方针与政策，以经济发展为中心，以提高效益为前提，通过对乡村的经济、环境、社会、文化的总体部署，重新给予乡村真正的发展动力，旨在通过政策创新、机制创新、技术创新等协调发展手段激活乡村的内外发展环境。生态乡村规划是指导生态乡村发展和建设的基本依据。

二、生态乡村规划的特征

对于生态乡村规划特征的探讨都是基于"乡村规划"概念之下的讨论。国内学者就乡村规划的本质和特征进行了前期研究，如李孟波认为新农村规划就是协调农村发展中各方面矛盾的过程，特别是各种建设在空间利用中的矛盾；许世光认为村庄规划是调整城镇化发展中农村土地价值增量在城市和农村之间关系的城乡规划形式，本质在于协调城乡发展，引导村庄各项建设发展；张尚武则对城镇规划与乡村规划的不同进行对比，认为乡村规划具有特殊性，与城镇规划从规划前提、工作内容、方法、实施主体到管理机制都有很大不同，乡村规划在内涵上具有区域规划、更新规划、社区规划的特征。

从我国乡村发展的现状来看，乡村发展多面临如下问题：脱离城市的偏远乡村的贫困问题，靠近城市的乡村在城市快速扩张影响下的生态环境破坏问题以及加入新农村建设的新型农村的转型问题。具体来看：

（1）偏远乡村贫困问题。由于自然原因，某些偏远乡村本身就存在土地贫瘠、土地资源匮乏、农业结构单一等先天不足。加之城镇化导致的部分人口流失更是加剧了乡村衰退，这些地方几乎成为空心村，农业生产功能止步不前。这类乡村规划的突出特征就是维持农村生产功能的正常运转，对仍然从事农业生产的农民提供资金与技术补贴，维持农村生产和生活的运转。

（2）乡村环境破坏问题。在城市近郊地区，由于城市的扩张蔓延，多数乡村面临的普遍问题就是土地资源的消减和"无处安置"的企业带来的生态环境恶化。这类乡村规划的突出特征就是保护乡村生态环境，实行土地利用和区域空间管制，协调城市与乡村发展相关主体的利益平衡。

（3）新型农村转型发展问题。还有一些具有丰富历史文化遗产和特色的乡村，在城镇化过程中，要注意历史文化的传承与保护，发展目标是长期保留村庄形态，并保护传统文化形态，留住乡愁。处于生态敏感区、禁建区的村庄要适当更新或者利用政策引导村民集中安置。

所以我国未来乡村发展要有三层底线，第一是生态底线，要守修结合；第二是文化底线，要传承；第三是社会底线，要融合。生态乡村规划要使得乡村人民的文化需求、精神需求、物质需求都得到不断的满足和提升。这个层面上来讲，生态乡村规划在传统规划的基础上应该具有新的特征。概括来看，生态乡村规划主要具有以下特征：

（1）综合性。生态乡村规划的本质是指导和规范村庄综合发展、建设及治理的一项有章可循的公共政策，目的在于协调城乡发展，引导乡村建设。因此，生态乡村规划具有的综合性涵盖乡村产业、生活、生态、民生、文化等多方面内容。

（2）层次性。生态乡村规划不能就乡村论乡村，更应该从更大的范围内分析它发展的条件、性质、规模和方向。从这个角度来说，生态乡村规划要对"城乡规划体系"进行全面反思，从而确定最合理的乡村规划内容。

（3）多维性。即生态乡村规划应该是各个空间尺度的规划。在宏观尺度上，要明确村庄发展的定位，并注重与相关专项规划的协调；在中观尺度上，村庄用地布局必须与片区的规划定位、交通组织、公共服务布局相衔接；在微观尺度上，要注重村庄建筑、内部公共空间、公共服务设施、景观等规划设计的衔接与合理组织。

（4）复杂性。与传统乡村规划相比，生态乡村规划不仅要解决村庄用地、空间布局、基础设施规划、拆迁安置等问题，而且还要在规划设计中守住生态底线，尊重原有的社会结构，传承文化特色，最终推动农业产业发展，改善农民生活，达到产业发展的经济目标、生活舒适的宜居目标、民生和谐的社会目标、文化传承的生态目标。

（5）创新性。与传统乡村规划相比，生态乡村规划更应该注重保护，其实质就是一种保护规划。通过保护规划落实农业补贴政策，落实城市扶助乡村发展政策，落实国家精准扶贫政策，切实保护农民、乡村环境、乡村发展和乡村文化。

三、生态乡村规划的内容

作为一种政策手段，乡村规划旨在解决乡村发展中存在的问题。从问题聚焦来看，当前我国乡村规划主要解决以下四个问题：保障粮食生产安全、保护乡村区域生态、保护乡村历史文化、解决乡村的发展与自治。从这个层面出发，我国生态乡村规划的内容应包括生态乡村战略规划、生态乡村产业布局和发展规划、生态乡村居民点布局与节地控制规划、生态乡村景观规划、生态乡村基础设施与公共服务设施规划、生态乡村环境规划、生态乡村旅游规划等七个方面的内容。

1. 生态乡村战略规划

参考城市战略规划的概念，生态乡村战略规划是对乡村发展和建设全局性的、重大的长远谋划。乡村战略规划的构成也可与乡村发展的不同系统构成相对应，即可分为乡村经济发展战略规划、乡村社会发展战略规划、乡村建设发展战略规划和乡村生态建设战略规划等四个方面。同样的，生态乡村战略规划也具有全局性、长远性和方向性的特征。

2. 生态乡村产业布局和发展规划

生态产业规划则是在循环经济理念下的乡村产业规划，是提高乡村产业发展生产力和实现物质能量良性循环的前提，也是控制和改善系统存在的生态问题，塑造舒适的人居环境的有效途径。生态产业是生态乡村复合生态系统中的一个重要层次，也是当下众多经济学家、城乡建设规划者关注和研究的重点。随着经济社会的进一步发展，农村的产业结构更加复杂，除了传统的农、林、牧、渔业外，生态产业内涵扩展到了生态农业、生态旅游等产业层面。

生态农业规划

生产功能作为农村最重要一个的基本功能，是推动整个农村生态经济系统发展的内在动力，人口增多导致的农业资源匮乏和新的农业发展模式都逐渐推动生态农业应用于农村发展过程中。农业发展遵循"整体、协调、循环、再生"的原则，以构建农业生产要素的最优组合为目标。生态农业发展的重点是大力发展农村特色农、牧、渔等特色产业集群，以资源深加工、提高农产品附加值为重点，规划设计农林产业园。农林产业园的规划设计要将生态思想引入园区，促进环境的可持续发展，合理规划园内功能的组成、空间的布局、经营观光路线等，将自然生态环境、农业生产活动与生态旅游结合。

生态旅游业规划

生态旅游业作为一种新型的农村产业出现，以乡村空间环境为依托，以乡村独特的生产形态、民俗风情、生活形式、乡村景观以及传统文化为旅游吸引力，兼顾乡村经济、社会、生态等多个目标，同时达到改善乡村居民生活水平、保护乡村生态环境和文化的目的，吸引了大量的城市居民观光游览。

---

3. 生态乡村居民点布局与节地控制规划

生态乡村居民点布局遵循可持续发展战略，通过乡村生态系统结构调整与功能整合、生态文化建设与生态产业发展实现农村社会经济稳定发展与农村生态环境的有效

保护。影响居民点布局的因素众多，如地形气候、区域位置、自然资源、交通条件、经济水平和人口结构等。乡村居民点布局模式是广大乡村长期农业经济社会发展过程中人类生产活动和区位选择的累积成果，它反映了人类及其经济活动的区位特点以及在地域空间中的相互关系。布局模式是否合理，也对区域经济的增长和社会生活的发展有着显著的促进或制约作用。生态乡村居民点布局规划要求对村庄各主要组成部分统一安排，既要经济合理地安排近期建设，又要考虑村庄长远发展，使其各得其所、有机联系，达到为村庄生产、生活服务的目的。

生态乡村节地控制规划是一定地区范围内，在保证土地的利用能满足国民经济各部门按比例发展的要求下，依据现有自然资源、技术资源和人力资源的分布和配置状况，对乡村土地资源的合理使用和优化配置所作出的集约性安排和控制性规划，以提高土地利用效率，减少土地资源浪费。节地控制规划以提升居住环境、集约节约利用土地为目的，以完善基础设施配套和公共服务设施为重点，以总结节地新技术、节地新模式为亮点，在时空上对各类性质用地进行合理布局，制定相应的配套政策和技术流程引导土地资源的开发、利用、整治和保护，以保证充分、合理、科学、有效地利用有限的土地资源，防止对土地资源的盲目开发，最大限度地节约土地和优化用地结构，构建生态宜居、文明和谐、可持续发展的生态乡村。

4. 生态乡村景观规划

基于景观生态规划理论，生态乡村景观规划是应用景观生态学原理及其相关学科知识，通过研究景观格局与生态过程以及人类活动与景观的相互作用，在景观生态分析、综合评价的基础上，通过研究景观格局对生态过程的影响并以乡村内部的斑块-廊道-基质模式来反映乡村景观的空间结构和布局，提出景观最优化方案及建议。生态乡村景观规划是在一定尺度上对景观资源的再分配，目的是协调景观内部结构和生态过程及人与自然的关系，改善生产与生态环境质量的关系。生态乡村景观规划的内容主要包括三个方面：第一，总体功能布局，是对景观生态功能的定位，是所有景观单元规划的一个基础格局；第二，生态属性规划，是以规划的总体目标和总体布局为基础，综合社会经济发展、生态建设的具体要求，对各种景观单元的物种类型、利用方式、生态网络的连接形式等具体的生态属性进行详细的规划。第三，空间属性规划，是对总体布局和属性规划的空间设计，这些属性则包括斑块的大小、形状及节点的位置、大小、形状以及廊道的连通性等内容。

5. 生态乡村基础设施与公共服务设施规划

乡村基本公共服务设施可以界定为建立在一定社会共识基础上，且由政府有关部门确定和主导提供的，与经济社会发展水平和阶段相适应的，旨在保障乡村居民生存和发展基本需求的公共服务功能所必需的公共建筑及场地服务设施。享有基本公共服务属于公民的权利，提供基本公共服务是政府的职责。生态乡村基础设施与公共服务设施规划建设内容一般包括保障基本民生需求的教育、就业、社会保障、医疗卫生、计划生育、住房保障、文化体育等领域的公共服务，广义上还包括与人民生活环境紧密关联的交通、通信、公用设施、环境保护等领域的公共服务，以及保障安全需要的公共安全、消防安全和国防安全等领域的公共服务。

6. 生态乡村环境规划

生态乡村环境规划是在一定的原则下，制定恰当的乡村环境目标，充分保护和利用村庄原有的山体、河流、水塘、树木等自然环境资源，充分考虑结合地形地势，尽可能避免对生态环境和自然景观的破坏，综合采用多种绿化手段，结合乡村原有的景观特色，完善原有的绿化系统，建设以自然风光为主调，突出乡村特色、地方特色和民族特色的新乡村环境。生态乡村环境规划目标是规划的核心内容，规定了规划对象未来环境质量状况的方向和水平，目的是保障经济、社会的持续发展。该目标往往是通过环境指标体系表现的，而环境指标体系则是一定时空范围内所有环境因素构成的环境系统的整体反映。生态乡村环境规划的重要工作是组织规划的实施，环境规划的编制、实施与管理是一个动态追踪的发展过程。

7. 生态乡村旅游规划

生态乡村旅游以生态乡村空间环境为依托，以生态乡村独特的生产形态、民俗风情、生活形式、乡村风光、乡村居所和乡村文化等乡村资源为对象，利用城乡差异来规划设计和组合产品，形成集"观光、游览、娱乐、体验、度假和购物"于一体的一种旅游形式。我国乡村旅游发展已进入快速发展的阶段，一些乡村旅游起步早、发展较为成熟的地区已经形成多种经验模式，如田园农业旅游模式、民俗风情旅游模式、农家乐旅游模式、村落乡镇旅游模式等，对于起步较晚的地区能够起到示范作用。生态旅游业规划需要详细了解项目区域自然、文化与环境条件，挖掘区域文化特色进行文化整合，对整体村庄旅游产品进行功能定位与风格把握。农村生态旅游规划往往以自然生态特性为基底，以农耕文化耦合为主线，以景观布局趣味为亮点划分不同的景观序列，规划设计乡村旅游发展线路。

第二节 生态乡村规划类型

一、按规划主体划分

1. 政府主导型

所谓政府主导型生态乡村规划，是指由中央政府或地方政府推动，通过政策、制度、规划以及项目等手段引导乡村规划发展的实践类型。在政府主导型生态乡村规划中，政府是乡村建设实践的启动者和组织者。政府通过制定政策或者发起规划项目，调动人力物力，组织乡村居民与社会参与，积极推动生态乡村规划建设，在乡村规划建设中起着主导性作用。比如，我国社会主义新农村的规划建设就是典型的政府主导型乡村规划，政府在社会主义新农村建设的发起、组织、运行以及资金投入等方面都起着主导性作用。

政府主导型生态乡村规划的目标一般是为了实施国家发展计划，是国家或地方发展战略的重要组成部分，往往具有较强的计划性。通常，政府对乡村规划的方法、路线、内容以及工作机制等都做出统筹性的安排，并采取分步骤、分阶段以及示范创建等手段以达到生态乡村规划建设的目标。

政府主导型生态乡村规划是一种自上而下、行政推动的发展模式，是生态乡村规划建设中最基础的一类实践，往往意味着乡村发展的重大制度变迁或政策创新。

案例：湖南省株洲市云龙示范区云田镇云田村

云田村位于湖南省株洲云龙示范区的东北部，是省级社会主义新农村建设示范村，株洲市统筹城乡改革试点村。全村面积为 5.76km²，25 个居民小组，770 户，2803 人，年人均收入 26000 元，主导产业是花卉苗木种植和休闲度假。根据《长株潭城市群生态绿心地区总体规划（2010—2030 年）》，云田村所属云田镇定位为试验区的生态"绿心"，其示范地位尤为重要，是贯彻"两型"理念，打造新农村建设的典范，正努力成为新农村文明建设的一面旗帜。

云龙区政府也根据云田村的区位优势，将云田村的战略发展重点放在旅游开发上。新一版的云田村村庄整治规划及云田旅游度假区总体规划已于 2008 年编制完成，规划确定了云田村主要为依托现有花木产业着力打造旅游休闲品牌的方针策略，整体规划布局主要为花木集中展示区、游览区、农林观光区、体育运动休闲区、垂钓休闲区及城市建设区。近年来，云田村基础设施建设不断完善，完成了大部分水泥路面改造，完成了大部分房屋的"穿衣戴帽"和环境整治，同时"百户休闲农庄"也已具雏形。在环境综合整治方面，云田村增加许多绿化种植面积，多方面实施保洁制度，同时积极开展城乡同治，进行污染综合治理，规划建设了服务半径较大的农贸市场和停车坪，取消了脏乱差的马路市场，同时对临街门面的广告牌也进行了有秩序的统一更换，拆除了以前乱搭乱建的雨棚设施。云田村曾是株洲的一个满地泥泞、房屋破旧的贫困村庄，通过近几年的生态乡村规划建设，现在村民富裕了，村容村貌更美了，村风民风也提高了，发生了翻天覆地的变化。如图 3-1～图 3-4 所示。

图 3-1　云田村入口

图 3-2　云田村与住户连接的乡村道路

图 3-3　云田村乡村道路

图 3-4　云田村太阳能板房

2.乡村自发型

乡村自发型生态乡村规划，是指依靠农民自身创造和乡村内自然发展的乡村规划建设实践类型。这类规划中的主导者往往是在村民中经济资源突出，政治地位、文化水平或社会地位较高的村民，他们有效组织利用各类资源，带领乡村规划建设发展。比较典型的是，改革以来涌现的华西村、滕头村、刘庄以及三元朱村等"明星村"的乡村规划建设实践。

乡村自发型生态乡村规划的目标是为实现乡村的经济水平进步，即主要为改善乡村生产生活环境，追求农民共同富裕，提升村民生活水平，直接的受益群体是村民自身。乡村自发型生态乡村规划类型往往具有鲜明的地域特色，乡村建设的内容各不相同，是一种自下而上的自主创新规划模式。

案例：江苏省江阴市华士镇华西村

华西村坚持村委会与党委的统一领导，经济来源分为企业和农作，经济产业以企业经济为主，自 2003 年以后，华西村着力发展以旅游业为主的第三产业，更是凭借华西村的品牌慕名而来的游客每年都在 16 万人以上，新开发的旅游业为华西村带来了可观的收益。如图 3-5、图 3-6 所示。

图 3-5　华西村村貌

图 3-6　华西村旅游业发展现状

3.政府主导村民参与型

不同于政府主导和乡村自发规划型的权责相对单一，政府主导村民参与型生态乡村规划充分调动了村民的积极性，由政府主导提出可供不同经济条件和不同类型村庄选择的村民参与模式，让村民参与到规划政策制定和决策中去，进而有效增强了乡村建设规划的合理性和科学性。

"政府主导、村民参与"组织体系中确立政府、村民、村委会、规划师和非政府组织是参与主体。其中政府不仅提供政策和部分资金支持，还是组织、主持整个规划过程的主导力量；村委会主要是配合协调政府的工作；非政府组织具有"规划培训""政策宣传"和"监督招投标"的任务；规划师除了在"分析问题"和"制作多方案"两个阶段是依据规划的专业思考方式和规划技巧完成，其他阶段都站在综合、协商、评判的角度处理问题和平衡利益；村民在整个规划过程中参与"前期调研""确立规划目标""选择方案""确定方案""论证"和"方案实施"六个阶段。如图3－7所示。

政府主导村民参与乡村规划的方式主要是规划的成果展示，即公示阶段，村民愿意以这种方式来对规划提出自己的意见，此种方式取决于村民能否理解和认识公示的内容，并作出自己的判断。据调查显示，村民最愿意通过"村民座谈会参与讨论"的形式参与规划，这种方式得到了半数以上村民的认可，是村民参与规划的最可行的方式；其次为"填写意见簿"和"规划人员个人访谈"的方式。

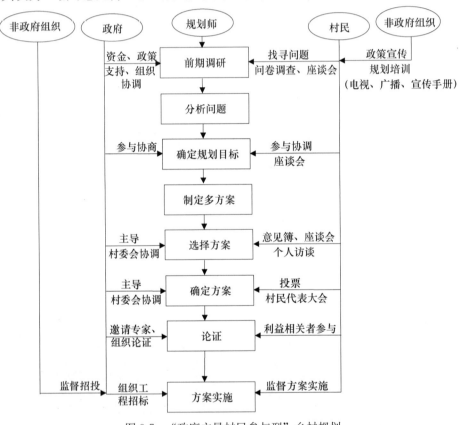

图 3-7 "政府主导村民参与型"乡村规划

案例：苏南常熟市朱家桥村

朱家桥村位于常熟市的西南辛庄镇内，行政村总面积 6km²，距离常熟市区 15km，距离乡镇政府 6.8km，距离乡镇最远的行政村 7.5km。朱家桥村村域内地势由西北向东南微倾，大部属平原地区，土壤肥沃，适宜农业发展，现被评为农业科技示范区。

朱家桥村的农民住宅以农村传统的独立式住宅为主，户均建筑面积是 240m²，户均宅基地面积在 200m² 左右，多数为院落的楼房。按照建立农业科技示范村的规划，村内所有农户将整体搬迁进镇上的农民住宅小区，原有房屋全部拆迁。村内拟按货币补偿和产权置换的方式开展工作。2007 年以来，朱家桥村立足强村富民工程，围绕"一村一品，几村一品"战略，提出以高效农业创示范基地的总体目标，列入苏州市常熟现代农业（水稻）示范基地，两年先后投资六百多万元搞基础设施建设，成功引进七十多亩优质高效的绿源硒康葡萄种植园，成为全市第一家工商注册登记的专业合作社。

朱家桥村在政府的大力支援下，全村的主要道路基本实行硬化；实现了有线电视"户户通"工程 157 户，自来水入户 95％，户厕配套达 88％。农村环境实行长效管理，成功创建了省级卫生村。农民的养老保险覆盖率达 84％，老年农民的享受率达 89.7％，合作医疗大病风险 100％，农民老有所养，病有所医得到保障。

二、按规划层级分类

现有城乡规划体系中涉及乡村的规划只有"村庄规划"。国内学者提出乡村规划按层级可分为三层次、三类型，即县、镇域，村域（行政村），村庄（自然村）三个层次，基本对应"乡村总体规划—村庄规划—村庄建设规划"三种规划类型。其中：

乡村总体规划属于县、镇域片区规划层次，主要包括规划区内城乡建设控制和乡村地区发展引导等内容；村庄规划属于村域层次，主要包括规划区内村庄建设用地控制、村域用地布局、村庄布点和村域产业发展引导等内容；村庄建设规划属于村庄层次，主要包括村庄建设用地边界、村庄平面布局、村庄详细设施、基础设施与公共设施布局等内容。具体见表 3-1。

表 3-1　"三层次、三类型"的乡村规划体系

层　　次	类　　型	主要内容及规划深度	对应的名称
县、镇域片区	乡村总体规划	规划区内城乡建设控制：划定生态保护边界 村庄布点（布点的数量、位置，不定边界） 乡村地区发展引导：分区域确定乡村产业发展重点区域层次基础设施与乡村公共设施配置标准与体系，跨村域的基础设施和公共设施	乡村建设规划 镇村布局规划 村庄布点规划 美丽乡村规划
村域（行政村）	村庄规划	规划区内村庄建设用地控制 村域用地布局 村庄布点：划定村庄建设用地边界 村域产业发展引导：村庄产业发展 村域基础设施与公共设施	村庄规划
村庄（自然村）	村庄建设规划	村庄建设用地边界 村庄平面布局 村庄详细设施 基础设施与公共设施布局	村庄建设规划 村庄环境整治规划 社区详细规划设计

第三节 生态乡村规划的由来与发展

一、古代乡村规划思想的萌芽

1. "天人合一"思想

中国传统乡村的发展观念深受儒家、道家、佛家的哲学思想影响，其中儒家侧重以人为本，道家侧重以自然为本，佛家侧重以生命为本，三者殊途同归，共同作用，逐渐形成了中国传统乡村"天人合一"的有机发展观。这是一种基于自然观与价值观的发展观念，在中国传统乡村发展中演化为两种观念：天人和谐的自然发展观及万物一体的系统发展观。

天人和谐是指传统农业社会中人与自然和谐相处的状态。包括农业生产都要依照自然规律行事，根据自然现象制定的历法、发明的二十四节气，都是古代劳动人民积极探索自然规律的成果。

万物一体则是系统的观念，其认为世间万物都是有联系的完整系统，当某一个因素发生变化时，其他因素也会受到影响随之变化。万物一体强调发展的整体协调，这与现代规划理论中的系统性不谋而合。

2. "风水"思想

"风水"起源于聚落的选址，是人类在选择、建造和布局环境的过程中寻求最适合自己生存环境的意愿，是我国传统乡村村落选址的主要影响因素。风水理论实际上也遵循了一定的自然规律，是一种适宜生产和生活的空间选择理论。首先，我国传统风水文化中，"藏风"有着重要地位和作用，简而言之就是避风，即选择环境时，要符合藏风聚气的条件。总的形势是：北面要有高山依靠，前方要有小山丘，左右两侧应有延绵的山地护卫，明堂要地势明亮宽敞，周围要流水环绕。但传统风水不是回避所有的风，平原上东南方向吹来的风称之为暖风，是不需要回避的，只有回避从西北方向吹来的冷风。其次，风水中自古就有"未见其山，先观其水，有山无水休寻地""风水之法，得水为上，藏风次之"等说法。可见人们在选择住宅时，都尽量以山环水抱的河床低位来作为基地，一方面可以方便人们交通和狩猎，另一方面也可以使住宅面积扩大。另外，传统风水文化中还有"向阳"的说法，一般称山的南面为阳，北面为阴，河流的北面为阳，南面为阴。从考虑到光照、温度、雨水等多个因素考虑，人们在选择村落地址时通常会选择南坡。这是由于从东南方向吹来的湿润性季风气候会随着地势的升高而被迫抬升，常常会带来丰富的雨水，既方便人们生活，也利于植物生长。此外，从北方而来的寒湿气流则会被山体阻挡。

"风水"影响下的两种理想的村落环境模式

（1）"枕山、环水、面屏"模式

这是一种从大环境、大形势而言的风水模式，即要求北面有蜿蜒而来的群山峻岭，南面有远近呼应的低矮小山，左右两侧有护山环抱，重重护卫。中间部分堂局分明，地势宽敞，而且有屈曲流水环抱。整个风水区构成一个后有靠山，左右有屏障护卫，前方略显开敞的相对封闭的村落环境。

（2）"背水、面街"模式

这是平原地区村落外部空间的另一种模式：以水为龙脉，住宅背河而建。这种模式尤其以江浙一带的水乡最为典型。如江苏吴江县的同里镇、乌青镇和双林镇等地，均呈"四湖环绕于外，一镇包涵于中"的格局。

3．生生之易的变化发展思想

传统风水中强调：口新之谓盛德。传统风水文化中蕴含着丰富的"生生之易"思想。所谓生生之易，指生生不息、大化流行，体现的是一种连绵不绝、变化不息的生命精神，是循环往复、革故鼎新的宇宙之道。"生生"是人类认识宇宙运动发展规律和如何把握其变化发展的一种无限循环过程。这种"生"是一种变化、传承、延续和发展，是一种推陈出新。总的来说，从人类的发展史来看，人类的脚步永不停止，世间万物都处在永不停歇的变化发展中，整个世界就是一个不断变化和永恒发展的世界，人们要主动适应环境的变化和时代的变迁，遵循自然的变化发展规律，学会因时制宜，因势利导，主动地与时俱进随机应变，不能墨守成规，一成不变。

4．敬畏自然的思想

人们所崇敬的自然万物不是单独而随意地产生的，天地是万物创始的源泉。传统风水文化认为，世间万物的生命起源于天，形成于地。《周易》将乾、坤二卦视为父母卦，将宇宙自然界视为父母，诸多的风水著作也将自然界拟人化，这并不是简单的比拟，而是具有深刻的哲学道理。因为，他们不把自然界的万物单纯地看作研究对象，而是从人与自然生命的角度，去认识自然、关怀自然。人类来源于自然，身处周围的社会，无论我们周围的社会是怎样的，而人类的生命与其他万物一样都根源于自然界。也正是因此，万物同源、生命相连，每个生命都有其存在的价值与合理性，所有的生命都相互关联，相互依赖。所以，我国的传统文化中蕴含着人类对天地即自然界的敬畏与热爱，人类应该像对待自己那样对待自然万物。

二、生态乡村规划的由来

在过去的一段时间，人类为谋求发展对自然资源无节制地索取，不惜以牺牲环境为代价。这种只顾眼前利益、不顾长远发展的粗放型发展模式也对包括乡村在内的广大区域未来的生存发展带来严重的负面影响。目前，我国的矿产资源、水资源、石油资源日益紧张，环境的污染和生态的破坏也越来越严重。

2005 年，中国共产党第十六届五中全会报告中提出"建设社会主义新农村"的重大历史任务时，明确了"生产发展、生活宽裕、乡风文明、村容整洁、管理民主"的20 字方针要求。客观来看，我国社会主义新农村建设围绕这 20 字方针开展了一系列工作并取得了显著成效，但也存在一些问题和不足。党的十七大则进一步提出"要统筹城乡发展，推进社会主义新农村建设"，把农村建设纳入国家建设的全局，充分体现全国一盘棋的科学发展思想。

党的十八大报告更是明确提出"要努力建设美丽中国，实现中华民族永续发展"，第一次提出了城乡统筹协调发展共建"美丽中国"的全新概念。随即出台的 2013 年中央一号文件，依据美丽中国的理念第一次提出了要建设"美丽乡村"的奋斗目标，新农村建设以"美丽乡村"建设的提法首次在国家层面明确提出。无论是政界还是学术界，都将美丽乡村建设看作 2005 年新农村建设的升级版。

党的十九大报告提出"乡村振兴战略"，提出乡村发展要建立健全城乡融合发展体制机制和政策体系，以"产业兴旺、生态宜居、乡风文明、治理有效、生活富裕"为总要求，加快推进农业农村现代化，为新时代中国"生态乡村"发展指出了新目标、新任务和新路径，国内生态乡村也必将迎来发展的美好春天。

三、国内生态乡村规划发展

总体而言，国内学者往往以重大经济社会改革实践的发生作为城乡关系变化的标志，并以此对新中国成立以来的乡村地区规划发展进行分段。城镇化和现代化进程由初期"乡村关系"主导，到"城市关系"主导，再到近年来的"新型城镇化"模式，村庄规划的编制框架体系逐渐由粗到细，规划编制层次由少到多。如图 3-8 所示。

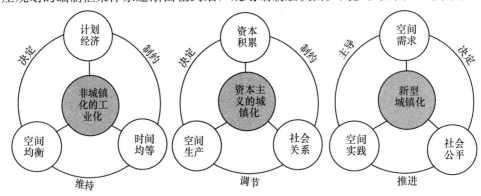

图 3-8 乡村关系、城市关系与"新型城乡关系"时期的城镇化特点比较

我国是一个历史悠久的农业国，由于政治制度以及社会经济发展的差异，使得农村与城市的发展模式截然不同。从秦朝到清朝，我国两千多年的"帝国时代"中，农村与都城一直是一种单向的不公平索取关系，乡村承担向帝国供给粮食、纳税的责任，而乡村的发展与治理是受限制于帝国的约束。直到建国以后，国家权力开始干涉乡村，形成了农村支援城市发展的阶段。由于国家倾向发展工业，这个时期的农村以生产队的形式把农村剩余价值拿来为城市工业服务，农业也是城市汲取乡村最主要的资源。

1978 年农村经济改革，实行土地承包制，调动了农民生产的积极性，开始出现农村住房建设需求与耕地保护之间的矛盾，其次随着人民公社的解体，乡村回到自由发展的状态。直到 20 世纪八九十年代，国家城镇化的发展，大量的农村劳动力开始流入城市，为城市发展提供动力。这个时期，农村只能再次回归到农业生产和农产品的供给，所以国家制定了严格的耕地保护制度。而脱离了政府干预的土地承包制也开始暴露出农民的负担，逐渐发展成我国特有的"三农"问题。一直到 2000 年，中央政府开始关注并着力解决"三农"问题，开始关注城乡差距的问题，提出城市反哺农村，转向关注乡村发展。总体来看，国内生态乡村规划的发展大致经历了以下几个历程：

1. 民国时期的"乡村治理"

民国时期，殖民经济和城市发展导致乡村的衰败，社会学界以梁漱溟、费孝通为代表的社会学者兴起了"乡村治理"，开始关注乡村地区发展，并在"中国问题"的大背景下对传统乡土中国的延续、中华文明复兴、乡村工业化道路进行了城乡发展视角下的早期思考。

民国时期的乡村发展研究，因为经济条件的限制，极少实现物质环境内容的建设。当时的"乡村规划"又称为"乡村改进"，主要是以最经济的技术手段引导村庄建设，以达到改善村庄人居环境、完善村庄自治机制的目的，多为理想主义发展构想。

2. 新中国初期村庄规划的萌芽

新中国成立后，国家权力开始渗透到农村。为了提高农业生产水平，我国在 20 世纪 50 年代实行了土地改革，之后通过人民公社引导乡村生产、生活。直到 70 年代后期，人民公社制解体，乡村获得了自由发展的机会，实现了从包产到户，到乡镇企业的发展。土地承包制和农村经济的发展使得乡村出现了建房热潮，激发了乡村地区改善居住环境等建设实践的积极性。同时，农村城镇化和村庄建设的研究开始兴起，村庄建设规划应运而生。但这一时期，村庄规划主要强调农业功能，居住环境的改善不被重视；政府关注的焦点集中在村镇的规划建设管理上，以引导农村合理建房为目标。

在改善农民居住条件的同时，大量建设也产生了新问题。村镇大规模拆旧建新现象突出，对已有建设基础考虑不足，盲目开辟新区建设，且配套建设质量普遍不高。"建房热潮"产生了大量农房侵占耕地的现象。1981 年，国务院针对这一问题发出了《关于制止农村建房侵占耕地的紧急通知》，随后颁发了《村镇建房用地管理条例》。1982 年，在国家建委与农委共同努力下，《村镇规划原则（试行）》出炉，成为指导村镇规划的重要法律依据，将村镇规划分为村镇总体规划和村镇建设规划两个类型。对照现行规划编制，村镇总体规划类似于城市总体规划中的城镇体系规划，是乡镇域的村镇体系规划，而村镇建设规划更像是总体规划和详细规划的综合。

3. 二十世纪末期的"标准化探索"

十一届三中全会后，广大乡村地区的社会面貌产生了深刻变革，中国步入快速城镇化发展阶段。从 1988 年开始，建设部组织了 76 个镇作为规划试点，起草《村镇规划编制要点》边试边改，形成最早的《村镇规划编制办法》（以下简称《办法》）。《办法》将村镇规划划分为"乡镇范围的村镇体系规划、镇区与村庄规划、镇重点地段建

设规划"3 个层次，其中，对于村庄规划的内容做出了明确的规定。

与此基本同步，从 1989 年开始经过几年的研究，1993 年，国家发布了第一个《村镇规划标准》（以下简称《标准》）。《标准》将村镇体系划分为基层村、中心村、一般镇、中心镇几个层次，并参照城市规划对建设用地进行分类和定量规划。这一时期的城乡规划文件和管理办法意识到了区域城镇体系规划和城镇节点规划的重要性，但是缺乏有差别的规划等级体系，形成城乡规划二元格局，重城市规划轻乡村规划的思想明显。对于村庄规划理论、规划编制技术仍处于探索阶段。

4. 新世纪以来的城乡协调探索

2005 年，党的十五届五中全会提出建设社会主义新农村。同年，建设部颁布了《关于村庄整治的指导意见》。意见为贯彻中央对于新农村建设的战略，指导村庄建设和发展提供了重要指导。2006 年 2 月 21 日，中央颁布了改革开放以来关于解决"三农"问题的第八个一号文件《中共中央国务院关于推进社会主义新农村建设的若干意见》提出"生产发展、生活宽裕、乡风文明、村容整洁、管理民主"的要求，扎实稳步推进，为做好当前和今后一个时期的"三农"工作指明了方向，我国的农村建设事业开始规模化发展。2007 年，中共中央国务院关于推进社会主义新农村建设提出若干意见，明确指出各级党委和政府必须按照党的十六届五中全会的战略部署，始终把"三农"工作放在重中之重，切实把建设社会主义新农村的各项任务落到实处，扎实稳步推进社会主义新农村建设，加快建立以工促农、以城带乡的长效机制，加快农村全面小康和现代化建设步伐。

2008 年《城乡规划法》颁布以后，乡村规划的地位才逐渐有所提升，以立法的形式将"村庄规划"纳入城乡规划体系。党的十七届三中全会更加明确强调"我国总体上已进入以工促农、以城带乡的发展阶段，进入加快改造传统农业、走中国特色农业现代化道路的关键时刻，进入着力破除城乡二元结构、形成城乡经济社会发展一体化新格局的重要时期"。"十一五"规划建议强调指出："全面建设小康社会的难点在农村和西部地区"。建设社会主义新农村体现了农村全面发展的要求，也是巩固和加强农业基础的地位、全面建设小康社会的重大举措。党的十八大首次正式提出要全面建设小康社会，是经济、政治、文化、社会、生态文明全面发展的小康社会。党的十八大还提出"要努力建设美丽中国，实现中华民族永续发展"，并第一次提出了城乡统筹协调发展共建"美丽中国"的全新概念，随即出台的 2013 年中央一号文件，依据美丽中国的理念第一次提出了要建设"美丽乡村"的奋斗目标，将建设"社会主义新农村"进一步具体化为加强农村生态建设、环境建设和综合整治工作，这是我国农村建设新篇章的开始。

党的十九大提出乡村振兴战略。该战略是决胜全面建成小康社会、全面建设社会主义现代化国家的重大历史任务，是新时代"三农"工作的总抓手。战略的主要内容包括：战略实施的意义、总体要求和原则；提升农业发展质量，培育乡村发展新功能；推进乡村绿色发展，打造人与自然和谐共生发展新格局；繁荣兴盛农村文化，焕发乡风文明新气象；加强农村基层基础工作，构建乡村治理新体系；提高农村民生保障水平，塑造美丽乡村新风貌；打好精准脱贫攻坚战，增强贫困群众获得感；推进体制机制创新，强化乡村振兴制度性供给；汇聚全社会力量，强化乡村振兴人才支撑；开拓投融资渠道，强化乡村振兴投入保障；坚持和完善党对"三农"工作的领导。

总体上看，随着我国生态农业试验区的发展与规划建设的逐步推进，1980年以来，生态乡村、生态社区、生态市、生态示范区等不同区域层次的生态乡村概念应运而生。2005年底，《国务院对于推进社会主义新农村建设的若干意见》中明确提出"村庄管理要突出乡村独特性、地方特色性和民族特征性，着重维护那些具有历史文化内涵价值的乡村及建筑"。这些也给生态乡村的产生、发展、规划方法的完善、技术水平的提升以及总体发展目标定位的具体化奠定了基础。因此，从20世纪末，国内关于生态乡村的规划建设研究就从理论层面大量进入到实践层面。国内各省市纷纷提出创建"文明村""文明社区""生态村""生态社区"，通过改善生态环境，积极促进农村经济发展和精神文明建设，致力于生态环境、生态经济、生态技术全方位发展。

结合我国生态乡村规划发展历程来看，现阶段我国生态乡村规划具有一定特殊性。要科学认识这些特殊性，才能进一步推动生态乡村规划的科学编制。

第一，我国生态乡村规划的尺度是乡镇区域。我国正处于高速城镇化进程中的特殊历史阶段，大量乡村面临着城市转型、农民向城市转移的问题。我国在这个时期提出生态乡村规划，还面临着城乡发展不协调的现实问题，无论是土地的转化、人口的转化都存在阻碍。所以乡村规划的载体是乡村，但规划尺度要放大到乡镇区域。

第二，我国生态乡村规划载体是乡村。乡村规划是要依据现有的资源环境和历史文化特色借助外部力量，着力解决乡村的突出问题。生态乡村规划要关注乡村本身的各类价值，挖掘乡村独特的民俗、农耕文化和民间技艺。我国正处于城镇化与乡村保护同时进行的特殊阶段，生态乡村规划要实现由单一的乡村建设向现代生态农村建设的超越，使广大农民在关注乡村经济发展的同时，更加追求现代化的物质文明与精神文化的统一，大力发展生态文化产业，不断满足农民的物质需求和精神需求。

第三，我国生态乡村规划要解决区域生态保护的问题。随着城市化的扩张，原本拥有较为优越自然环境的传统乡村演变为被城市高楼大厦包围的城中村。部分农村在城市化进程中，村庄建设无序扩张和低效使用生态用地及耕地造成土地资源以及相关资源的浪费，乡村产业的发展也带来乡村环境污染问题。正是由此，改善农村生态环境成为乡村规划的当务之急。生态乡村规划发展过程中要保证乡村拥有大量的优质生态空间，为区域协调发展提供基本的保障；要增强绿色发展、低碳发展的意识；要提高资源利用效率，在农村经济发展过程中充分考虑自然资源与生态环境承载力问题，寻找适合当地的、可持续的清洁能源和生物能源发展模式；要积极推广新能源、建设环保型基础设施，鼓励建设绿色节能建筑，增加森林碳汇；要鼓励发展生态产业、生态经济，创建生态人居，建设生态文化；要提高农民的生态素质，使生态文明理念深入人心。这就要求生态乡村规划必须划定生态保护区域，并且构建生态空间保护策略。

四、国外生态乡村规划发展

1. 英国乡村规划

两次世界大战让英国政府认识到了保护农业发展和保护耕地的重要性，并从此调

整经济发展战略，开始强调保护英国国内农业生产，建立农业经济。1947 年，英国先后颁布了《农业法》（Agriculture Act）和《城乡规划法》（The Town And Country Planning Act）。《农业法》决定了乡村地区的首要功能是保证"粮食供应安全"，并通过农业补贴的形式体现了对农业和农村的支持。《城乡规划法》是英国第一部关于乡村地区的规划法律，则将乡村的生产性目标与规划体系进行了有效的统一和衔接，用规划体系落实"严格保护耕地"的目标，因此当时乡村规划的核心就是严格保护耕地。典型的规划措施包括"绿带"政策和"国家公园"政策，杰出的自然风景区、海岸地区、自然保护区、林业等都被认定为需要保护的乡村区域。规划的范围涉及的各类自然保护区在国家尺度中进行保护区的指定。

直到 20 世纪 80 年代，乡村开始作为人们休闲娱乐的场所被关注，乡村旅游和休闲产业迅速发展。这个时期保护乡村自然景观、野生动物等多样性议题开始成为乡村的核心问题。部分城市中产阶级迁入乡村，开始出现乡村人口增长。这个时候，乡村生活质量的改善和基础设施的提供就开始被纳入乡村规划范围。与此同时，乡村旅游业的兴起，大量游客和移民的进入形成了乡村住房压力，产生了新的社区服务需求。因此，乡村规划便开始转向关注乡村本身的问题，以为居住者提供更好的乡村生活环境为目标，乡村规划逐渐被认可且具有核心作用。

1981 年出台的《野生动物和乡村地区法》开始关注农业生产对环境的影响，鼓励和引导农民转向在环境中更具有可持续性的农业活动。20 世纪 90 年代以后，欧共体开始引入农业－环境政策，要求遵从"生态农业"的政策，包括：维护野生动植物的多样性，保护其栖息地的生活环境及自然资源，保存大量的乡村自然风光。

2000 年英国政府通过当时的环境、交通和区域部和农业、渔业和粮食部出版了《我们的乡村：未来—对英格兰乡村的公平待遇》，呼吁以更加灵活、积极的态度去对待乡村地区的发展。2004 年《乡村战略》的出版更进一步确定了乡村发展多样化的思想，提出乡村政策中的重要问题：锁定资源发展商业、提供平等的服务和机会、通过一体化的管理保护自然环境。

总的来看，近年来英国乡村规划与政策的目标与重心从维持农业经济、维护农业用地转向了保持乡村自然质量和乡村社区生活质量之间的平衡，以实现经济、社会和环境的可持续发展目标。

2. 美国乡村规划

美国的村镇建设高度重视规划的作用，强调规划的权威性，规划一经批准，就必须按其执行，不得随意更改。具体而言，美国村镇规划在编制与实施过程中的基本原则有三点：一是尽可能满足村镇居民的生活需要，尊重和发扬当地的生活传统；二是对绿化与环境美化的重视程度颇高；三是在遵循节能环保的基础上培育和塑造村镇特色。而其在城镇建设管理方面的经验主要集中在两个方面：一是拥有健全完善的规章制度；二是具备依法办事、违法必究的管理作风。美国的各级政府在策划小城镇的各种开发建设项目时十分重视当地居民和社会公众的意见，并鼓励公众积极参与建设项目的全过程。

美国村镇基础设施的建设资金由联邦政府、地方政府和开发商共同承担。环境建设是村镇建设的重要内容。不仅注重环境的绿化程度而且非常注重景观环境的设计。与此同时，美国的村镇建设同样重视垃圾和污水的处理设施的建设，为村镇可持续发展的社会经济提供了环境保障。在美国，不会看到小城镇面貌雷同的现象，因为重视城镇特色是美国小城镇的建设特点之一。美国各级政府非常重视当地民众和居民的意见，公众参与贯穿整个建设项目的全过程，在各阶段尽可能听取公众的意见。

此外，作为生态村建设的典型实例之一，美国在面积为488公顷的美国南加利福尼亚大维寺的海岛上，建起了一个有150栋生态房屋的生态村。整个建设过程中保留了原来的自然面貌，设计者在建筑这些生态村时，用社区化的方法替代了以前的单家独院，如每6～8个住宅单元合用一个能源中心、一个煤气锅炉、一个家用热水器和一个通风系统等。能源的节约和环境的保护在整个建设过程中处处得以体现。据测算，这种生态村里的居民其能源用量仅为原住地的五分之一。

3. 德国乡村规划

德国从农业社会向工业社会的转型发生在19世纪初期至70年代，同样给乡村带来了人口资源等各种问题。在社会转型的初期，德国村庄更新的重点在于乡村基础设施与公共服务设施的建设与改善，由于街道的扩建和大量建筑物的拆除，造成了众多传统村落的历史肌理和遗存丧失。为了改变这一状况，1980年代德国开展了"我们的乡村应更美丽"为主题的乡村更新规划行动，以保持乡村特色和实现村庄自我更新为规划目标，对乡村形态和自然环境、聚落结构和建筑风格、村庄内部和外部交通等进行合理规划与建设。1990年之后，德国乡村更新规划的侧重点转移到乡村地区的全面发展以及推动公共参与上来。

4. 韩国乡村规划

韩国的"新农村运动"则是强调农村基础设施建设，包括草屋顶改造、道路硬化、供水设施建设等20种工程项目，由政府提供物资、资金和技术支持。尽管各类生态村侧重发展的内容不同，建设措施有所不同，但是对于保护和恢复自然环境、合理规划布局空间、采用节能技术、建设生态建筑的总体方向还是一样的。生态村建设强调以自然环境为基础，以循环经济为动力，以生态技术运用为支撑，以和谐人居、特色文化为抓手，创建生态村。

5. 其他发达国家的乡村规划

日本20世纪六七十年代的农业形态与我国目前颇为相似，日本农村发展以"农村经济更生运动"为起点，注重农业建设立法并认真贯彻执行，围绕改善农业生产结构、提高农业生产力、提高农民收入做文章。日本新农村的一系列举措改变了其国内农村发展的现状，使农村发生了翻天覆地的变化，提高了农村经济总量，带动了农村的消费需求，为日本的经济转型提供了很好的基础。其在农村建设方面也有许多先进经验可供我们借鉴，比如日本政府对行政办公经费精打细算，而农业支出竟然是农业收入的数十倍。在城乡统筹发展过程中，日本政府发挥了主导作用，政府对农业、农村、农民实行了非常优惠的倾斜政策。在理论研究方面，李岩、申军（2007）、李锋传（2006）等就日本新农村建设活动的背景、内容、成功经验及其对我国的启示等内容进

行了系统梳理与全面分析。

瑞士乡村建设突出配套设施的完善。在完善农村基础设施的同时，十分重视农业和农村地区的可持续发展。主要是在制定农业政策时充分考虑环保要求，并建立了相应的环保监控系统，对环保执行情况进行系统的年度评估，近年来更加重视生态生产和有机耕作。

从以上发达国家的乡村发展思路中不难看出，无论是美国村镇规划中贯彻的若干基本原则及其生态村建设中节能节地意识，还是英国的"新城镇运动""集镇建设""村庄建设"等村镇发展范式、德国建设法典中对环境保护的重视程度，都大致体现了以下乡村发展建设特征：

（1）重视规划的权威性

村镇规划不但重视其综合性、超前性、科学性和务实性，而且要重视规划的权威性，村镇规划一旦得到批准，就必须按规划实施，不能随意更改。

（2）把开放空间的营造、污水的处理和道路的合理规划作为村镇规划的核心内容

由于村镇空间相对于城市空间最大的不同点在于非农业使用的土地生长在广阔的自然开放空间上，人的尺度与自然空间的尺度反差巨大，在规划中对于开放空间的营造显得尤为重要。村镇人口密度比较低，以农业发展为主，在规划过程中注重乡村农业用地资源和环境的保护。

（3）注重可持续发展的价值取向

在发达国家的村镇规划建设中，注重村镇的可持续发展，而判断可持续发展有两个不同的角度：一个是以生态为中心；一个是以人为中心。"生态中心论"以环境可承受和环境的改善作为前提来判断其可持续发展，包括人口和经济增长的限度；"以人为本"的观点以满足当前人的需要但不损害后人和他人的利益为前提判断可持续发展。用可持续发展的方式规划设计社区时多采用"以人为本"的立场。

（4）重视基础设施和社会服务设施的建设

村镇建设始终把基础设施和公共服务设施建设作为重中之重，以创造比大城市更加优美适宜的生态居住空间环境，十分重视改善小城镇的交通设施、通讯设施及能源供给设施和公共服务设施，以满足人们的生活与工作要求。

（5）强调公众参与

居民参与村镇规划和设计已成为发达国家村镇规划的基本模式。公众参与具有法律保障，没有经过公众讨论的城市规划是不能得到上级主管部门的审批的，规划如果被公众反对就必须修改。公众参与的方式是多种多样的，包括各种手册、会议和展览会等。公众参与的范围广、程度深。发达国家的公众参与不是表面形式上的几个代表和利益团体的参与，而是市民的普遍参与。公众参与不仅体现在规划编制的各个阶段，还表现在规划的审批和执行阶段。尤其在规划执行阶段，公众可以对不合乎规划要求的行为向法院或仲裁监督机构进行申诉。在整个规划过程中都充分反映了民意，同时加深了公众对村镇建设的理解，也保护了地方的生态环境和人文环境。

第四节 生态乡村规划的方法和程序

一、生态乡村规划的方法

1. 生态乡村规划理论框架构建

生态乡村规划理论框架体系的构建方法是：第一，确定乡村问题与乡村规划边界；第二，确定乡村相关利益与责任主体的范畴；第三，综合考虑确定规划的层次，在规划层次中对应编制主体、编制内容与规划形式等。其最终目标是将乡村的问题、空间尺度与责任主体有效地对应起来，将不同层次乡村的问题明确相关责任主体，对应到我国城乡规划体系的不同层次中去，从而形成从国家到地方的生态乡村综合规划框架。

2. 生态乡村规划原则

（1）拒绝千村一面，突出乡村地域特色

不同乡村分布于不同的自然地理区位，也造成了不同乡村往往具有鲜明的地域特色。地域分异规律导致不同的乡村形成不同的基本特征，在生态乡村规划与开发过程中不仅要保留每个乡村的特色资源，更要挖掘当地独特的自然资源、文化资源和其他各种资源，尽可能突出自然地理、民族、民俗、文化等乡村特色，保存各民族的建筑风格、文化情趣、乡风乡俗等，突出乡村所特有的自然景观及文化景观特色，从而形成乡村鲜明的个性和浓厚吸引力。

（2）保护自然资源，实现可持续发展

自然资源的优化配置既需要达到推动乡村经济持续增长的目标，还需要实现乡村生态平衡和自然资源的可持续利用。因此，生态乡村在规划建设进程中要注重自然资源的优化配置，必须科学遵循生态经济学原理，以可持续发展理论为根本理论指导，优先考虑优化配置乡村农业资源，合理保护自然资源，构建乡村内部结构高效、可持续发展的生态经济系统。

（3）因地制宜，综合利用资源

受地域性影响，不同乡村拥有的资源特别是农业资源在种类、数量、质量和组合等特征都各有不同。因此，各个乡村在生态规划与后期建设时，要遵循因地制宜原则，扬长避短。要重点结合乡村自然地理条件、社会经济发展条件、交通区位条件等，依据各自优劣势，针对各自乡村所拥有的不同自然资源、经济、社会资源特点，统筹各类资源的合理利用，着重分析优势资源的开发次序、开发步骤利用，明确主导产业，进一步综合开发。

（4）重视生态环境，实现经济、社会与环境三者效益相统一

经济建设是生态乡村规划建设的重中之重。如果生态乡村建设不能实现农民的收入增长，生态乡村的规划建设就成了无根之木。然而，生态乡村的规划建设并不能仅有经济建设。各生态乡村要在紧抓经济建设实现农民收入增长的同时也不可忽视对生

态环境的保护，在发展经济的同时要维持生态系统的平衡。即当前生态乡村的规划建设不仅是谋求乡村居民收入的增加，更要重视改善乡村生态环境、提升社会文明程度、缩小城乡差距。因此，生态乡村规划建设不可以仅仅偏向于经济、社会、生态效益中的任何一方。

3. 生态乡村规划方法

村庄规划编制体系需要从不同层次入手，考虑对不同层级规划的指引与管控，并采用分区、分阶段路径，分类、分级的思路提出有针对性的技术手段。这两者需要扣紧远期目标和通过建立在利益协商基础上的公众参与，实现倡导性的规划编制。从这个层面出发，生态乡村规划方法主要包括：

（1）远景蓝图定方向、阶段破题定路径，双线导向应对规划难点

一方面将规划目标导向与问题导向两条线索结合思考。目标导向是传统而重要的规划思路。首先在宏观层面，乡村规划的上位规划之一的县域规划应建构全域体系，确定城乡一体化发展战略，统筹镇村布局和土地、交通、公共服务、基础设施、生态等各项空间资源配置，即围绕着若干合理、清晰的目标展开规划。目标的确定要基于对乡村地区发展现状的摸查和未来发展潜力、发展条件的科学预判，以保障整体、统筹全局为重点；中观层面目标关注次区域（主要指乡镇）的整体发展，主要矛盾及其解决方案，不应过度纠结于细节；微观层面的村庄发展目标要注意既定目标的可行性和操作性，比如在规划期内能否实施、有关任务能否分解推进、责任主体和执行主体是否明确及其权限是否匹配等。

另一方面以问题为导向是适应局限复杂地区规划的有效方法。县域乡村建设规划主要以一种更宏观的视角和一些更有效的手段来统筹协调各镇街、乡和村庄的利益关系；通过技术设计为各利益阶层的博弈提供一个公平的制度环境。中观层面问题导向的规划方法，要善于归类分级，深入剖析次区域发展关键特有问题的根源和实质，提出解决方案；微观层面重在解决乡村眼前紧迫问题的同时，也要兼顾长远目标的实现。

（2）宏观战略布局，强调广度；微观关注战术手段，关注精度

宏观、微观不同层级规划的规划深度显然不可能也没有必要一致。从规划内容的区别来看，宏观层面的规划侧重于战略性布局，主要目的是建构体系，为后续及下位规划提供一个基本框架；微观层面的规划则属于战术手段，旨在应对更直接的乡村建设和管理问题。

宏观层面的规划要建立在统筹城乡一体化发展的基础上，对国家和地方的政策导向、制度环境以及当地政府的执政方针应当有深刻的认识和理解。要关注发展过程中的主要矛盾与核心问题，妥善处理长远发展目标和现阶段迫切问题的关系，从全局性、战略性的高度明确理念和思路，拟定统领整体的规划结构与框架体系。规划方法强调抓大放小，注重问题覆盖面的广度，避免深陷细节。

微观层面的规划要深入结合村庄自身发展建设的实际，结合扎实的现状踏勘和调研访谈，统筹协调政府管理意图和群众真实诉求的矛盾，集中力量解决村民最关心的生产、生活问题。农村现实情况复杂，局限约束各有差异。

总体来看，宏观层面把握重点、分类突破，可以根据不同类别或不同集群村庄的

特征与核心问题采用差异化的规划手段，微观层面强调问题聚焦的精准度，使村庄规划的目标更加明确，适宜于具体操作空间。

（3）分区组织规划框架、分类提出控制要求、分级确定配套标准

依据总体规划对县域主体功能区的划分和界定，县域乡村建设规划应当结合主体功能区组织规划框架，并提出不同功能区乡村差异化的规划策略。这种分区组织主要体现在两个方面：第一，有关规划内容要以主体功能区为基础进行分析和编制；第二，各项规划成果应当以主体功能区为单元进行分别梳理和表达，体现规划意图和内容逻辑的内在关联性。

村庄分类是县域村镇体系结构的必要组成，在此基础上根据不同类别村庄的特征、发展条件和发展趋向，确定相对应的规划内容和控制要求，能够有效加强规划的针对性和对下位规划的指导作用。比如有关建设控制指标，目前很多村庄规划编制时只采用国家标准或地方规范确定的同一套标准，实施效果不理想，如果上位规划能够以分类的思路提供差异化的指标体系，对解决此问题将大有助益。

分级的方法主要针对设施配置而言。以生产生活圈进行全面统筹，基础设施和公共服务设施的配置始终离不开等级的影响。由此出发制定与级别相适应的设施标准，也便于多村共建与服务共享。

二、生态乡村规划的程序

生态乡村规划的编制应该涵盖从总体规划—专项规划—详细规划三个层次的内容，并遵循一定的规划思路和程序。

1. 总体规划

生态乡村规划是一项针对乡村地区的各项建设开展的一项综合性规划，其主要的规划原则有：针对当地情况，将居民点等建设相对集中，将其他用地集中布置的原则。生态乡村规划要结合农业产业的布局，要有利于农业生产、农民生活，合理安排设施布局。另外，生态乡村规划要按照乡村地区实际情况，体现地方特色的原则，乡村特有风貌。最主要的是，生态乡村规划要体现村民意愿。

规划思路：总体规划重在把握乡村的战略发展方向，需要在宏观层面对应乡村发展问题，基于规划拟解决的核心问题明确乡村发展条件和发展目标。具体内容有：

（1）确定发展条件和发展目标。通过针对性的现状调查，全面梳理乡村外部发展环境与机遇、自身发展基础与优势、发展困难与存在问题，并在此基础上制定科学的发展目标。

（2）测算发展规模。依据城镇化水平与发展路径和建设指标体系，确定乡村人口规模与用地规模。

（3）安排空间布局。制定乡村生态环境保育和历史文化保护规划，划定建设管制分区。

（4）村镇体系规划。对接上位规划，包括重点地区与重点城镇、村庄分类、美丽乡村集群，明确上位规划对乡村地区的影响。

（5）产业发展规划。制定目标导向的产业发展战略，包括农业发展、旅游业发展

及经营模式建议，构建可持续发展的生态乡村产业体系。

（6）用地布局规划。主要包括村庄建设用地总体布局、新增住宅、新增经济留用地、新增公共服务设施用地。

（7）道路交通规划。主要包括主要村道与骨架路网的衔接，确定村庄主要道路与高快速路、主干路的衔接技术要求以及村庄不同等级道路的控制要求和建设技术标准。

（8）设施统筹规划。主要包括公共服务设施规划、基础服务设施规划。

（9）乡村风貌整治规划。包括乡村对村庄民宅的风貌指引，规划对临水边、临山地传统村落居民点进行风貌导控；道路界面风貌整治，如村庄商业街、村道、村主要巷道界面的风貌导控；公共活动空间风貌整治，主要包括村入口、祠堂、村民广场、村心公园的风貌导控；标识系统风貌整治等内容。

此外，还有一种总体规划思路可供参考：即构建整个乡村的产业联动体系进行相关空间部署，以确保各功能组团、产业链条的项目建设能够在下个层级规划中有序展开。

首先，从现状分析入手全面梳理乡村资源，挖掘资源之间的关联性，整理民俗、山水、田园风光等各类资源的组合形态，并对各类资源进行评估，其次，在资源整合的基础上明确乡村发展的主题定位，再次，围绕这一主题定位进行乡村产业规划并进行空间布局规划，最后进行合理的功能分区后进行基础设施、服务设施布局规划以及乡村景观规划。涉及的主要程序包括：

（1）基础分析。包括对乡村现状发展的分析、资源评估整合以及上位规划的理解。

（2）发展定位。根据地理区位、资源禀赋、主导产业等对乡村发展定位，如湖南省株洲市云田村以花卉产业为主，又处于近郊区，则可以打造花文化特色和都市农业休闲文化，规划确定"田园花海，和谐城乡"的形象定位。

（3）产业功能。产业功能是乡村群落发展的重点。规划应首先在立足乡村资源价值基础上构建适宜与村庄的多产业联动体系，明确主导产业及围绕关联的一系列次生产业体系，并在此基础上谋划产业布局，落实重点项目，最终达到产业与项目的联动发展；其次，明确整体产业体系结构，突出优势产业和重点产业；然后，确定产业组团，实现产业关联发展，发展旅游业的乡村则要形成特色鲜明内容丰富，配套完善的旅游服务体系；最后，细化生产用地布局，实现组团内部产业空间联动，进一步对各功能分区进行功能组团布局。

（4）空间布局。总体规划空间布局围绕乡村产业体系进行空间上的结构布局、土地利用与容量规模的部署。

（5）支撑体系规划。主要对乡村群落发展形成支撑的相关联综合交通、配套服务设施和市政工程设施规划。

（6）景观塑造。对乡村建设和项目中的景观要素进行整体规划与设计，使乡村景观格局与乡村整体形象定位相互统一。

2. 专项规划

专项规划是偏发展战略指导的规划，可按照我国生态乡村规划的内容对应生态乡村产业发展规划、生态乡村居民点布局与节地控制规划、生态乡村景观规划、生态乡村基础设施与公共服务设施规划、生态乡村环境规划、生态乡村旅游规划等专项内容。

如生态乡村旅游规划可重点结合乡村的资源和主导产业设计产业发展战略。旅游专项规划通过全面调查乡村规划范围内的自然资源和人文资源，挖掘各类旅游资源的优势，结合总体层面的规划要求，在详细研究总结乡村的区位、市场等各方面条件的基础上，提出乡村整体的旅游发展主题定位、规模容量测算、空间功能结构、旅游产品策划、旅游线路组织、旅游宣传推广策划、项目开发管理模式与投资效益分析等相关内容，以作为总体层面规划的重要支撑。

3. 详细规划

详细规划层面是直接与乡村要建设的具体开发项目对接的修建性详细规划，是生态乡村规划落实的阶段。主要是对生态乡村规划项目库中的试点项目、节点项目进行详细规划，以提升产业品质为目的，通过政府牵头引导市场资本的投资与建设。涉及的主要程序和内容包括：

（1）项目概括与背景解析。介绍项目区位，周边自然环境、交通环境，对项目基地现状进行分析，提出乡村项目建设规划重点与内容。

（2）总体构思与目标定位。通过现状资源的分析，构思合理的资源开发模式，进行项目定位。

（3）项目策划与空间布局。对项目进行功能分区，并对各分区进行详细规划设计，对相关用地进行土地利用与土地调整规划，制定土地利用规划平衡表。

（4）建设项目库。提出乡村项目投资开发的具体模式，基于开发模式提出项目各个时期的建设内容与建设主体，并做出项目预算，以确保项目有序实施。

（5）投资预算。对项目的经营规模预测，预算前期投资和运营成本，进行成本效益分析。

因此，从总体上看，生态乡村规划就是基于不同规划层次的乡村群产业发展、用地开发、基础设施体系框架，提出从总体规划层面、建设导控层面和修建性详细规划层面的规划侧重点，形成"功能分区划定—规模预测—空间布局—规划管理"的整体规划思路。

复习参考题：

1. 请结合某一具体乡村，简述生态乡村规划的主要内容。

2. 简述我国生态乡村规划的发展历程。

3. 请结合生态乡村规划类型，阐述生态乡村规划的程序。

第四章　生态乡村战略规划

本章主要介绍了战略、区域发展战略与城乡发展战略的相关概念，分析了乡村发展的战略抉择，归纳了乡村发展的两类战略模式，并提出了生态乡村战略规划的主要内容。

第一节　战略、区域发展战略与城乡发展战略

一、战略

现代高级英汉双解词典中对战略（strategy）的解释是：the art of planning operations in war（战争中计划战斗的艺术）。战略的概念从军事领域产生，又逐步推广到政治、社会经济等诸多领域，各领域战略的概念又有明显的差异。

美国国防部出版的《军事及有关名词辞典》（Dictionary of Military and Associated Terms）对战略界定为"在平时和战时，发展和应用政治、经济、心理、军事、权力以达到国家目标的艺术和科学"。美国经济学家艾伯特·赫希曼（Albert Otto Hirschman）提出了经济发展战略的概念；我国经济学家于光远首次提出经济社会发展战略的概念，其概念侧重于战略思想在经济社会发展中的应用，而对战略的认识并没有明确的定义；《区域分析与区域规划》一书中把战略定义为：泛指带全局性和长远性的重大谋划。这一定义把战略的概念推广到广阔的领域，使战略成为各种领域都可以适用的手段。

二、区域发展战略

1. 基本内涵

随着经济全球化、全球一体化、区域竞争激烈化趋势日益显著，要实现区域持续协调发展，就要求各个区域要有明确的发展定位和发展目标，根据自身的实际选择确定适当的发展路径，聚集区内外资源，统筹人口、资源、环境、经济与社会等各个环节，引领和推动区域各项事业的发展，从而掌握区域发展的主动权。基于此，区域发展战略越来越受到重视，并成为影响区域发展的一个主要因素。

战略是重大的、带全局性的或决定全局的谋划。区域发展战略是指某一特定区域在一定时期内根据自身的客观条件做出的对区域经济、社会发展具有全局性、方向性、长远性和根本性的宏观谋划、行动纲领。其核心内容是根据区域现实发展条件，发展

面临的机遇与挑战，提出在一定时期的战略定位、战略目标和为实现战略目标而制定出的战略指导思想、方针、重点、步骤及对策等。

通常情况下，区域发展战略由三个层次组成，即目标层战略、途径层战略和方法层战略。其中，目标层战略是指区域未来发展的总体战略目标，体现的是经济社会发展的总体趋势和总体要求；途径层战略是在特定目标下制定的实现途径和基本原则，体现的是社会经济发展轨迹的普遍规律；方法层战略则是途径层战略的贯彻，是途径层战略实施的主要载体，是特定历史阶段按照一定途径实现特定目标的实践方式。

2. 区域发展战略的产生

区域问题是区域战略产生的现实依据。从我国区域发展的现状来看，区域问题主要集中在以下几个方面：一是区域差距依旧较大，主要体现在东部沿海与西部地区的差距；二是区域环境与生态建设问题日益突出；三是受经济发展水平以及可支配财力的影响，各地区公共产品供给呈现严重不平衡；四是区域产业结构趋同呈现加深的态势。

区域发展战略对区域发展以及国家整体发展都具有重要的价值。在区域发展中应当从更广阔的视野来考虑区域发展的基本路线，并从区域特色的深度来谋划区域发展战略的要素，科学制定区域发展战略。

3. 区域发展战略的内容

根据区域发展的基本规律和内在要求，区域发展战略主要包括以下几个方面的内容：

（1）区域功能定位及发展目标

区域功能定位即对区域发展在大区发展、国家发展，甚至国际发展中所占据的地位、所发挥的作用、所承担的功能的总体判断和宏观勾画，比如：经济中心、文化中心、金融中心、交通枢纽等发展定位，这是制定区域发展战略的关键所在和难点所在。区域功能定位取决于区域在一定空间内的地理区位、资源要素和现有发展基础，同时决定区域发展的宏观方向和总体目标。区域发展目标是一个区域在一段时间内在朝着自身功能定位努力的定性化和定量化的描述，是区域功能定位的具体化，更是区域功能定位的重要表现形式和评价指标。区域发展目标一般包括经济目标、社会目标、建设目标三个方面，如图4-1所示。

（2）区域发展路径及发展模式

区域发展模式是在一定发展路径中区域的发展策略组合。从广义上理解，发展模式表明一定的区域发展类型。它是指在一定的条件下，国家和区域经济发展的不同模式和路径，其实际意义就是发展路径。从狭义上理解，发展模式是对发展路径和方法的凝练，是区域经济社会发展的"合力"，同时也是一种经济增长的"结构"。

因此，区域发展模式是在既定的时代背景和空间条件下，区域发展目标、发展方式、发展动力、发展途径、制度安排和资源利用方式的组合。区域发展模式通过区域内部和外部的一系列结构反映，是市场选择和制度设计"合力"的结果，对于区域发展战略的实施具有决定性的作用。

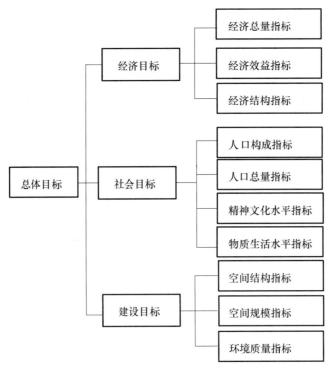

图 4-1 区域规划目标体系

（3）区域空间布局及重点区域发展战略

区域空间布局是区域空间结构的动态调整过程，是在区域发展战略的指导下对各类经济要素和非经济要素的地域配置过程，区域空间布局的合理与否对区域发展战略的实施具有较大的影响。根据区域发展的实际和发展阶段的要求，在区域发展战略的制定和实施中，往往会选择若干重点功能区或是带动效应强的区域作为发展的重点，并希望通过这些重点区域的发展带动整个区域的发展。因此，选择重点区域并制定该重点发展区的发展战略，对整个区域的发展具有重要的带动、示范和绩效倍增作用，也是区域发展战略的重要组成部分。

（4）区域产业规划及产业体系构建

产业是区域经济、社会发展的基础和支撑，也是区域经济、社会发展的主要动力。促进区域产业发展，就是要根据区域功能定位，选择确定区域产业发展的基本思路和重点领域，集成区域内外资源，加快产业的培育和发展，构建区域竞争力。因此，把握区域发展的基本要求，制定区域产业发展规划是区域发展战略实施的重要落脚点。

（5）统筹区域发展

在区域发展中，不可避免地会出现区域经济建设与社会发展、人口资源与环境、对内搞活与对外开放不均衡、不协调的问题。因此，统筹区域发展，促进区域城乡人口、资源、环境、经济、社会等的持续、协调发展是区域发展战略的灵魂，也是区域发展战略的重要内容和基本目标。

（6）区域创新体系建设

政府推进科技创新，调控科技资源，培育区域经济核心竞争的重要政策工具和主要手段就是创新体系。区域创新体系作为推进科技创新的"网络"系统，其建设发展日益成为决定地区经济、社会发展的关键要素，区域创新体系理论为区域发展战略提供了新的工具。因此，系统分析区域创新体系内涵、结构、功能、发展模式，对区域创新体系进行系统设计，通过对区域创新体系的调整来促进经济、社会的可持续发展是区域发展战略的新视角。

三、城市发展战略

1. 城市发展战略的内涵

城市建设是一项综合性的人类活动。城市是社会经济发展的重要载体，其建设的内容包罗万象。既包括建筑、市政设施等物质环境建设，又包括政府、社团、社区等社会环境建设；既包括工厂、商业、住宅等私人部门的建设，又包括学校、医院、城市道路等公共部门的建设。从系统论的角度看，城市是一个典型的、复杂的巨型系统，它包含着微观的和宏观的、静态的和动态的、内部的和外部的、时间的和空间的、物质的和精神的多种组成要素，这些要素相互关联、相互作用构成城市系统。

城市生态系统

城市生态学中对城市生态系统这样描述：

①城市生态系统是一个复杂的，不完整的系统；

②城市生态系统是一个脆弱的系统，不能自给自足，需要靠外力才能维持；

③城市生态系统的食物链简化，系统自我调节能力小；

④城市生态系统营养关系倒置，生产者（绿色植物）远远少于消费者（城市人类），生态营养系统呈倒金字塔关系，决定了其为不稳定系统。所以城市生态系统常常被置于优先位置考虑，进行生态建设战略的制定，针对城市生态的可持续发展问题制订方案和行动，保障城市生态安全。

城市的成长主要是在城市的基本经济部门的增长情况下推动的。因此，城市发展战略（规划）首先要考虑的就是城市经济的发展。而城市社会的发展是城市经济发展的保障系统，因此在城市发展中要坚持经济社会协调发展。在推进经济发展的同时，要更加注重加快社会发展，努力解决经济和社会发展存在的"一条腿长、一条腿短"的问题。城市社会发展战略是城市社会发展的根本方向、宏观步骤和长远措施。制定合适的城市社会发展战略，促进社会经济平衡发展，是城市发展战略规划中的重要任务。城市经济社会发展的空间物质表现在城市的物质环境建设，即城市中的建筑、道路、市政设施、公园绿地、工厂仓库、学校医院等形体环境和土地使用。城市建设是形成城市社会经济发展的基础，其宏观层面就是城市的土地使用模式。空间发展具有自身的规律性和科学性，科学的空间规划战略有利于城市空间的合理利用。

城市战略规划是对城市发展和建设做出的全局性的、重大的长远谋划。对于城市发展战略的主要内容，可按照城市不同的研究角度分为不同内容。城市战略的构成与城市发展的系统构成相对应，即可分为城市经济发展战略、城市社会发展战略、城市

建设发展规划和城市生态建设发展规划四个大的方面。参考城市发展战略规划的研究要点，城市发展战略可归纳为城市定位、城市功能、城市空间、产业结构、城市发展理念、城乡关系、城际关系等。

2. 城市发展战略的特征

城市建设是一个多问题、多结果的综合发展体系。面对城市发展中的问题，要实现城市的协调和持续发展的目标，对城市发展战略的特征把握是研究的关键。从城市发展战略对城市建设影响的时间、范围程度来看，城市发展战略具有全局性、长远性和方向性特征。

（1）全局性。所谓全局是指整个局面。城市发展战略能够影响城市发展的全局，主要表现为两个方面：一方面，城市发展战略能够影响城市发展的大局，如影响城市的发展方向；另一方面，城市发展战略对城市发展的影响不是某一方面，而是能够对城市发展的各个方面都会产生较大的影响，如城市空间形态对城市的人口分布、产业分布、交通线路的分布、公共服务设施的分布都会产生影响。

（2）方向性。所谓方向是指发展的走向和趋势。既包括物质形态的城市空间地域扩张方向，也包括战略形态的城市经济社会发展方向。通过城市发展战略的研究，可以明确城市发展的目标和所扮演的角色，确定城市发展的趋势和走向，例如城市定位问题，其中区位定位是为城市发展确定目标，包括城市发展趋势、城市提升策略、城市战略模式等；空间定位是为城市空间形态的布局做出的规划，包括城市空间范围、城市功能分区、城市交通体系等。

（3）长远性。所谓长远是指较长的一段时期内具有可持续性。城市发展战略是一项复杂的社会经济系统工程，是对城市未来很长一段时间的发展目标、方向、路径的综合分析，既要有基础理论依托，又要立足现实，还应有综合战略目光。这就决定城市发展战略对城市发展的长远性影响。这种影响主要有：首先，城市发展战略以未来为导向，引领着城市长期持续性的发展；其次，它的作用还体现在对城市发展各个阶段的问题总结和过程管控，如城市发展理念不仅影响着城市未来的产业发展方向，城市功能的演变，在每个时间段还会对城市经济发展规模和产业结构的把握和控制产生影响，要求确保整个城市发展的绿色、环保、持续。

四、乡村发展战略

乡村发展战略（规划）是针对乡村发展的总蓝图设计，是一项战略性的以非物质为主的规划，在乡村规划体系中处于统领全局的地位。乡村发展战略规划主要在于研究乡村地区的发展方向，以及规划专家、村民等不同利益主体对该乡村的主观发展意向，探索该乡村的发展目标以及发展路线，对乡村规划体系中的其他规划起指导作用。总之，乡村发展战略规划主要在原乡村规划的基础上结合县域国民经济与社会发展规划的主要内容，旨在解决乡村在现实建设过程中与经济社会发展的矛盾因素，以乡村建设和发展为核心思想，将社会、经济、文化、环境、资源等内容融入到乡村建设中。

乡村发展战略规划主要内涵有以下几个方面：首先，通过勾勒乡村经济和社会发展蓝图，给政府和部门管理人员提供乡村发展框架；其次，通过对乡村地区长期发展目标的设定，研究乡村社会、经济、环境等方面的发展思路和战略，探索乡村地区空间发展战略和空间布局目标等内容；第三，通过结合国民经济与社会发展规划的内容，构建乡村经济社会发展平台，科学引导乡村经济社会发展；最后，在乡村发展战略规划的制定过程中，重视区域协调的思想，重视区域资源的优势与限制条件，探索乡村区域平稳健康发展的有效途径。

乡村发展战略规划应附有总图，要求图文并茂，一目了然，结合该地区的社会经济与环境等领域的内容，制定出规划政策和行为条例等内容。乡村发展战略政策措施的制定随着经济和社会条件的变化而变化。由于不同乡村地区具有不同的区域背景和社会经济水平，因此，要因地制宜地针对该地区乡村发展过程中的主要问题，结合国民经济与社会发展规划的内容，制定出适合该乡村地区的政策措施和行为条例。

第二节 乡村发展战略抉择

对于乡村发展战略的抉择，一般是通过针对性的现状调查，从而全面梳理乡村地区内部发展条件和外部发展环境，并在此基础上制定科学可行的乡村发展战略。

一、评估乡村发展的内部条件

生态乡村在实践上的定位可概述为：经济发达、生活富裕、环境优美、资源节约、高效低耗、良性循环、持续发展等，从而实现在村庄建设和农业经济发展的整体上得以整合，达到生产、生活、生态的高度统一。在生态乡村发展实践中，通常对乡村发展条件进行评估。国内对于生态乡村的评价从多个层面展开：有单一的对乡村生态环境质量进行评价，如高秀清对北京郊区生态环境建设指标体系研究，基于层次分析法建立了包括基础环境、生活环境、生产环境三个一级指标的评价体系；有对农村生态经济系统的评价，从经济系统的结构、功能、效益三方面出发，建立了包括生态、经济、社会指标的综合评价指标体系和评价方法；有专门对乡村生态建设水平的评估，分别从经济系统、环境系统、社会系统三个方面进行综合评价，运用层次分析法确定权重，然后运用模糊综合评价方法判断评价生态建设等级。国家也先后发布了《国家生态文明建设试点示范区指标（试行）》《国家级生态村创建标准（试行）》《农业部"美丽乡村"创建目标体系》等一系列农村生态建设指导及考核指标。总体看来，大多乡村发展评价体系都围绕着经济、环境、社会三个维度进行。从这个层面来看，生态乡村发展的内部条件评估应该从以下几个方面开展：

（1）生态环境子系统。是指农业发展所依赖的自然资源的可持续利用和农业生态环境的良好保护。主要表现为乡村所属区域是否拥有优良及优良以上空气质量，安全饮用水是否达标，乡村本地产生的生活垃圾的防治和处理是否及时，是否达到国家对于生态村的要求等。

（2）生态经济子系统。是指可以反映维持农村居民基本生活水平的人均可支配收入，具有多产业结构的可持续性经济体系。除了要有较稳定的经济效益外还要具有节

约资源、能源，高产出低污染的高效生产系统以及适当的科技投入。

（3）生态社会子系统。是指反映乡村公平公正、文明程度的社会服务体系的建设系统。比如合理的教育、卫生、住房等社会保障，完善的乡村基础设施，宜居的乡村环境，较高的公众参与，高度的乡风文明等。

以长株潭地区为例，编者及其研究团队初步构建了基本涉及农村居民生活的主要方面、能够在一定程度上说明和反映农村生态建设水平的长株潭地区生态乡村的评价指标体系，并开展了相应的实证研究，具体见表 4-1。

表 4-1　长株潭生态乡村建设评价指标体系

目标层	准则层	子准则层	指标层 X	标准	依据
长株潭生态乡村建设水平	生态环境	环境卫生	优良以上空气质量达标率（SO_2、NO_2 日平均值）X1/%	≥80	生态示范区
			安全饮用水达标率 X2/%	≥95	生态村（国家）
			户用卫生厕所普及率 X3/%	≥90	生态村（国家）
		污染控制	农村生活污水处理率 X4/%	≥80	生态村（国家）
			秸秆综合利用率 X5/%	≥80	生态村（国家）
			生活垃圾定点存放清运率 X6/%	100	生态村（国家）
		生产环境	受保护基本农田面积 X7/亩	—	无标准依据
			退耕还林面积 X8/亩	—	无标准依据
	生态经济	经济水平	人均可支配收入 X9/元·人$^{-1}$	—	无标准依据
			农村集体经济收入 X10/万元	—	无标准依据
		可持续发展	绿化覆盖率 X11/%	≥45	生态县（国家）
			无公害、绿色、有机农产品基地比例 X12/%	≥50	生态村（国家）
			生态环保投资占财政收入比例 X13/%	—	无标准依据
	生态社会	基础设施建设	农村合作医疗覆盖率 X14/%	≥85	全面建设小康指标
			清洁能源普及率 X15/%	≥80	生态村（国家）
		文明程度	人均拥有公共文化设施面积 X16/%	<40	生态县指标
			农村公共图书量 X17/册·百人$^{-1}$	—	无标准依据
		公众参与	农民对村政务公开满意度 X18/%	100	生态示范区
			村民对环境状况满意度 X19/%	95	生态村（国家）

注：指标标准值主要参考来源：《国家生态文明建设试点示范区指标》文件、《国家级生态村创建标准（试行）》、国家环保部《生态县建设指标（试行）》。

二、分析乡村发展的外部环境

乡村发展的外部环境是指影响乡村发展的各种外部因素和客观条件，如周边区域交通条件、乡村发展政策制度等。

（1）区域交通条件。交通网络是乡村与外界和城市连接的要道，区域基础设施的不断完善，特别是乡村与周边区域的交通联通，成为促进乡村发展的重要动力。城乡一体化发展与城乡交通网络的相互作用是一个互动过程，良好的交通网络条件可以促进城乡一体化水平的提高；相反，城乡一体化建设也需要完善的城乡交通网络来推动。

（2）乡村发展政策制度。生态乡村战略规划实行的是愿景管理。为保证战略目标的实现，对战略目标实施政策保障与监控具有重要意义。从国家层面到地市级层面的各级乡村建设文件都对乡村发展有着规范和指导作用。如《关于开展"生态乡村"创建活动的意见》《生态乡村建设指南》等对生态乡村的概念进行解释说明，以引导号召为主，从乡村建设各个方面做出了方向性的指引。

（3）相关规划技术。规划的实施涉及管理、行动、技术、政策多个层面的支持，而乡村地区往往存在规划管理力量薄弱、土地权属关系分散、历史遗留问题较多等问题。因此从战略层面来看，村庄规划的实施需要一套乡村规划管理机制的配合，确保规划纳入实施平台、管理平台，明确规划的技术参考。

第三节　乡村发展战略模式

乡村发展战略模式主要包括乡村空间优化战略模式和乡村经济发展战略模式两类。

一、乡村空间优化战略模式

从空间属性上来看，乡村是一种历史悠久的人类传统聚居空间。人居空间要素，作为承载乡村居民生存活动的乡村物质空间要素，是乡村的一项基本属性，也是乡村生态化发展导向下的关键要素之一。需要指出的是，生态乡村的人居空间要素和乡村人居环境的概念有所区别。相比较而言，乡村人居环境的范围更大。借鉴人居环境的科学理论，乡村人居环境主要包括完整的 5 个系统，即自然系统、人类系统、社会系统、居住系统和支撑系统；而乡村人居空间要素主要关注的是乡村地区的人居空间，侧重乡村居民居住空间的布局等，其主要目标是提升乡村居民的居住生活质量和居住条件。

具体来说，生态乡村的人居空间要素的发展主要关注住宅空间、公共空间、村落布局、景观绿化、生活服务设施等方面。首先是乡村的住宅空间，讲究宽敞舒适，功能布局合理紧凑；其次是乡村的公共空间，为村民提供集中的体现乡村特色的公共活动场所；再次是乡村的村落布局，一般尊重传统布局和山水空间，强调顺应自然，错落有致；然后是乡村的景观绿化，强调与生态环境保护相结合，突出自然特色；最后是乡村的生活服务设施，主要是指提升乡村居民日常生活质量的公共服务，保证乡村居民享有与城市同等水平的生活公共服务。

1. 住宅空间优化

在乡村居住空间的优化中，首先要做好村庄住宅建设的规划控制，在村庄的住宅建设中要合理布局新建住宅，整治破旧住宅，建议控制新建住宅的型式、装饰和层高，尤其要注重村庄空心化问题的解决，集约利用废弃住宅所占用土地。同时，要协调好乡村居住空间与生产空间、生态空间的关系，且在空间组织中要尊重地形地貌，维持乡村原有肌理，对居住组团采用行列式、错列式、自由布局等多种方式相结合的组织

形式。最后，要注重村庄街巷空间景观层次的塑造，合理布局村庄的节点空间，创造宜人的居住空间环境。乡村住宅空间优化的注意要点有：

（1）提升乡村规划地位。乡村规划可以科学指导乡村空间组织优化，也是村民可以参与到村庄规划建设的有效途径。

（2）加强村民参与意识。通过对村庄现状调研、调查走访了解村民的居住需求，把乡村建设优化看成提高居民满意度的过程。

（3）传承地域文化。对于传统村落来说，通过人为的规划设计来保证传统空间的原真性、完整性，形成独特的地域空间模式，实现乡村的归属感。

（4）融入新的功能空间。在保留原有乡村风貌空间的同时要适应乡村经济发展改善村民对于新的空间功能的需求，如现代化的、有归属感的公共交往空间。

（5）完善乡村保障制度。做好对村庄规划建设的监督实施工作是一个长期过程，需要建立健全的建设保障制度。

2. 公共空间优化

乡村公共空间不仅要符合乡村居民生产生活的需要，也要尊重当地自然、历史、文化环境，因地制宜，充分利用乡村自然环境与地域文化的特点，创造村落公共空间特色。

（1）尊重乡村空间布局，体现地域文化特色

尊重当地风俗习惯与地域文化，包括乡村原有空间格局。好的经验或做法是，有些乡村强调街巷空间的连续性，在村落入口处、街巷交汇处的空间都会加以放大，作为一个公共活动空间，并在此空间内布置牌坊、座椅等环境构件，供居民休息、交流使用。我国地域辽阔，民族众多，各民族文化丰富多彩。因此，在生态乡村规划中，应该多吸取地域文化的精髓，并加以继承与发扬，最大程度地保护历史文化遗产和乡土特色，延续与弘扬优秀的历史文化传统和农村特色、地域特色、民族特色。

（2）树立以人为本理念，创造合理实用空间

村民作为空间的使用者，也是空间尺度的体验者。乡村的空间尺度一般都是以人为中心，给人一种亲切宜人的感觉。当前，在一些生态乡村的公共空间建设中，特别是中心广场的建设，过分追求形式美观，而忽视了人的感觉。如大面积的硬质铺装，让人感到空旷，从而失去亲切感，因此人们一般都很少在此逗留，空间便失去了它应有的作用，进而造成资源的浪费。比较科学的做法是，应当建立合理的乡村空间尺度关系，以人为本，创造尺度宜人的乡村公共空间。

3. 乡村布局优化

要把乡村布局规划与城镇总体规划、土地利用总体规划、基本农田保护规划等相结合，结合乡村实际，因地制宜，走特色化发展道路。进一步修订、完善原有村镇体系规划，有计划地引导零星村落向中心村或集镇集中。在规划制定与完善过程中，要统筹考虑乡村道路，围绕中心村建设制定村庄发展布局，明确生产生活用地布局、建设要求，以及对自然资源和历史文化遗产保护、防灾减灾等的具体安排。

4. 生态空间优化

以生态环境保护优先，修复与提升乡村生态功能，重构并优化乡村生态空间格局，

建设山清水秀的乡村生态空间是当下生态乡村规划、建设的要点。

首先，应基于乡村生态系统的自身特点，严格保护监管生态红线区内的基本农田和自然保护区，开展农业土地资源休养生息试点建设，恢复和重建退化植被的同时，控制产业和人口规模与土地环境容量的平衡，减少对自然环境的人为侵害，协调乡村经济发展与生态保护的关系。

其次，通过开展土地综合整治，强化乡村生态系统的建设与保护，为乡村产业发展提供良好的生产空间，为农村居民提供宜居的生活空间，打造山清水秀的乡村生态空间，提高乡村生态系统的弹性和生态服务功能。

此外，各级政府需要进一步提高环境保护和生态环境保护政策的宣传力度，通过科普和大众媒体，加强教育和培训，不断提高当地农户的环境意识。同时，要通过增强环保部门的管理能力、增加执政透明度、在环境决策中加大公众参与力度等措施来提升公众对政府生态环境保护计划的支持度。

5. 生活服务设施空间优化

生活服务设施空间作为乡村公共空间的重要组成部分，其空间优化的要素是规模和可达性。一般乡村地区公共服务设施的空间优化，需要充分考虑人口空间动态变化带来的供需结构变化。这样一方面可以规避单纯依靠基于"空间几何"优化模型的静态特征对结果的影响；另一方面能够通过在空间上引导需求，实现对规模问题的改善，即通过调整可达性，实现规模的增加，从而以避免机械式的设施迁并所导致的可达性恶化。

二、乡村经济发展战略模式

我国地域辽阔，各种类型、各具特色的乡村分布于大江南北，乡村差异性较大。我国乡村的这种区域差异决定了乡村经济发展建设模式的复杂性和差异性。梳理总结当下的乡村经济发展模式可以从主导产业、地域特色和实施主体等三个方面进行归纳。

1. 主导产业

（1）农业主导模式。农业主导模式主要是指通过传统农业向现代生态农业的转型来推动乡村的建设和发展。通过技术引进和改造，促进乡村农业生产从粗放式向集约化、绿色化转变，构建现代生态农业体系。通过机械化和园区化提高农业生产和资源利用效率，减少环境污染。同时拓展多种类生态农业，将农作物种植同林牧渔副业以及田园观光等产业有机结合，探索农业与特色农产品加工业、乡村旅游业的协调发展，推动农业由单一生产功能向产业、生态、休闲为一体的复合功能转变。在乡村农业的生态可持续发展的基础上进行人居空间美化、基础设施建设和公共服务设施配套等工作，从而实现乡村的产业、人居、社会、环境的优化建设。

（2）工业带动模式。工业带动模式是指通过发展乡村第二产业带动乡村经济、社会、人居、设施、文化等全面发展，在此基础上结合生态环境和文化旅游等要素，推动乡村工业生态化、环保化，促进生态乡村绿色可持续发展。该模式需要乡村具备一定的工业基础，往往位于经济发达、区域联系紧密、城乡一体化发展程度较高的地区，

具备较好的区域经济环境和基础设施建设水平，并能够接受城镇工业辐射和带动。

（3）旅游业推动模式。这类乡村主要凭借区位优势与便利的交通条件，利用乡村自然资源与民风民俗等乡村人文资源，通过科学合理的方式对乡村进行规划设计与开发，为外来游客提供娱乐、度假、亲身体验等诸多旅游服务。以旅游推动型发展的生态乡村应多以民俗文化传统及乡村特色为主，主要依靠特色的自然环境资源、宜人的气候条件、独特的乡村景观、特色品牌产业、传统民风民俗作为支撑条件。

2. 地域特色

（1）历史遗迹保护模式。这类乡村一般为历史文化名村，具有特色历史建筑或历史文物古迹，并且保存较为完整，能够反映一段历史时期内的传统文化、历史面貌或地方特征。所以这类乡村的产业、空间、环境、生态、设施等各方面建设都应围绕着保护乡村历史、文化、艺术或纪念价值来开展，乡村发展以保护文化遗迹为核心。这种模式往往结合乡村旅游服务业的开发，构建全面保护、产业经营、有效监管的体系，从而促进乡村文化遗产保护、经济发展、空间优化、服务改善与生态保护的全面发展。

（2）文化传承模式。这类乡村一般为少数民族乡村，具有丰富的文化资源，其文化资源既包括物质文化如传统建筑和村落，也包括民俗、手艺等非物质文化。文化传承模式就是充分发掘乡村文化资源的产业潜力，依靠民间绘画、雕刻、曲艺、手工业、医药等，将发展乡村经济和传承乡村文化相结合，走以乡村文化为支撑的特色发展道路。

（3）生态技术模式。建设生态乡村，重塑乡村美好生态环境，不仅为乡村居民创造良好的生活环境，在群众中确立人与自然和谐共存的价值取向、科学的发展观、环境友好型的生活态度，也是乡村经济发展的基础，可以保障人民生活质量长久可持续的提高。生态乡村的建设不仅仅是停留在观念、意识的改变和重塑，更要有健全的长效管理机制以及实实在在的规划建设技术指导。

3. 实施主体

（1）政府主导模式。乡村建设的政府主导模式是指由政府主导生态乡村的规划建设，负责制定政策、提供资金、组织建设、管理监督等主要职能，村民有限参与的建设模式。此模式往往应用于乡村集体经济基础偏弱、村民综合文化水平有限、对政府公共资源依赖性较强的乡村。乡村的建设指导和规划一般由乡镇级政府主管，乡镇人民政府组织生态乡村建设的规划编制、提供资金、实施建设和管理监督，村集体和村民则通过公众参与的方式加入到生态乡村规划和建设的决策制定和实施。

（2）乡村自主发展模式。乡村自主模式是指由村民或村集体主导生态乡村的规划建设，通过村集体提供乡村的资金支持、发展策略、建设实施和管理监督，政府主要起到上位调控和监管的职责。此模式主要出现在乡村经济基础较好、村集体的自治能力较强、村民的文化素质较高的乡村。自主发展的乡村往往具备较好的乡村集体经济基础，村民有较强的改善乡村居住条件、建设生态乡村的意愿。村委会作为村民的代表，主导和发起生态乡村的规划制定、建设实施和监督管理。政府则主要起到协调和管控的作用。

第四节　生态乡村战略规划内容

生态乡村战略规划的主要内容一般包括指导思想、基本原则、现状分析、发展定位、关键要点和保障措施等方面。

一、指导思想

实施乡村振兴战略，是党的十九大作出的重大决策部署，是决胜全面建设小康社会、全面建设社会主义现代化国家的重大历史任务，是新时代"三农"工作的总抓手。从这个层面来看，生态乡村规划战略涉及的指导思想可概括为：

全面贯彻党的十九大精神，以习近平新时代中国特色社会主义思想为指导，加强党对"三农"工作的指导，坚持稳中求进的总基调，牢固树立新发展理念，落实高质量发展的要求，紧紧围绕统筹推进"五位一体"总体布局和协调推进"四个全面"战略布局，按照产业兴旺、生态宜居、乡风文明、治理有效、生活富裕的总要求，建立健全生态乡村体制机制和政策体系，统筹推进生态乡村经济、政治、文化、社会、生态文明建设，让生态乡村成为安居乐业的美丽家园。

二、基本原则

（1）生态性原则。良好的生态环境是经济社会发展的基础。生态乡村规划要全面提升农村生态环境，守住生态安全底线，以建设四个生态即生态环境、生态产业、生态人居、生态文化为导向，科学编制乡村规划。

（2）因地制宜原则。生态乡村规划要尊重不同乡村在区位、气候、资源、经济发展等人文历史等各个方面的差异，编制乡村规划时要做到因地制宜，区别对待，根据乡村特色确定不同的生态乡村规划内容。

（3）科学性、示范性原则。生态乡村规划建设要以先进的规划理念与科学技术为支撑，既能带动乡村本身发展又能影响同类型乡村规划建设，起到带动示范的作用。

（4）民主性原则。遵循以人为本原则。把尊重当地村民意愿、满足村民基本利益要求作为生态乡村规划的重点，把改善乡村环境、提升村民幸福感作为生态乡村规划的核心内容。

三、现状分析

近年来，全国各地积极贯彻落实中央新农村建设和改善农村人居环境的部署，高度重视乡村规划，积极推进乡村规划编制和管理，将其纳入本地区经济社会发展的重要议程，并取得了一定成效。但从全国来看，乡村建设无规划、乡村建设无序的问题仍然严重，乡村规划照搬城市理念和方法、脱离农村实际、实用性差、千篇一律的问题也很普遍。生态乡村战略规划的现状分析，即是在对某一乡村进行实地调研的基础上，将上述共性问题进一步具体化，并做进一步的深入分析。

四、总体目标

按照党的十九大提出的实施乡村振兴战略的目标任务：到 2020 年，乡村振兴取得重要进展，制度框架和政策体系基本形成。到 2035 年，乡村振兴取得决定性进展，农业农村现代化基本实现。到 2050 年，乡村全面振兴，农业强、农村美、农民富全面实现。

结合乡村振兴战略目标任务可将生态乡村战略规划的宏观目标任务界定为全面提升农村生态环境，把农村打造成环境优美、生态宜居、底蕴深厚、各具特色的生态乡村。

五、发展定位

乡村发展定位主要是指在县（市）域乡村建设规划的指导下，以可持续发展为原则，统筹城乡发展，依托当地的资源优势做出适合当地村庄发展的性质及发展方向的定位。乡村发展定位确定后，要重点结合乡村产业发展，以村庄整治和居住环境建设管理为主，大力推进乡村生态产业与特色产业的发展，进一步落实县（市）域乡村建设规划确定的主要内容。

六、关键要点

1. 确立县（市）域乡村建设规划先行及主导地位

乡村规划建设中，许多建设项目如给水、道路、能源、垃圾收集处理等的决策权不在村内，而需要通过上级县（市）的批准。在缺乏县（市）域乡村建设规划的前提下，盲目推进乡村规划的编制会出现与上级规划脱离的情况。要坚持县（市）域乡村建设规划先行，建立以县（市）域乡村建设规划为依据和指导的乡村规划编制体系。

2. 建立相关部门统筹协调的乡村规划编制机制

乡村规划涉及的主管部门比较多，缺乏统筹协调，仅由住房和城乡建设部门单独编制乡村规划，往往会出现规划难以落地等问题。这就需要建立县（市）人民政府组织领导、相关部门参与、专项建设项目统筹、多规合一的乡村规划编制机制。

3. 建立以村民委员会为主体的村庄规划编制机制

本着以人为本的原则，通过村民委员会动员，组织和引导村民表达需求和态度，把村民商议和同意规划内容作为乡村规划工作的着力点。建立村民商议决策、规划编制单位指导、政府组织支持和批准的乡村规划编制机制。

4. 创新乡村规划内容

乡村发展具有乡村的独特性，不可照搬照抄城市发展的理论与方法。乡村规划主导部门应该明确目标、统筹全域、落实重要基础设施和公共服务设施项目、分区分类提出乡村规划整治方案。乡村规划应遵循问题导向、目标导向，以乡村建设管理和乡村整治为问题导向，以建设现代化舒适宜居的生态乡村为目标导向，本着实用、科学的原则创新规划内容。

七、保障措施

编制乡村规划应当特别重视加强对建设实施的引导和控制，并与地方规划管理制度衔接，科学制定乡村建设项目库，提出多规协调建议以及相关乡村发展控制性指标。

（1）项目库。依据县域城乡发展体系，综合考虑国民经济和社会发展规划、总体规划的部署和地方政府的财政安排，制定科学近期建设行动计划与项目库，明确发展目标、发展重点和步骤，并针对各类项目提出责任主体与资金投入建议。

（2）多规协调建议。确定村庄地区规划与土地利用规划的叠加及差异化，协调处理好各专项规划之间的关系。

（3）控制性指标。结合乡村群分区的划定，提出强化乡村建设规划许可制度实施的策略和各类村庄在用地管理、住房管理应着力深化的控制指标，使其成为村庄建设规划编制的重要依据。

复习参考题：

1. 阐述区域发展战略的主要内容。
2. 简述乡村发展的主要外部环境。
3. 请结合某一具体乡村，论述乡村空间优化战略模式的具体内容。
4. 请结合实际回答生态乡村战略规划的主要内容。

第五章　生态乡村产业布局与发展规划

本章主要介绍了生态乡村产业发展因素、发展趋势与发展模式，分析了生态乡村主导产业的定义、特点与选择方法，阐述了生态乡村产业布局原则，并以特色种植业、加工制造业、休闲旅游业为例，进一步提出了生态乡村产业布局与发展要点。

第一节　生态乡村产业发展

城市产业发展有一定的规律性，乡村产业发展亦是如此。随着我国经济发展和社会生产力的不断提高，农业开始由传统的物质供给功能向休闲旅游、生态涵养、文化传承等非物质功能拓展，并走向农业与商贸、教育、旅游、文化、康养等产业的融合发展。党的十九大提出乡村振兴战略以来，对于乡村经济（产业）而言，其提法从原来的生产发展提升到产业兴旺，实现了产业从单一化到多元化的跨越，即第一、二、三产业融合发展。由此可见，乡村振兴战略的实施有助于加快推进农村产业现代化，让农业成为有奔头的产业，让农民成为有吸引力的职业，让农村成为安居乐业的美丽家园，这也为努力建设"产业兴旺、生态宜居、乡风文明、治理有效、生活富裕"的生态乡村指明了新方向。

一、生态乡村产业发展因素

产业发展是乡村振兴的重要内容之一。生态乡村产业发展的重点是促进乡村产业可持续发展，构建现代化农业生产体系，提升乡村产业市场竞争力。生态乡村产业发展受到很多因素的影响。归纳起来，主要受资源、交通、市场、技术等四大因素的影响，如图 5-1 所示。

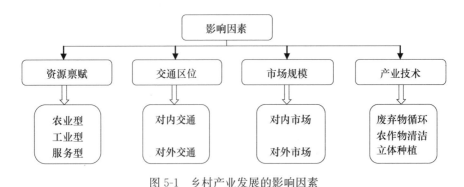

图 5-1　乡村产业发展的影响因素

（1）资源禀赋。多数乡村可充分利用山、水、林、田、湖等环境资源、动植物资源、矿产资源等资源禀赋建立生产基地，如果蔬基地、花草基地、种养殖基地以及渔牧业基地等，形成农村资源型产业链，促进生态乡村产业发展；有些乡村可借助良好的工业基础，大力发展循环式工业生产模式，实现资源的循环化利用，促进生态乡村产业发展；有些乡村可将农业与商贸、旅游、教育、文化、康养等产业融合，发展旅游观光、民俗体验、文化旅游、农耕体验、乡村手工艺、特色餐饮等产业，促进生态乡村产业发展。

（2）交通区位。交通是产业对外运输的主要路径，交通的可达性制约着乡村产业的发展。交通发达的地区，不仅能够为农业产业提供市场，也能为其提供一定的经济效益，所以乡村产业的布局一般应选择在交通聚集的地区。例如，有些季节性农产品，为保持新鲜在其生产加工环节之后需要快速运输，这就对交通的通达性提出了更高要求。反之，交通区位优势不足，特别是处于较为偏僻的乡村地区，不利于产业的运输，其产业发展较为缓慢。对于部分乡村而言，可充分利用交通路网比较完善的优势，在县城周边、自然景区和人文景观附近以及车站、高速公路出口、国道省道节点和港口码头附近，发展以水产品、水生蔬菜和家禽产品为重点的特色农家乐和渔家乐，培植一批立足农特产品精深加工的休闲农庄。值得注意的是，依托过境交通发展相关产业的村庄要考虑公共停车场的设置。有些村庄尤其是大城市郊区农村，依托区位优势发展民俗旅游等都市型产业，在规划设计中要结合交通系统合理设计公共停车场。因此，在进行乡村产业规划布局之前，应充分掌握地块的交通区位情况，分析论证后再进行产业的定位和设计，在最大程度上促进生态乡村产业的发展。

（3）市场规模。市场规模的大小对乡村产业发展有较大的影响。一般来说，距离乡村集市较近的产业布局受市场经济辐射大，规模较大；反之，距离乡村集市较远的产业布局受市场经济辐射小，规模较小。生态乡村产业的发展必须尊重产业成长规律，发挥市场在资源配置中的作用，要科学了解市场供给情况，预测市场变化。此外，加强产业市场化对于拓展乡村农业功能也具有重要意义。

（4）产业技术。在生态乡村产业发展中，应大力推广应用乡村废物循环利用技术、农作物清洁技术、立体作物种殖技术。例如，在田间进行废弃物循环利用工作，将畜牧业、食用菌、废弃物循环节能使用，建立示范片区发展循环产业；定点定时对农业生产进行清洁技术，防止害虫对农作物进行破坏，对农业塑料薄膜加大回收和处理力度，推广可降解塑料薄膜，减少露天焚烧；在不影响平面种植的条件下，通过四周竖立起来的墙式、柱形栽培架向空间发展（图 5-2），充分利用温室空间和太阳能，以提高土地利用效率，提高作物产量。从传统农业到现代化农业的转变离不开产业技术的支撑，产业技术对促进生态乡村产业发展具有重要作用。

二、生态乡村产业发展趋势

当前，在我国生态乡村产业发展实践中，普遍注重培育新业态产业、优化现代产业布局，大力发展"互联网＋"现代农业、创意休闲农业、外向型农业等产业，形成特色产业集聚群，从而积极打造了一批"宜居、宜业、宜游"的生态乡村。总体来看，

图 5-2　农业产业立体种植技术

生态乡村产业正朝着多元化、生态化、高效化发展。

（1）产业多元化。发展多元化乡村产业，推进农业、林业、旅游业与文化康养等产业的深度融合。随着经济社会发展和产业融合的不断推进，乡村产业中第一产业的比重持续降低，农业由传统的物质供给功能，向休闲旅游、生态涵养、文化传承等非物质功能拓展。农业产业的发展形态也日益多元，这也在客观上要求进一步支持和改善产业发展公共配套服务条件。

（2）产业生态化。发展乡村生态化产业，要从源头上减少废弃物的产生。我国乡村目前的自然环境和生态环境状况，决定了乡村经济发展必须走集约高效的生态产业之路，提倡发展生态农业，重视农村生态环境的建设和改善，建立符合乡村特点的生态产业综合开发模式，促进产业生态化发展。

（3）产业高效化。发展高效化产业是生态乡村发展的关键，要分类型扎实推动乡村产业高效化发展进程。以种植业为主的乡村，要科学有序地推动土地流转，提高耕地的规模效应；以养殖业为主的乡村，要改变"一家一户、宅前屋后"的散养方式，引导散养户向牧园集中，实现畜牧业的规模发展；以乡村休闲业为主的乡村，要将旅游和家庭生产相结合，既可体验传统生产的魅力，又可促进农村产业高效发展。

三、生态乡村产业发展模式

近年来，国内多个乡村在产业发展过程中，充分利用产业优势和产业特色，实现了农业生产聚集，农业链条延伸，产业带动效果明显的态势。综合来看，在生态乡村产业发展过程中形成了五种代表性的产业发展模式，如图 5-3 所示。

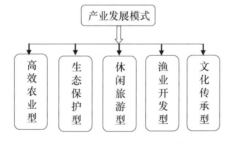

图 5-3　生态乡村产业发展模式

（1）高效农业型。主要指在我国农业生产区以发展农业作物为主，利用现代化农业生产技术推进农业结构优化调整，促进种养业全面发展的产业模式。其特点是农田水利设施相对完善、农产品商品化率和农业机械化水平高。例如，福建省漳州市平和县三坝村（图5-4），在创建生态乡村产业过程中充分发挥森林、竹林等林地资源优势，以玫瑰园建设带动花卉产业发展，壮大兰花种植基地，推动现代高效农业快速发展。同时该村进一步整合资源，建立千亩柚园、万亩竹海、玫瑰花海等特色观光旅游，构建观光旅游示范点，提高吸纳、转移、承载景区游客的能力。从实施效果来看，高效农业产业模式极大地促进了福建省漳州市平和县三坝村产业经济发展。

图 5-4　福建省漳州市平和县三坝村

（2）生态保护型。主要指在生态优美、环境污染少的地区，合理组织农、林、牧、副、渔业的发展，其特点是自然条件优越、水资源和森林资源丰富、具有传统的田园风光和乡村特色、生态环境优势明显，具有将生态环境优势转变为经济优势的潜力，适宜发展生态旅游产业模式。例如，浙江省安吉县山川乡高家堂村（图5-5），积极围绕"生态立村—生态经济村"这一核心发展理念，在保护生态环境的基础上，充分利用环境优势，把生态环境优势转变为经济优势；把发展重点放在做好改造和提升笋竹产业，形成特色鲜明、功能突出的生态农业产业布局。现如今，高家堂村生态经济快速发展，以生态农业、生态旅游为特色的生态经济呈现良好的发展势头。

图 5-5　浙江省安吉县山川乡高家堂村

（3）休闲旅游型。主要指在旅游资源丰富，住宿、餐饮、休闲娱乐设施齐全，交通便捷，在适宜发展旅游的地区建立的产业发展模式。例如，江西省婺源县江湾镇（图5-6）为使更多群众受惠于乡村旅游，积极引导开发农业观光旅游项目，打造篁岭梯田式四季花园生态公园，使农业种植成为致富的风景，成为乡村旅游的载体。围绕"吃、住、行、游、购、娱"要素打造，江湾镇旅游有效带动了工艺品生产销售、饮食等服务行业的发展，从而有效促进了乡村居民收入的提升和乡村发展。

（4）渔业开发型。主要指在沿海和水网密集的渔业产业区（包括海水养殖业和淡水养殖业），乡村根据水产品需要量、养殖面积、单位养殖面积产量进行开发的产业模式。例如，甘肃天水市武山县（图5-7）推广以鲑鳟鱼为主的冷水鱼品种，培育发展休闲渔业，全县渔业产业实现了从粗放到精养、从单一的养卖到提供垂钓、餐饮、休闲

图 5-6　江西省婺源县江湾镇

观光等综合服务方式的巨大转变，养殖规模不断扩大，呈现出良好的发展态势。武山县在渔业开发过程中积极发挥自身环境优美、产品绿色环保的优点，为人们提供休闲娱乐、观光垂钓、农家餐饮等服务，延长了渔业产业链，经济效益翻倍提高，成为渔业经营方式创新的典型。

图 5-7　甘肃天水市武山县休闲渔业

（5）文化传承型。主要指在具有特殊人文景观，包括古村落、古建筑、古民居以及传统文化的地区，乡村文化资源丰富，适宜发展文化传承型产业模式。例如，河南省洛阳市孟津县平乐镇平乐村以牡丹画产业发展为龙头（图 5-8），扩大乡村旅游产业规模，探索出了一条新时期依靠文化传承建设的生态乡村产业发展模式。"小牡丹画出大产业"的平乐村被河南省文化厅授予"河南特色文化产业村"荣誉称号，平乐镇被文化部、民政部命名为"文化艺术之乡"。

图 5-8　河南省洛阳市孟津县牡丹花画展

第二节 生态乡村主导产业选择

一、主导产业的定义与特点

1. 乡村主导产业的定义

乡村产业经济增长在一定意义上是由于某些产业所产生的直接或者间接的效果。从这个角度出发，可以把这些产生驱动力较强的产业称为主导产业。乡村主导产业从量的方面看，是在乡村生产总值或乡村总收入中占有较大比重或者将来可能占有较大比重的产业；从质的方面看，是在整个乡村产业中占有重要地位，能够促进或带动乡村经济增长的产业。

乡村旅游、乡村民宿、乡村度假是近年来乡村规划的主要产业。乡村主导产业的选择要有利于农民生产与生活需求。而立足乡村资源优势，发展乡村主导产业，既是改变"自给自足"传统乡村经济模式的主要途径，也是乡村资源产业化的重要途径，更是乡村振兴的基础。

2. 乡村主导产业的特点

（1）动态性。乡村主导产业主要受乡村自然资源、历史文化、人文环境等因素的影响。而不同村落在不同发展阶段的产业发展水平也是不一样的，受到资源、交通、市场、技术等因素的影响。随着资源、市场等因素的变动，乡村产业以及主导产业也存在着一定的变动。

（2）层次性。由于农业、林业、畜牧业、水产养殖、乡村休闲旅游等不同产业有各自的差异，乡村主导产业的选择与发展既要为乡村经济发展服务，又推进农业与商贸、旅游、教育、文化、康养等产业融合发展，各有侧重又互为补充，从而形成一定的层次性。

（3）关联性。主导产业在乡村经济发展中通过扩散效应带动第一、第二、第三产业联合发展，通过延长农业产业链条增加农产品的附加值，建设"种养一体化""农林牧一体化"的产业模式，加强产业之间相互关联，促进乡村产业的发展。

（4）演替性。受资源、市场、产业等不同因素的影响，在乡村不同发展阶段会形成不同产业集群。主导产业因受外部环境或者内部条件的变化而改变，会呈现由低级向高级的演进趋势，存在一定程度的演替特征。

二、主导产业的选择方法

1. 主导产业选择的步骤

生态乡村在主导产业的选择上既要考虑产业与乡村周围环境的融合，又要考虑生态涵养目标、资源条件、经济发展水平、水土条件。借鉴其他区域主导产业的选择步骤，乡村主导产业选择的参考步骤可以是：（1）根据生态乡村不同的产业比重，立足

生态乡村规划

乡村资源优势，确定以第一、第二、第三产业或者混合产业为主导的产业层次；（2）细化乡村产业类型，第一产业按照农、林、牧、渔收入结构，大体分为农业主导型、林业主导型、畜牧业主导型以及水产养殖型；第二产业分为乡村加工业和建筑建造业；第三产业分为交通运输、商业金融、服务业；（3）结合量化数据与方案初选，通过政府、专家、村民三方座谈的方式，讨论乡村产业功能定位和未来发展方向，从而确定乡村主导产业。

2. 主导产业选择的方法

选择乡村主导产业仅仅依靠一两个指标是远远不够的，一般要综合考虑几个要素，通过定性、定量分析建立指标体系，例如，比较优势法、主成分分析法、层次分析法、聚类分析法。综合来看，乡村主导产业选择方法经常运用层次分析法、主成分分析法、比较优势法等。

（1）层次分析法

层次分析法是将与决策息息相关的元素分解成目标、准则、方案等层次，在此基础之上进行定性和定量相结合分析的决策方法，工作的主要步骤为：①指标体系构建；②专家咨询；③计算；④检验。通常涉及自然、经济和社会等因素，在深入分析实际问题的基础上，将有关的各个因素按照不同属性自上而下分解成若干层次，同一层的诸因素从属于上一层的因素或对上层因素有影响，同时又支配下一层的因素或受到下层因素的影响。最上层为目标层，通常只有 1 个因素，最下层通常为方案或对象层，中间可以有一个或几个层次，通常为准则或指标层。当准则过多时（譬如多于 9 个）应进一步分解出子准则层。

在操作时，将选择的产业评价指标体系分解为目标层、准则层和措施层，由专家通过打分，构成主导产业判断矩阵，其步骤如下：

假定评价目标为 C，评价因素为 $Z\{z_1, z_2, \cdots, z_n\}$

构建判断矩阵 M（C-Z）

$$M = \begin{Bmatrix} Z_{11} & Z_{21} & \cdots & Z_{1n} \\ Z_{21} & Z_{22} & \cdots & Z_{2n} \\ \vdots & \vdots & & \vdots \\ Z_{n1} & Z_{n2} & \cdots & Z_{nn} \end{Bmatrix}$$

Z_{ij} 是表示因素 Z_j 的相对重要性的数值（$i=1, 2, 3, \cdots, n$；$j=1, 2, \cdots, n$），根据以上判断矩阵，利用方根法对这个向量进行归一化处理求得权重。

层次分析法指标计算权重有特征向量法、放根法、和积法、求和法等。在乡村主导产业选择中可应用方根法进行权重的计算。

设 $a_i = (x_i/x_1 \times x_i/x_2 \times \cdots \times x_i/x_j \times \cdots \times x_i/x_n)^{1/n}$，即 a_i 是第 i 个指标对同类所有指标中重要性乘积的次方根，主导产业权重由此建立。

把权重与各个因子相乘再求和，再比较数值大小，数值大的产业为该地区的主导产业。

（2）主成分分析法

主成分分析也称主分量分析，旨在利用降维的思想，把多指标转化为少数几个综合指标（即主成分），其中每个主成分都能够反映原始变量的大部分信息，且所含信息互不重复。这种方法在引进多方面变量的同时将复杂因素归结为几个主成分，使问题简单化，同时得到更加科学有效的数据信息。主成分分析法是一种数学变换的方法，它把给定的一组相关变量通过线性变换转成另一组不相关的变量，这些新的变量按照方差依次递减的顺序排列。在数学变换中保持变量的总方差不变，使第一变量具有最大的方差，称为第一主成分，第二变量的方差次大，并且和第一变量不相关，称为第二主成分。依次类推，n 个变量就有 n 个主成分。

在进行主导产业选择时，是在已选出的 m 个主成分量 Z_1，Z_2，$\cdots Zm$ 中，以每个成分变量 Z_i 的方差贡献率 a_i 作为权重，构成综合评价函数。

$$X = a_1Z_1 + a_2Z_2 + \cdots a_mZ_m$$

其中 $Z_i(i = 1,2,3\cdots,m)$ 为第 i 个主成分的得分，计算出每个产业的主成分后，当把 m 个主成分代入上式中，即可计算出每个产业的综合得分，得分大者为乡村主导产业。

（3）比较优势法

比较优势是指一个生产者以低于另一个生产者的机会成本生产一种物品的行为。当某一个生产者以比另一个生产者更低的机会成本来生产产品时，我们称这个生产者在这种产品和服务上具有比较优势。在乡村主导产业选择中，一个可以用较少投入生产该物品的被称为在生产该物品上具有绝对优势的产业，因为它使得人们可以专门从事自己具有比较优势的活动，但这个原理并不仅仅适用于个人。对于处于绝对优势的产业，应集中力量生产优势较大的商品产业。从区域比较优势的角度出发，应当以资源密集型为基准进行主导产业的选择，在选择上动态分析和静态分析相结合。

对于生态乡村主导产业来说，较发达地区的乡村，其比较优势主要有两方面内容：一是地理位置优势，区域地处发达地区，具有便捷交通的运输条件，有利于主导产业的选择；二是资金优势，有利于形成产业集聚进行主导产业的选择。欠发达地区的乡村，其比较优势主要依托生态、矿产、能源等资源，有选择性地发展主导产业。

三、主导产业选择的三大产业集群

从产业发展集群角度来看，生态乡村主导产业一般从生态农业、加工制造业、生态旅游三大产业集群中进行选择。如图 5-9 所示。

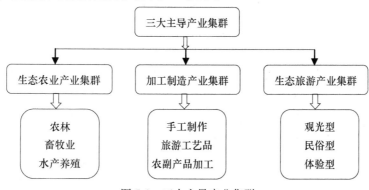

图 5-9　三大主导产业集群

（1）生态农业产业集群。一般来说，对于农林、畜牧业、水产养殖等生态自然资源丰富，具有生态农业产业优势的乡村，因选择生态农业产业集群为主导产业，大力发展农产品加工、包装、保鲜、储藏、运输和销售等功能，通过延长农业产业链，提升农产品质量和附加值，形成农林、畜牧业、水产养殖产业集群。

（2）加工制造产业集群。主要适用于有加工制造基础和优势的乡村，即主要对第一产业进行加工，在加工过程中利用废物循环技术、农作物清洁技术、立体种殖等生态技术，既对当地传统特色产品进行加工，又要减少对自然生态环境的破坏，形成以手工制作、旅游工艺品、农副产品加工为主导的加工制造业产业集群。

（3）生态旅游产业集群。主要适用于旅游资源丰富的乡村，即主要在保护传统村落的生态环境、田园风光、诗意山水的基础上，融合第一、第三产业，发展生态旅游产业。生态乡村旅游是现代农业和旅游产业升级的产物，是一种综合化的产业集群，形成观光型旅游、民俗型旅游、体验型等旅游产业集群。

第三节　生态乡村产业布局

一、当前生态乡村产业布局存在的主要问题

1. 产业布局和环境承载力的矛盾突出

乡村劳动密集型产业虽然对乡村经济快速增长发挥着重要作用，但在产业发展过程中产生的废水、废气、废渣对环境造成了破坏，使得产业难以持续发展。在乡村经济条件比较差的地区，很难实行垃圾的集中收集和分类处理，在乡村产业粗放式发展过程中，环境的保护和资源的合理利用并没有得到农民和当地政府的重视，许多村庄并没有意识到自身资源的宝贵，一味地追求短期经济效益，造成资源的极大浪费，乡村生态环境恶化日益明显。

2. 缺乏合理的规划布局，第三产业明显滞后

我国农村第一、第二产业发展水平低，受市场政策等因素的影响，导致第三产业发展滞后，由于受当地农村人口自身素质的限制，农村缺乏高素质的专业人才，第三产业发展的市场化水平一直很低。从乡村从业状况来看，大部分集中在量小面大的商业、饮食等行业；而处于基础地位的交通、通信、科技还相当欠缺。同时，农民的生活服务产业体系还不健全，服务的生产、销售、储藏等环节更是处于薄弱阶段。

3. 产业基础配套能力较弱

广大乡村产业分工协作的机制尚未形成，产业分工不明确，产业链条只是简单的由农产品粗加工到产品的销售，没有形成"产—供—销"的发展模式，产业链过短，降低了农产品的附加值，而在乡村产业布局时也没有注重产业链条向周围环境的延伸。例如，正确的做法是，种植业在进行产业布局时，要结合当地自然、地形、气候等条件，采用"种养加农、林、牧相结合"的方式，改变以传统单一农业种植的生产方式，

扩大粮食作物规模化发展。

二、生态乡村产业布局原则

1. 因地制宜原则

生态乡村产业的开发依赖于农业，而农业的高度发展又依赖于自然地理条件。在多丘陵地区，要将产业布局和景观植物进行组合和空间布局，可以少占农田；在水源条件较好的地区，要将生态产业布局在水源较好的地区，不仅可以解决乡村产业用水的问题，还可以使产业因为有自然资源而具有更好的生态环境；在种植业优势产区，例如，茶园优势产区可以因地制宜发展茶园体验、油菜观光、水果采摘等休闲农业，拓展产业链条。

2. 突出特色原则

生态乡村产业布局要发挥乡村特色与优势，重视对乡村文化的传承与民俗资源的开发利用。要立足产业自身资源优势，既发展传统产业，突出地域文化特色，又要适时发展"互联网＋"等新型产业。同时，乡村产业布局要注重不同产业之间的差异性，避免产业"千村一面"，要全方位、多层次、多领域地发掘乡村产业的个性与特色。

3. 市场导向原则

发展乡村产业必须尊重市场成长规律，发挥市场在资源配置中的作用，准确把握乡村市场需求变化，合理开发乡村产品，推进规模化、标准化、品牌化和市场化建设。转变传统小农经济思想，引导农民建立产业合作社，引导推动龙头企业与小农户建立紧密的联系，在示范区加快"村集体＋合作户＋农户"的经营模式，扶持种养专业大户，大规模实现和市场对接。

4. 综合效益原则

要创新农业经营体制机制，培养发展农业产业化联合体，即第一、第二、第三产业融合发展，在生态乡村产业布局时要着力实现农业的多种功能和多重价值，可以通过三产之间的相互渗透形成产业新技术，探索乡村经济发展新模式，探索发展村集体与其他经济主体混合所有制经济项目，使得产业综合效益高于每个单独的产业之和。

5. 生态优化原则

产业发展过程中要尊重自然生态规律，科学合理利用资源进行生产，有效降低资源消耗和环境污染。近年来，我国积极推行化肥农药零增长行动，实行种养循环和农作物废弃物综合利用，推广生态种养，逐步降低能源消耗强度。同时因地制宜推行低成本、低能耗、高效率的农村产业污水治理方式，发展绿色生态农业，保护农产品产地，使产业实现生态化。

三、生态乡村产业布局要点

1. 种植业为主的产业布局要点

以种植业为主的产业布局主要以经营粮食作物、林果、花木业为主，可主要依托现代农业示范区辐射作用，建设果蔬生态基地。粮食作物要稳定水稻、小麦生产，确

保粮食生产安全,加大优质水稻和强筋小麦的布局,增加优质大豆、薯类、杂粮杂豆等作物;经济作物要优化品种和区域布局,巩固作物主产区棉花、油料、糖料的生产,促进园艺作物增产增收;饲料作物要扩大种植面积,发展苜蓿等优质牧草,保证畜类增产增收,同时建立现代饲草料产业体系。中央一号文件指出,种植业要发展,要划定农产品生产保护区,促进杂粮杂豆、蔬菜瓜果、花卉苗木、食用菌、种草药增产增效。种植业产业布局应均衡分布,建立动静结合的种植业功能分区,规划展示区、采摘区、生产区的功能化布局,划定产业规划轴线,形成以主导产业为核心的轴线布局模式,推动种植业的发展。例如,九真乌龙湖休闲农庄(图5-10)从色块农业到大地彩绘种植业的不断发展,产业布局动态和静态相互结合。

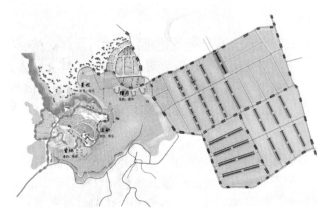

图 5-10 九真乌龙湖休闲农庄

2. 畜牧业为主的产业布局要点

以畜牧业为主的产业布局是在合理利用各地区自然资源和经济资源的基础上,确定畜牧业生产方向和饲养畜禽品种,实施分区规划,将畜牧业按照品种划分为不同区域进行生产。畜牧受光、温、水、气、土等自然因素的影响,由于自然环境的差异形成畜牧的不同地域分布。因此在产业布局时要充分考虑这种差异性。例如,草原地区的乡村畜牧产业布局要重视农、林、牧结合,推广草田轮作,因地制宜发展适宜奶牛、羊等草食性家畜的产业。畜牧业产业布局要加大养殖基地的建设规模,针对动物对自然生态条件的不同要求,把牲畜生产配置在最适宜它们生长发育的地区,将畜牧业生产的区域分为:农区、牧区、半农半牧区三个区域。其中,农业畜牧业产业布局以种植业生产为主,农区饲养畜禽种类主要有牛、马、驴、猪、羊、兔、鸡、鸭等;牧业饲养区是以草原为主的地区,产业饲养方式依靠天然草原牧场;半农半牧区产业布局既有发展畜牧业的产业布局,又有兼顾发展农业的产业布局。

3. 农业与乡村旅游业混合的产业布局要点

这类混合产业布局以农业资源为依托,将农业生产、艺术加工、休闲体验等产业布局融为一体,打造现代化农业旅游区,发展形成特色产业发展方向。农业与乡村旅游业混合的产业布局应将农业和旅游结合布置,以农村田园景观、农业生产活动和特色农产品为旅游亮点,开发不同特色的农业主题旅游活动,形成生态"农场养殖—种植一特色餐饮一乡村旅游"产业布局链，形成特色农业观光园、休闲农业园、民俗度假村、古村落休闲文化开发等不同形式的混合布局模式。混合产业布局还应注重产业之间的相互融合和土地用地的合理性，协调好产业布局和居民点用地之间的关系。例如，成都"五朵金花"利用现有的旅游资源、人文资源以及自然资源优势，因地制宜发展乡村旅游业，创造性地打造了花乡农居、幸福梅林、江家菜地、东篱菊园、荷塘月色等"五朵金花"推进特色种植业和旅游产业结合发展的产业布局（图5-11）。

图5-11 成都"五朵金花"农业和乡村旅游混合产业布局

4. 加工制造业的产业布局要点

这类产业布局要顺应绿色发展的趋势，通过布局绿色产品、建设绿色工厂、发展绿色园区，循环生产打造绿色供应链，完善绿色制造体系，打造绿色加工制造业布局。乡村加工制造业在布局上要协调加工区、产品区、生产区的功能分区的关系，扶持当地传统特色产品进行绿色加工，形成手工艺品、旅游工艺品、民俗文化纪念品等制造产品。

第四节 生态乡村典型产业布局与发展

一、特色种植业

1. 定义

特色种植业指农作物、林木、果树和观赏植物形成了区域种植优势的产业，主要分为农作物种植、立体生态农业和生态林种植三类。特色种植业在布局中要统筹兼顾，科学地划定最佳适种区域，结合地域情况大力推进农业结构调整，扩大建立优势特色产业基地，培育真正具有乡村区域优势的多元化特色种植业。

2. 布局与发展要点

（1）重点建设粮食生产区、农产品生产区和特色农产品优势区，建设稳定优质的

农产品基地，发展专用粮食基地、优质棉花基地、油料和大豆基地，不断优化农业区域布局，推动优势产业向优势区域集中。

（2）积极开展优质专用品种的生产开发，推广无公害农产品和绿色生产技术，提高优质种植品种的市场竞争力。加大病虫防治力度，加强监测预警，坚决遏制重大植物病情传播蔓延。

（3）划定粮食生产片区，选择资源条件较好、相对片区集中、生态环境良好、基础设施比较完备的区域进行生产，要求集中生产种植比例大致合理，稳定设置蔬菜面积，优化区域布局，保障蔬菜均衡供应，防止种植规模大起大落，出现增产不增收的现象。要形成"突出特色、依托市场、连片开发"的产业布局模式。

3. 典型案例分析

（1）湘潭盘龙大观园位于湘潭市岳塘区荷塘乡指方村、青山村、荷塘村 3 个村范围内，是长株潭"绿心"区域。盘龙大观园园内布局有杜鹃园、樱花园、荷花园、兰花园、茶花园、盆景园、蔬菜博览园、农耕园、紫藤园、养和园等十大主题种植产业园。种植业产业布局分为生产区、采摘区、展示区，动静分布合理。其中，生产区主要包括蔬菜博览园，主要布局以现代农业技术为主，园中所有生产要素、生产工艺全部采用环保、无污染标准，技术采用滴灌、水培、雾培；采摘园主要包括茶花园、紫藤园、农耕园，形成花卉片区，苗木种植区和精品盆花区功能分布合理，呈轴线布局；展示区主要包括杜鹃园、樱花园、荷花园、兰花园、盆景园，产业布局采用集约种植的方式，合理规划植物种植面积，优化区域布局（图 5-12）。

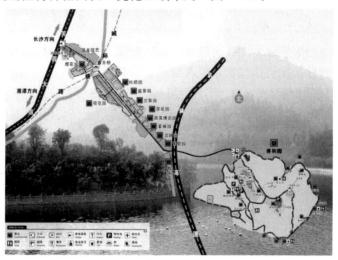

图 5-12 湘潭盘龙大观园种植产业园

（2）广西桐江村积极发展优质稻谷和强筋小麦，合理划定粮食生产功能区，选择资源条件较好、相对集中连片、生态环境良好、基础设施比较完备的区域布局。在巩固主产区、发展粮食油糖优势产区，重点打造特色区，加快发展中药材、食用菌、茶叶、水果、杂粮杂豆等特色作物，保证蔬菜均衡供应。产业布局积极推进种养结合，以养带种，将种植业作为牲畜粪便的"消纳池"，加快发展茶叶、水果、油菜等优势产区，因地制宜发展茶园体验、水果采摘等特色种植产业（图 5-13）。

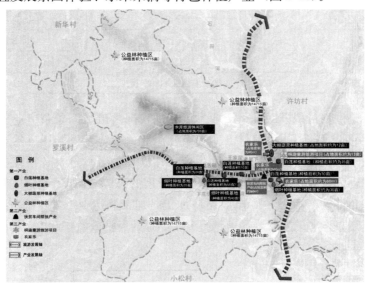

图 5-13　江西省桐江村种植业产业布局

二、加工制造业

1. 定义

加工制造业是指乡村发展过程中对第一产业产品进行加工的部门，以发展农副产品加工、手工制作、建筑材料、造纸、纺织、食品等作为主要内容，积极引进循环无污染工业，防止化工、印染、电镀等高污染、高能耗、高排放的产业向乡村转移，着力打造一批市场竞争力强，辐射带动面广的产业。加工制造业在布局上要协调加工区、产品区、生产区的功能分区，建立循环加工基地，发展绿色有机产品。

2. 布局与发展要点

（1）加工区向生产区、优势产区、乡村产业园区集中，在优势农产品产地打造加工集群，发展农副产品加工、手工制作等。统筹布局生产、加工、物流、研发、示范、服务等功能板块，集中完善加工制造基础设施和配套服务体系。

（2）乡村加工制造业规划布局需要进行内外环境分析，明确自身的资源优势，通过当地合理的加工发展模式，集合产业发展规划，把当地传统特色产品进行绿色加工。

（3）完善包装、物流、仓储、餐饮等加工制造业配套设施，加大农副产品加工力度，支持打造综合配套产业布局，做大做强核心加工产业。

3. 典型案例

（1）响洪甸村位于安徽省六安市西部大别山地区，是六安瓜片茶叶的核心产区，茶园总面积约 3510 亩，茶叶总产量 60t（据 2012 年麻埠镇农业统计年报表），在村域范围内分布范围较广，共有茶叶生产企业 12 家，茶叶品质略有差异，齐山所产茶叶品质最佳。响洪甸村茶产业产量见表 5-1。

表 5-1　响洪甸村茶产业产量

产业类型	亩产量	每亩收益（万元）
茶叶	200斤/亩	3～5
毛竹	150～200根/亩	1～2
油茶	200株/亩，60油/亩	1～2

近年来，响洪甸村积极助推茶产业发展模式，探索出了一条茶产业的特色循环加工创新发展之路。目前，响洪甸村已实现茶叶产业由单纯开发利用自然资源向开发结合保护的转变，这也是实现现代化茶叶生产良性循环的必然选择，顺应从有害生态环境的生产技术向无害生态环境的生态技术循环发展的态势（图5-14）。实践证明，响洪甸村茶产业由单纯的产业种植到产业循环加工是加工制造业产业生态化的关键一步，这更好地促进了茶产业的发展，显著地提升了当地的经济效益。

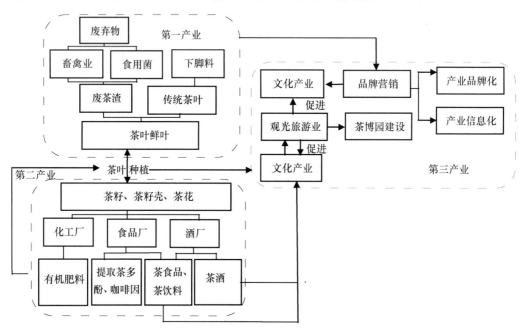

图 5-14　响洪甸村茶产业特色循环加工流程图

（2）湖南省怀化市溆浦县北斗溪乡坪溪村主产水稻、油菜等其他农产品，另有蔬菜、高山杨梅、土鸡、竹鼠、柑橘、板栗、梨子、竹子、杉木、野生菌及中草药等。主要扶持发展当地传统农副土特产品加工，如腊肉、腊鱼、淹制菜、干制菜、豆制品、米酒、竹筒酒、养生药酒、养生药材、生鲜果汁、优质大米、优质茶油、手工艺品，形成如竹制品、木制品、花艺制品、旅游工艺品等加工制造产业。

三、休闲旅游业

1. 定义

休闲旅游业指以山、水、林、田等自然资源为依托，将农产品和旅游相结合，拓展农业景观功能，提高农产业附加值，在融合第一产业和第三产业的基础上，集"休闲—观光—生态"一体化的产业。经过多年的发展，乡村旅游主题发展方向主要有观光休闲、民俗体验、科普农园、乡村展览等。

2. 布局与发展要点

（1）发挥乡村特色与优势，选择有利于发挥自身优势的乡村休闲旅游产品，推进农业、林业、文化、康养等产业深度融合，满足游客多元化需求。

（2）对乡村旅游资源进行科学性、系统性开发，在可持续发展指导下有效进行乡村旅游规划，从源头上减少对生态环境的破坏，培育新型生态化旅游产业。

（3）布局上可划分为休闲主次功能区，动态和静态布局相互结合，配套适当的游客服务中心、停车场、旅游厕所、标识标牌等旅游公共基础设施。

3. 典型案例分析

（1）株洲市荷塘月色核心区是株洲市的天然生态屏障，现已形成"一环两带、一心三区"的产业空间布局结构（图5-15）。"一心"为荷塘月色核心景区（以千亩荷塘为核心），"三区"为文化体验、山地探险区、田园观光区。其中，文化体验区主要由仙庾岭道教公园、渔樵耕读、佛教公园三个功能区组成，分别体验道教养生文化、传统的耕读文化和佛教文化，打造宗教文化的修炼交流中心和健康养生文化的体验发展中心；山地探险区主要发展国际赛车运动、郊野健身休闲、拓展生存训练、自驾车野营等项目；田园观光区主要发展生态农业、设施农业、特色瓜果种植业。荷塘月色核心区将建设成为"两型社会"乡村休闲旅游产业的典范。

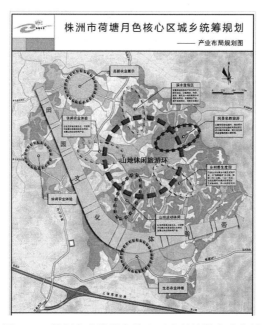

图 5-15　株洲市荷塘月色核心区乡村旅游产业布局

（2）海南高山岭休闲农庄积极发展生态旅游，集采摘娱乐、吃农家饭、住农家院为一体，拥有最美"生态农庄"的称号。农庄作为高山岭唯一的民俗旅游区所在地，

拥有高山神宫这一道教文化资源，因此发展民俗风情旅游区，对于促进观光休闲旅游产业具有重要意义。农庄产业布局以田园农业、民俗风情产业为主，合理安排生产用地，促进农庄产业布局优化升级。可分为民俗风情庄园、休闲度假庄园、田园农业庄园三大主题庄园。其布局充分考虑环境、生态、资源之间的相互协调，形成旅游、观光、接待、餐饮、住宿为一体的旅游产业链（图5-16）。

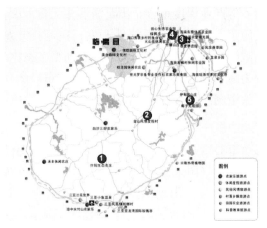

图 5-16　海南高山岭休闲农庄乡村旅游产业布局

复习思考题：

1. 生态乡村产业发展的影响因素有哪些？

2. 请简述生态乡村产业发展模式。

3. 请结合实际，论述生态乡村产业布局的要点。

第六章 生态乡村居民点布局
与节地控制规划

本章主要介绍了乡村居民点的定义、特点与主要问题，提出了生态乡村居民点布局模式与优化策略，探讨了生态乡村居民点节地控制技术体系、标准以及评价体系与管理保障。

第一节 我国乡村居民点概况

一、乡村居民点定义

乡村居民点一般是指从事农业生产人口聚居的场所，主要包括农业集镇（乡镇）、中心村和基层村三类。从这个定义出发，生态乡村居民点即遵循可持续发展战略，通过乡村生态系统结构调整与功能整合、生态文化建设与生态产业发展实现农村社会经济稳定发展与农村生态环境有效保护的农业居民点。

乡村居民点用地一般以村民住宅用地为主，辅以村庄公共服务用地、产业用地和基础设施用地等其他村庄建设用地。以山西省长治市堆北庄镇湛上村为例，村庄住宅用地占到总建设用地面积的58.82%，其他用地比例相对较小，见表6-1。

表6-1 长治市堆北庄镇湛上村居民点建设用地平衡表

用地代码	用地名称	用地面积（hm²）	用地比例（%）
R	居住用地	45.23	58.82
A	公共管理与公共服务设施用地	4.27	5.55
B	商业服务业设施用地	4.75	6.18
S	道路与交通设施用地	11.38	14.80
G	绿地与广场用地	11.27	14.66
	居民点总建设用地	76.90	100.00

二、乡村居民点特点

现阶段，我国乡村居民点通常具有以下特征：

（1）在产业发展上，农业养殖生产和家庭手工业占据主导地位。

（2）在集聚规模上，人口数量少、密度小、较分散，家族性集聚明显，聚居地域

范围相对较小。

（3）在物质构成上，建筑物数量少、体量小、密度小，缺乏一定数量的基础设施和公共设施。

（4）在景观表现上，居民点内部环境景观较为单一，地面硬化率与人工绿化比率均低。

（5）在职能分工上，承担农业生产生活的基本功能，是农业劳动人口的生活空间，一般无区域经济、政治、文化集中性中心职能，特殊村庄兼有旅游功能。

（6）在发展态势上，建设发展自发性明显，空间变更速度缓慢。

三、乡村居民点问题

1. 缺乏统筹规划，发展定位与建设布局的指导性与约束性作用较弱

相对于城市现代化的有序规划建设，很大部分的乡村居民点并无明确的发展规划定位和行政规范指导，大多仍处于自拆自建的放任状态，建设选址、宅基地用地、建筑风貌等较为随意从而导致整体布局分散凌乱，内部结构功能受阻，整体居民聚集区面貌较差（图6-1）。村庄发展规划的缺位与行政监管力度的薄弱，是乡村居民点建设的重要隐患，也是村庄规范整治的主要着力点。

图6-1 自建房选址风貌随意

2. 农村建设用地集约程度低，土地浪费和"空心村"现象严重

我国农村民居以庭院式为主，院落占地面积较大，建筑层数以一层至三层为主，建筑容积率较小，人均居住面积远高于城镇。据国家统计局网站公布的数据显示，2016年城镇居民人均住房建筑面积为 36.6m^2，农村居民人均住房建筑面积为 45.8m^2，农村人均居住面积比城镇高出 9.4m^2；因缺乏规范引导，农村新建浪潮出现的粗放式占地扩建进一步造成原有建设土地的闲置与荒废，一村多点的星散布局往往加深了重复建设和肆意扩建造成的用地超标和土地浪费（图6-2）；有的村庄整村新建或是多数家庭人口结构的改变，使得村庄"空心化"的现象越来越严重（图6-3）。

图6-2 农村建设用地集约程度较低

图6-3 农村空心村问题严重

3. 建设用地扩张较严重，侵占农田触碰耕地红线

随着我国农业人口增长和农民生活水平的不断提高，并加之受传统农业思想影响，农民新建房屋需求量不断增大，建设环境要求也随之提高，尤其是在城镇化热潮推动的地区中，乡村居民点的外向扩张也成为村庄发展的主要趋势。建设用地的无序扩张，不但造成原有土地荒废与难以管控，也威胁到耕地保护的红线（图6-4）。无论是在田地中单独新建，还是向耕地集体蔓延，对于基本农田的保护和农业生态安全都是致命的挑战。

图6-4　建设工程侵占基本农田　　　　图6-5　农村人居环境较差

4. 人居环境较差，公共基础设施建设滞后

近年来，"三农问题"得到国家和社会的积极关注和大力帮扶，很多乡村在村容村貌上都发生了很大改观。但建设发展缓慢、公共服务设施和基础设施相对滞后依然是很多偏远乡村的显著问题。村庄道路交通、供水排水、通电通讯通气等建设保障不到位，教育文化与医疗卫生设施与服务不健全，人居环境整治与居住景观建设跟不上（图6-5），都给村民生产生活带来极大不便，也严重制约着农村现代化进程。

第二节　生态乡村居民点布局与优化

一、布局要素

1. 地形气候

乡村所在区域地形主要包括平原、谷地、丘陵和山地等类型。其中，平原和河谷地形平坦、腹地广阔，有利于规模化农业生产活动的开展和乡村居民点集中成片建设，其规模往往较大，人口数量多、密度高；山地、丘陵地区往往因可利用土地有限、交通设施滞后，导致居民点布局较分散，人口数量少、密度低。

气候环境主要考虑光照、降水、温度、湿度、风等基本气候要素以及常发性地质气象灾害。在以传统农业为基础而择居的乡村居民点布局，往往会受到自然条件因素的较大限制，环境因子也成为乡村聚落形成与发展的原始作用力。

2. 地理区位

地理区位方面，距离城市或镇区较近的乡村受市场经济辐射较大，经济社会发展水平较高，规划布局与建设发展更加规范有序。反之，偏远地区受到的辐射较小，一般乡村居民点布局建设的随意性与盲目性更强。

3. 资源禀赋

乡村自然资源主要有耕地资源、水资源、动植物资源、矿产资源等，主要涵盖质量和数量两个维度。乡村发展一般以种植业、采摘业和畜牧养殖业等为主要产业，其发展基本都以自然资源为依托，尤其是河流水系往往对村落布局起到决定性作用。

4. 交通条件

随着经济社会的发展，道路交通成为乡村发展方向的主要廊道，同时道路延伸的可达性也成为制约乡村空间生长的瓶颈。交通发达的居民聚集区更有利于提升乡村经济发展水平，布局规模更容易发展扩大，而较为偏僻的地区乡村往往因交通不便，落后于社会发展，维持原始村落形态时间较久。

5. 服务设施

满足乡村居民需求，实现城乡基本公共服务均等化，是生态乡村建设的重要内容和推动力。为了充分利用乡村已有基础设施、公共服务设施等条件，服务设施的服务半径、服务能力及布局模式对村落的空间结构、居民点规模及布局具有重大影响。

6. 经济水平

社会经济发展水平是乡村内部持续变动的根本因素，也往往对居民点空间布局的动态变化产生着决定性作用。强大的经济实力为乡村优化建设提供坚实的物质基础，有效提升现代化发展水平，对村庄建设具有重大积极意义。反之，受自筹建设资金不足等的影响，在经济水平落后地区，村庄的建设和发展都较为迟缓。

7. 人口结构

随着大量农村劳动力向城市转移，村内老人、儿童、妇女等家庭成员的留守推动着村庄家庭人口结构的变更趋势，农村人口结构的两极分化加深了乡村居民点的固有矛盾，也带来了更复杂的农村问题，尤其是"空心村"等问题更加引发对农村居民点空间格局整理重塑的思考。

8. 社会观念

我国传统农业社会受统治思想宣传的绑缚较为严重，较早的农业聚居点都注重阴阳堪舆、象天法地等布局思路，而后宗法思想和礼教秩序对于村庄的空间结构、建筑体制都有较为深刻的影响。如今在党中央解决"三农问题"的指导思想下，乡村建设与调整更加注重以人为本，强调规划布局的科学性。

9. 其他要素

除以上因素外，政策引导、文化观念、地方习俗等其他要素也会影响居民点的选址布局。

二、布局模式

乡村居民点布局模式是在乡村范围内某一特定时间，物质空间数量和规模的静态对比关系及其受多重因素相互作用影响形成的空间分布状态，具有系统性、区域性和动态性的特征。

乡村居民点布局模式是乡村长期农业经济社会发展过程中人类生产活动和区位选择的累积成果，它反映了人类及其经济活动的区位特点以及在地域空间中的相互关系。布局模式是否合理，也对区域经济的增长和社会生活的发展有着显著的促进或制约作用。通过梳理归纳，乡村居民点布局模式如图6-6所示。

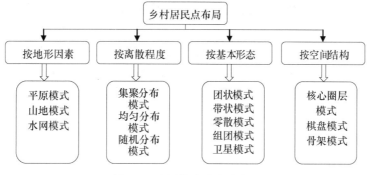

图6-6　布局模式分类示意图

1. 按地形因素划分

（1）平原模式。平原地区地形地貌相对简单，对于居民点的选址建设障碍较小。平原村落一般呈集中规整布置，沿田沿路而布，分布格局受道路通达性、市场距离等社会因素影响较多。

（2）山地模式。由于山坡丘陵地形地势不利于进行大规模建设活动，民居点一般选择较为平缓的向阳坡地、山前平地、台地、山间沟地等区域选址聚居，整体分布也较为分散，立面景观较为丰富。

（3）水网模式。长久以来天然形成的密布水网给居民点的选址建设划定了界限，村庄环水而居也被水分割，因而具有总体集中性和相对分散性，以江南水乡地区最具代表性。

2. 按离散程度划分

（1）集聚分布模式。常见于平原地区，多以团块状或条带状出现，集聚中心或集聚轴常常是道路交汇点、公共活动中心或河流通道，通常有可视化的居民点显著边界。此种布局有利于生产力和生产要素的集中，也相对节约土地资源。

（2）均匀分布模式。村内群组划分相对明确，受道路或自然因子的等分性强，各组团一般有自己的次级公共中心位置，归属性强，功能结构相对明确。

（3）随机分布模式。主要分布于山地，沿山谷河流与道路分布，居民点多呈散点状，破碎化程度高，密度低，形状简单，用地规模小，居民点分布离散。

3. 按基本形态划分

（1）团状模式。团状模式表现为围绕某一核心进行紧凑式布置，具有明显的空间边界，其演变发展也紧紧依靠已有空间外扩延伸，平面肌理一般秩序规整，街巷与建筑空间相互契合，如图6-7a所示。

（2）带状模式。带状村庄一般沿带状影响因素轴向生长，这些影响因子一般为主要道路、河流、湖泊、条带状的山坡和耕地等，形成较为紧密的带状平面形态。其多

为一字形、弧形或环形，村庄空间丰富多变，特点各异，形态优美，如图 6-7b 所示。

（3）零散模式。主要体现为多聚居点的自由分布，分散在一定范围空间且彼此联系较弱，基本为地形阻隔所致，是小农经济的典型表现，如图 6-7c 所示。

（4）组团模式。与零散模式有一定的相似性，同是一定区域的分散布局，但组团模式规模较大，单个组团往往内聚性强，多由宗族聚居发展所致，居住关系相对紧密，如图 6-7d 所示。

（5）卫星模式。多是中心村和自然村的组合模式。中心村相较聚集了更多资源与功能优势，自然村基本以单一居住功能为主，相互联系紧密，呈现核心-附属的基本模式，如图 6-7e 所示。

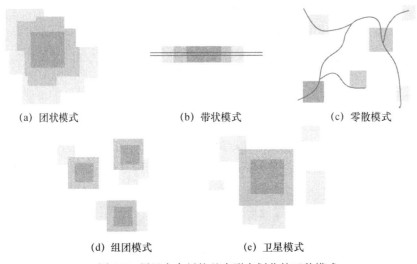

(a) 团状模式　　　　　(b) 带状模式　　　　　(c) 零散模式

(d) 组团模式　　　　　(e) 卫星模式

图 6-7　居民点布局按基本形态划分的五种模式

4. 按空间结构划分

（1）核心圈层模式。大多以同宗族或同姓氏为核心聚居单位，一般都建有族人先祖祠堂，称为宗祠或公祠，或是其他核心公共建筑。此模式家族性强，多则上千户，少则十几户。为了宗族的集体利益，村民需要按照整体规划布置建造房屋，总体具有向心性。民居的规模样式也同样如此，一般住宅规模不会超过祠堂，村落建筑形式及装饰风格也总体统一，如图 6-8a 所示。

（2）棋盘模式。由笔直的大街小巷结构性组成的街巷式布局，平面结构规整有序，村内交通网络便利，村庄规模往往较大，人口稠密。这种布置既能相互照应预防盗匪，又相对保持独立维护家庭单位利益，如图 6-8b 所示。

（3）骨架模式。多配合带状或散点组团的平面结构，以一条主要干道延伸出多条枝杈式支路连接各个居民建筑，满足分散条件下的居民对外联系的需要，如图 6-8c 所示。

三、布局原则

1. 集约节约用地原则

集约用地主要是为提高乡村居民点建设用地的集约程度和使用效率，加大土地整

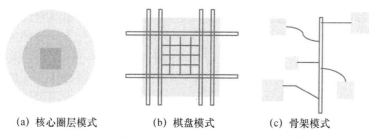

(a) 核心圈层模式　　　(b) 棋盘模式　　　(c) 骨架模式

图 6-8　居民点布局按空间结构划分的三种模式

理力度，努力盘活存量用地，进一步把不合理的土地利用行为加以科学改造。节约用地主要是指在生态乡村居民点建设过程中尽量不占或少占耕地资源，最大效率地利用村内空地、废弃地、闲置宅基地和"四荒地"（荒山、荒沟、荒水、荒滩）以及低缓的山丘坡地进行建设活动。根据社会经济建设的需求，要制定科学的节地控制技术指标体系与评价体系，逐步构建促进生态乡村居民点土地集约节约利用的长效发展机制。

2. 适当集中布局原则

生态乡村居民点建设要在遵循当地居民生活习惯、保障居民合法利益的基础上，遵循土地集约节约的利用原则，适当集中布置建设项目，引导居民集中紧凑建造房屋，最大程度提高土地利用的集约度和利用率。

3. 突出重点，循序渐进原则

在区域居民点布局体系中，要发挥重点居民点的示范作用，在调整居民点内部空间时要找准问题重点，有计划、有条理地安排规划建设的进程，合理协调各类资源高效运用，逐步推进闲置土地和不合理用地的功能调整。

4. 因地制宜，分类引导原则

我国乡村居民点众多，受自然和经济社会影响各个居民点布局千差万别且各有其特色，因而在乡村居民点规划调整时，要结合具体居民点存在的问题进行有针对性地调整。对于出现的不同问题，要进行科学地、分门别类地指导，采取多种解决问题的方式有效调整居民点布局。

5. 统筹城乡建设用地，实现区域动态平衡原则

生态乡村居民点布局要树立大局意识，统筹城镇建设用地与乡村居民点用地两大主体，实现区域范围内建设用地动态平衡，协调区域整体发展，增强地区发展的系统性和总体平衡。

四、优化思路

生态乡村居民点布局优化要求对村庄各主要组成部分统一安排，既要经济合理地安排近期建设，又要考虑村庄长远发展，使其各得其所、有机联系，达到为村庄生产、生活服务的目的，这对于村庄的建设和发展具有非常重要的战略意义。

当前乡村居民点布局优化的总体思路是根据当地区域自然环境和社会经济发展需求将居民点进行分类，针对不同的需求情况采取有针对性的优化策略。生态乡村居民

点的优化思路与策略是：首先，要结合乡村的实际情况、居民建设的需求和布局优化的意愿等，从而提出合适的优化方案；其次，要对提出的优化方案在组织、运行、机制保障等方面进行细节性的落实；再次，对不同的优化方案进行综合性效果评价和绩效考核，以评估和监督方案制定和实施，使实际作用效果达到最佳；最后，也是特别值得注意的是，优化方案一定要遵循生态乡村居民点布局所提出的原则，达到因地制宜、科学合理的效果，充分考虑对历史文化内涵的尊重和延续，充分考虑乡村居民群众的意愿与利益，如图6-9所示。

图6-9　生态乡村居民点布局优化思路流程图

五、优化设计

1. 优化要素系统集成

乡村居民点空间布局要素系统主要包括建筑系统、道路系统、开发空间系统与功能结构系统。

（1）建筑系统。建筑是构成乡村居民点布局的主体，是组成村庄空间形体的基本单元，其排列形式与空间分布直接表现为居民点的基本形态。其主要分为居住建筑、公共建筑、产业建筑和配套建筑等，各性质建筑设置和位置关系均深刻影响着乡村的功能结构。

（2）道路系统。道路系统是乡村布局形态的支撑骨架与发展廊道。道路系统的规划整理是乡村居民点优化的先导，乡村街道网络的完善性和对外交通道路的便捷性提升，直接作用于乡村产业发展和村民生产生活改善。

（3）开放空间系统。居民点开放空间除道路外主要包括活动广场、公共绿地、露天活动场地、停车场以及建成区内部荒地等无实体建筑空间，这部分要素织补了乡村的完整性，也是内部空间优化的重点对象。

（4）功能结构系统。功能结构是空间布局优化的灵魂线和着手点，相比于物质要素构成的实体形态，功能结构的优化构思和规划设计更占有主导性。要统一协调居住、交通、产业、公共服务等组团，精准定位发展方向，驱动村庄整体要素布局更加合理，促进乡村居民点健康长效良性发展。

2. 布局优化模式

布局优化模式是在广泛的乡村居民点布局调整实践与研究过程中总结出的科学经验。当前优化模式主要包括功能主导优化模式、农户主导优化模式、撤并优化模式和等级优化模式等。

（1）功能主导优化模式。这种模式以中国东部沿海乡村居民点为对象，以城市化与工业化发展差异性为依据，将其居民点划分为农业生产主导型、工业主导型、商业旅游业与服务业主导型以及平衡发展型并提出有针对性的优化措施。

（2）农户主导优化模式。曲衍波等根据乡村居民点发展特征与居民自身需求，将平谷区乡村居民点优化分为城镇转移模式、产业带动模式、中心村整合模式和村内集约模式4种主导模式。

（3）撤并优化模式。谢保鹏等按照乡村居民点所处区位条件，将临夏县农村居民点划分为5种优化模式：发展型、挖潜型、保留型、迁移型和并点型。

（4）等级优化模式。一是基于"等"构建垂直体系，如邹利林等借引Okabe和Sadahiro提出的有层次地组织空间数据的方法，利用加权Voronoi图将长阳农村居民点划分为5个等级，即重点城镇村、优先发展村、有条件扩展村、限制扩展村、拆迁合并村；二是基于"级"构建水平体系，如王成等对重庆市合川区大柱村予以实证，构筑了生产功能型、服务功能型、生活功能型3种乡村居民点组团，并在村域尺度下予以空间表达，形成"一轴一带三团"的村域空间布局。

3. 布局优化设计策略

针对不同类型乡村居民点的具体情况与发展模式，提出因地制宜的布局优化策略。本节主要介绍宅基地置换策略、特色产业发展策略、旅游及资源开发策略、高效农业发展策略。

（1）宅基地置换策略

该策略主要针对原有乡村居民点不再适合居民生活发展需另建居民点的情况。宅基地置换策略要本着就近安置的原则，合理规划利用土地资源，满足居民生活安全舒适便捷。在确定新居民点住区的选址、规划、建设方案后，对基地原住宅进行评估，置换新建住宅面积或补贴。置换后结余用地可以合理重新整治开发经营，大大降低土地浪费，提高节地效率。上海市庄行镇烟墩村的宅基地置换试点如图6-10所示。

图6-10　上海市庄行镇烟墩村进行宅基地置换试点

（2）特色产业发展策略

该策略主要适用于临近城区或城镇的近郊乡村，区位条件较好，一般承接工业园区、物流园区或市场区域形成具有一定专业化的乡村居民点。这些居民点因其特色产业优势的推动发展，往往有较为发达的交通条件和基础设施，有一定的市场客源基础。

因而在其优化布局的过程中，可以积极整合周边分散较小的居民点，完善交通条件和基础服务设施，完善产业配套，延伸特色产业链条，扩大相关产业服务范围，扩展特色生态乡村发展途径（图6-11）。

图 6-11　青岛市通过高效农业发展策略推动村庄优化发展

（3）旅游及资源开发策略

该策略主要适用于自然景观优美、历史文化厚重或现代化发展程度较高的乡村居民点。这类地区乡村应积极借助当下旅游热的发展态势，合理开发山水、林果、古民居、社会主义新农村等自然社会资源，通过旅游资源发展，打造自身对外品牌价值，带动区域基础设施提升完善和经济社会水平的发展。

（4）高效农业发展策略

该策略受当地区位和资源条件的限制较小，适用于一般的农业发展地区，但需要高新农业科学技术的介入。高效农业依托先进的科学技术水平对农业研发、生产、加工、流通进行系统性布局，促进产前、产中、产后链条紧密衔接，提升农业生产效率，强辐射、大市场的农业经济要求整合周边居民点实现规范化生产，促进居民点布局的整合和相关设施水平的提升。

4. 布局优化设计路径

基于合理的优化调整策略，归纳出乡村居民点布局优化设计路径，主要包含三个阶段，即调研、方案分析论证和成果反馈完善，如图6-12所示。

图 6-12　生态乡村居民点布局规划设计思路

在调研阶段，要兼顾各个利益主体的合理诉求。一方面，要深入乡村居民当中，通过走访调查与实地考证了解居民意愿，征求居民对于乡村居民点布局的建议和基础设施、宅基地需求、公共服务设施等方面的需要。另一方面，与政府座谈，明确地方政府在区域空间管制、生态环境保护等方面的设想、要求，确保能在规划中得以延续和体现。

在方案分析论证阶段，要结合村民的宅基地需求和政府对宅基地面积的控制要求，预测乡村居民点的用地规模。并通过对调研阶段的梳理与分析，结合各方需求与建议，对居民点布局方案进行总体调整与修正，得到较为合理的基本方案。

在成果反馈完善阶段，在乡村居民点布局基本方案基础上，与相关部门和利益主体进行多轮交流讨论和意见反馈，深入关键问题进行进一步优化，不断完善方案中的缺失不足，直至形成多方认可的最终方案。

第三节 生态乡村居民点节地控制规划

一、节地控制规划概述

1. 背景

自改革开放以来，我国日益重视农村发展。随着土地问题的凸显，国家对土地利用的管控也逐渐加强，各地相继编制土地利用规划，划定耕地保护红线，管制土地资源的不合理使用，对提高土地使用效率、促进农业高效发展、维护农民切实利益起到积极作用。但与此同时，乡村土地利用依然面临诸多复杂问题，土地利用粗放、建设散乱浪费、基础设施不足、乡村风貌退化等问题层出不穷。近年来，集体经营性建设用地入市，宅基地制度改革试点，农村土地征收，推进农村第一、第二、第三产业融合发展等工作也对土地集约利用产生更高的要求。因此，编制村级土地利用总体规划，落实乡镇土地利用规划细节，合理安排土地生产与功能开发，集约节约土地资源，是当前土地利用发展的重要着手点。

党的十八大以来，党中央、国务院对做好新时期农业农村工作作出一系列重要部署，提出深入推进农业供给侧结构性改革、深化农村土地制度改革、赋予农民更多财产权利、维护农民合法权益、实现城乡统筹发展等重大决策，并明确要求"加快编制村级土地利用规划"。节地控制规划在土地集约节约利用方面发挥着重要的技术优势，对于加强乡村土地利用精细化管理提供了前提依据和保障。科学编制并充分落实节地控制规划具体内容，对于促进农村发展由资源消耗发展模式向绿色生态发展模式转变、提高乡村地区生态环境水平和经济发展效益、在我国广大乡村地区全面建成小康社会、造福广大乡村居民有着深远影响。

2. 概念

节地控制规划是一定地区范围内，在保证土地的利用能满足国民经济各部门按比例发展的要求下，依据现有自然资源、技术资源和人力资源的分布和配置状况，对土地资源的合理使用和优化配置所作出的集约性安排和控制性规划。

节地控制规划以集约节约利用土地、优化居住环境为主要目标，以完善基础设施配套和公共服务设施为规划重点，以总结节地新技术、节地新模式为创新点，在时空

上对各类性质用地进行合理布局，制定相应政策与技术标准，指导土地资源的保护、整治、利用和开发，为高效、科学、合理地利用有限的土地资源提供保障，防止对土地资源的盲目开发，最大限度地节约土地，优化用地结构，构建生态宜居、文明和谐、可持续发展的生态型乡村。

3. 意义

节地控制规划在贯彻国家土地调控政策、落实总体规划、统筹乡村居民点建设用地活动有着重要作用，是推进土地集约节约、保护耕地的主要方式。

（1）节地控制规划是合理优化土地利用模式和布局的重要依据。对土地资源的科学规划和控制，要求满足乡村居民点土地实际需求，契合当地自然资源和社会经济发展情况，对土地资源和利用与保护工作有一定前瞻性和预见性，并为土地开发、建设、保护、管理提供明确的方向和目标。

（2）节地控制规划是土地利用总体规划的落实基础和实施保障。我国土地利用总体规划依据土地用途将其分为农用地、建设用地和未利用地，并严格限制农用地转变为建设用地，保障基本农田总量不减少，控制建设用地总量，协调建设用地与耕地动态平衡。节地控制规划为这些控制性要求的落实提供了基础保障。

（3）节地控制规划是协调人地关系以及各部门用地矛盾的重要方式。我国人口众多，后备土地资源较少，人地矛盾问题较为突出，温饱与建设的平衡问题亟待解决。由于土地开发利用涉及多部门职权范围，要统一协调好各部门工作，节地控制规划需要起到规范和标杆作用，合理分配利用有限的土地资源。

（4）节地控制规划有助于规范市场、加强土地管控。市场在土地资源分配利用的过程中存在诸多自身无法克服的局限性，无法及时平衡市场需求和供给关系，也难以提供高效合理的公共基础服务。政府通过节地控制规划宏观调控土地资源的合理布局与使用，大大降低了市场运营弊端，有效发挥出土地资源最大效能。

二、节地控制规划技术体系构建

（一）目标和原则

生态乡村节地规划技术体系的构建是为土地资源集约节约利用提供技术层面指导，使节地控制规划具备完整的技术集成系统。通过对理论研究与实践工作中出现的各层面各专业农村节地技术进行整合，经分析梳理和归纳提升后建立完备的节地技术应用指导框架，以科学高效指导生态乡村节地工作，促进土地资源集约节约利用。

构建生态乡村节地控制规划技术体系应遵循以下原则：（1）实用性原则。技术体系应该以具体实践性技术方法为内容，结合农村地区实际情况，因地制宜开展节地技术应用，服务土地资源集约节约利用。（2）整体性原则。各层面技术应该着眼于节地整体布局，要求相互配合应用以取得最佳效果，同时要注重各技术的层次性和逻辑关系。（3）动态性原则。要与时俱进，随着科学技术的不断发展完整健全节地控制规划技术体系，适应新时期土地资源利用出现的新问题。

（二）体系内容构架

生态乡村节地控制规划技术体系按照技术分类法，将体系指标主要分为规划技术和专项技术两个层面。规划技术层面以各层次各专项规划为主要内容，进行有针对性的宏观政策调控和用地布局安排；专项技术层面以直接用于生产资料和生活资料实体的开发和生产的技术为主要内容，实现微观层面专项土地集约节约功能的改进与完善。如图 6-13 所示。

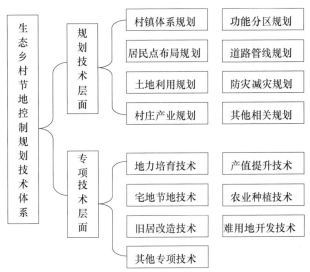

图 6-13　生态乡村节地控制规划技术体系

1. 规划技术层面

（1）村镇体系规划。该规划属于综合层面的规划范畴。要根据乡村整体分布体系、村庄数量、等级与规模、公共设施布置等情况对村庄布点做出合理的节地调整安排，指导下位专项规划开展，统筹各专项规划深入贯彻落实节地控制任务（图 6-14）。

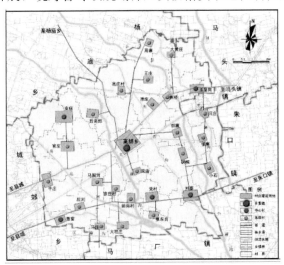

图 6-14　河南省太康县村镇体系规划

（2）居民点布局规划。严格控制建设总量用地红线，合理优化居民点内部空间布置，积极整合、开发利用内部闲置地和荒废地，释放建设用地空间，盘活存量建设用地量，达到居民地最佳用地空间组合布局，在有条件的地区通过产权置换科学整合分散的小规模居民点，形成规模用地，提高单位土地的利用效率（图 6-15）。

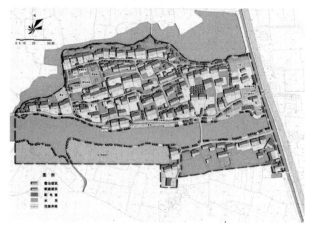

图 6-15 安徽省芜湖市霭里村居民点集约布局规划

（3）土地利用规划。根据土地利用现状情况和经济社会发展需求，对乡村范围内各类用地的布局和结构进行统一安排部署，合理划定耕地保护红线，确定建设用地规模和范围，进行乡村土地整理工作（图 6-16）。

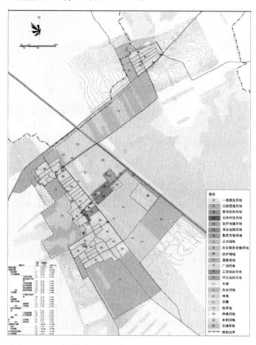

图 6-16 内蒙古太仆寺旗边墙村土地利用规划

（4）村庄产业规划。合理确定产业用地结构与布局，平衡产业发展与土地使用的相互作用关系，减少污染型企业和过剩产能产业的规划布局，减少其项目用地规模，鼓励节能、节地、环保、高效产业发展，引导产业聚集和产业布置集约化用地，实现单位土地产值利益最大化（图 6-17）。

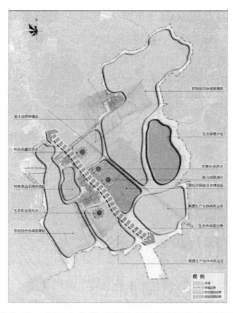

图 6-17　内蒙古太仆寺旗边墙村域产业布局规划

　　（5）功能分区规划。合理的乡村功能分区对土地资源的集约节约利用有着重要作用。相互协作功能区的集聚布置与邻近布置，可有效减少道路等基础设施和公共服务设施的重复建设，减少占地和对周边其他环境的影响和破坏；不同功能区的融合建设、立体开发，也直接减少土地资源的损耗，提高用地效率。

　　（6）道路管线规划。有效改进道路和管线的线路规划和敷设方式有利于土地浪费的减少。过境高速公路、铁路宜采用高架形式以减少占用地面资源；一般道路规划设计要结合实际情况避免多余规划、尺度过大的问题；管线规划要根据当地情况尽量减少明渠多采用地埋式，高压电缆线路规划要严谨合理，架设方式要减少对耕地的破坏（图 6-18）。

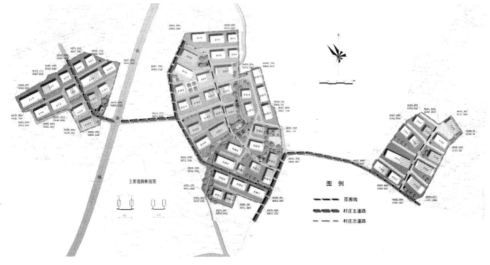

图 6-18　台州市岭下村道路规划集约性规划

（7）防灾减灾规划。对自然灾害与人为灾害的防御规划可以有效避免土地资源的荒废和浪费。旱涝、滑坡、泥石流、霜冻、沙漠化、盐碱化等自然灾害都会都对土地资源和土地产值造成巨大的损失，及早做好预防规划，有利于将灾害的危害性降至最低，保障土地资源数量和质量不受威胁。

2. 专项技术层面

（1）地力培育技术。对土地资源的集约利用主要体现在单位生产力的程度与产出的可持续性，通过有机肥生物技术、增施石灰和稻杆还田等农艺技术、测土配方技术等，可有效提高土壤肥力，增加农作物产出率，同时保护耕地不被污染，促进地力的可持续发展。

（2）宅地节地技术。在评估土地承载力的基础上，以用地产出强度、人口密度和资源环境承载能力为基准，鼓励住宅用地立体化发展，提高单位土地的容积率，积极利用村内荒废地进行改造建设，提高单位土地使用率与建筑密度。发展节能建筑与节能生活方式，减少住宅用地生活污染导致的土地质量恶化度。

（3）旧居改造技术。为避免建设用地的不断扩张，保护基本农田不受侵犯，要积极采用原址新建、旧居改造、空心村改造回填等方式，采用现代化建筑技术完善农村居民生活住宅环境，打造宜居宜业的农业生活空间，降低土地闲置荒废程度。

（4）产值提升技术。加大对农业地区第二、第三产业的行业科技研发与投入，是集约利用农村土地的重要着手点。单位土地的产值最大化是土地资料利用的最终目的，提升亩产科技含量，降低占地产业的投入/产出比，有利于土地资源的最优化利用。同时加快工业厂房标准节地技术模式，降低工业产业占地规模。

（5）农业种植技术。主要体现在农业种植、培育、灌溉、虫害防治、农业废弃物处理等方面，提高对各个环节的技术研发，有利于提高产值和保护耕地资源不受污染与浪费。以土地整治中心研发的"盐碱地暗管改碱与生态修复"技术为例，该技术用埋入地下的暗管替代原有耕地地表灌排渠（图6-19），并以激光精平等现代技术为辅助，从而实现节约沟渠占地、扩大田块规模的目标，为现代机械规模性的经营提供技术保障。这项技术在山东东营示范区和河北沧州示范区实现节地20%、节水16%以上。

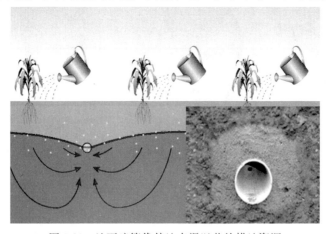

图6-19 地下暗管代替地表渠以节约耕地资源

（6）难利用地开发技术。要积极推进盐碱地、工矿废弃地、污染地的治理与生态修复技术的创新工作，有效提高土地资源的可重复利用效率，实现土地循环利用。除受污染、受破坏的荒废土地外，可利用现代改造技术，对低缓丘陵山地等特殊地形进行因地制宜的开发利用，扩展土地资源可利用储量。

（7）其他专项技术。除以上专项技术外，生态乡村节地控制技术还包括其他相关行业内有利于土地资源集约节约利用的现代应用技术，如道路施工过程中对农田土方的保护技术、资源环境工程中对土地污染物的降解技术等，都对节地保护起到重要作用。

三、节地控制标准与模式

1. 生态乡村节地控制标准

生态乡村节地控制标准是为了实现节地规划目标而设定的技术标准，主要涉及政策管理、技术方法、相关行业标准等方面。根据《2008－2010 年资源节约与综合利用标准发展规划》，可将生态乡村节地控制标准具体分为管理类、监测类、规划类、使用类、整理类、其他行业标准六大类节地控制标准，见表 6-2。

表 6-2　生态乡村节地控制标准

序号	一级标准	二级标准
1	管理类标准	土地利用标准、土地集约利用综合性标准、节地术语分类标准等
2	监测类标准	土地监测标准、土地统计标准、农村建成区监测标准、农用地等级评估标准、耕地质量评价标准、林草地监测评价标准等
3	规划类标准	土地总体利用规划标准、村庄建设规划标准、基础设施规划标准、功能结构规划标准、产业用地规划标准、基本农田保护规划标准等
4	使用类标准	建设用地使用标准、农业用地使用标准、其他产业用地使用标准、重大基础设施使用标准、交通建设用地使用标准等
5	整理类标准	居民点土地整理标准、农用地整理标准、林草用地整理标准、废弃地整理标准、中低产田改造标准等
6	其他行业标准	农业种植技术标准，第二、第三产业节地标准等

2. 生态乡村节地控制规划模式

生态乡村节地控制规划模式是在技术体系的基础上，进行管理、规划、行业技术等多层面、多专业技术集成并通过研究实践形成高效的节地优化组合方式。按宏观和微观两个维度，可将生态乡村节地控制规划模式划分为整合集约模式、保质减损模式、减需增效模式、改良增地模式、立体发展模式、穿插利用模式、时间调配模式以及空间优化模式八大节地规划基本模式，见表 6-3。

表 6-3　生态乡村节地控制规划模式

划分维度	规划模式	模式解读
宏观模式	整合集约模式	研究分析区域村庄居民点布局结构和各类用地分布情况，科学规划、高效整合、合理集聚，实现资源最大共享度。
	保质减损模式	减少土地资源浪费、污染和破坏，坚守耕地红线
	减需增效模式	提高单位土地技术含量与产量，压缩不必要的土地需求指标，促进土地精细化利用
	改良增地模式	适度开发低山丘陵，规划改良盐碱地、荒漠地、废弃地
微观模式	立体发展模式	提高单位土地承载量，建设活动宜向高空和地下发展
	穿插利用模式	积极使用闲散零碎地块，居民点"插花"布局，减少不必要的土地扩张
	时间调配模式	合理利用时间差调整土地用途转变和农作物轮耕种植
	空间优化模式	工程建设、基础设施敷设等经过严密考证节约每一寸土地，农作物合理间作以发挥空间土地最大效益

四、节地控制规划评价体系

为保证乡村节地控制规划效率与节地控制效果，可尝试构建节地控制规划评价体系。主要分为节地技术落实监测和节地效果衡量评价两个方面。

1. 节地技术落实监测

主要是对乡村现有土地状况和现行土地政策、规划、技术程度进行收集评估，对生态乡村节地控制规划指标体系的动态性调整和落实使用程度进行动态追踪和实时评价，判断节地技术的实际实施效果。

2. 节地效果衡量评价

通过建设密度与容积率计算法、面积增减算法、节地率计算法、集中程度分析法、层次分析法等计算方法，对区域土地总体利用结构、建设用地节地、农林用地节地、新增利用土地、单位土地增产、节地环境影响、节地经济社会影响等节地控制规划实施后的效果进行量化评估与评价。如图 6-20 所示。

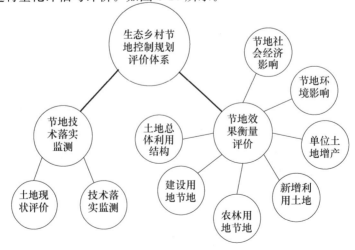

图 6-20　生态乡村节地控制规划评价体系

五、节地控制管理保障

1. 完善土地法规与节地相关行业技术标准规范

加快节地相关法律法规政策的出台与实施，建议在《土地管理法》修订中将节地规划和节地技术纳入。发挥国家财政在节地类建设项目的鼓励作用，促进地方政府牢固树立节地表率的政策理念，将节地规划制定与实施、节地技术推广、节地监测与评估放在政府工作的重要地位。

制定并完善与节地工作相关的行业技术标准规范。加快修订出台全国各类乡村人均用地标准，在原有标准的基础上适当减少人均用地数量。重新审核现行各类工程项目建设用地标准，制定建设用地，农林用地，农村区域第二、第三产业用地，基础设施用地等方面的规划控制指标与用地定额标准。

2. 落实乡村"三规合一"规划政策

乡村"三规合一"中的"三规"是指国民经济和社会发展规划、土地利用规划、乡村规划这三项与土地利用密切相关的法定规划，"合一"是指将这三项规划的土地规划标准落实到一个共同的空间规划平台上，避免不同规划部门对同样地区提出不同的土地利用方案。"三规合一"在有效配置土地资源、合理布局村庄空间结构、促进土地节约集约利用、提高政府部门行政效能等方面具有积极作用。

落实"三规合一"政策，可以有效统筹协调乡村规划与土地利用总体规划和国民经济发展规划的关系，化解产业布局阻碍，促进村庄适宜产业发展，提升土地产值，促进土地高效集约利用；有效协调各用地规模，促进各类性质用地合理开发，保障农业用地基本规模，探索小田变大田的农业规模经营新模式，保证生态乡村节地建设的健康发展；优化用地规划布局，依据相关技术指标合理评估，通过不同用地布局的科学性规划减少土地浪费、提高土地利用效率。

3. 加强行政审批监督管理与宣传推广

严格控制农村地区建设活动，缩紧建设项目申报关口，将节地技术运用放在项目审批的前置要求，各类工程开发项目要在可研阶段中将节地技术评价纳入其中，对节地控制技术要求不达标的项目不予审批；对建设用地项目在用地预审、用地审批、土地供应、开发建设等各个环节的节地技术应用情况进行全程监管，确保节地规划建设与技术应用真正落实；开展节地效果评价与考核，开展节地示范地、示范项目评比表彰活动等。

加强节地控制规划技术的研究工作和宣传推广。增加政府对各行业专项节地技术创新研发的经费投入，形成对节地控制技术研发的稳定支撑；将节地技术纳入国家中长期科学技术发展规划纲要及相关科学技术发展计划中，设立节地技术研发专项；大力开展节地技术的民间宣传、交流咨询、专业培训等活动，加强节地规划技术的国际交流与合作。

复习思考题：

1. 简述乡村居民点的特点。

2. 思考乡村居民点的模式分类。

3. 请选取某一具体乡村居民点作为案例，并开展该乡村居民点的节地评价。

4. 请结合某一具体乡村，论述节地控制技术体系的主要应用领域。

第七章　生态乡村景观规划

本章主要介绍了乡村景观与景观分类，生态乡村的景观现状，研究了生态乡村景观评价指标与评价方法，提出了生态乡村景观规划框架与要求，并结合案例探讨了景观乡村的景观规划设计。

第一节　生态乡村的景观概述

一、乡村景观与景观分类

1. 乡村景观

乡村景观既不同于城市景观也不同于自然景观，其空间构成是在原有的地貌、气候等自然属性的基础上注入人类文化特征后形成的，既是生态系统能量流、物质流的载体，又是社会精神文化系统的信息源。它是融自然、社会、传统文化于一体，具有特定景观行为、形态和内涵的自然社会综合体。原始乡村景观通常伴随着聚集地而产生，以房屋附近及周围的瓜果苗圃为元素，形成原始景观的雏形，而后随着人类的活动变化，划分出城市景观与乡村景观。

农耕文化往往意味着乡村景观的产生。我国的农耕文化能够追溯到新石器时代，乡村景观有着上千年的演变过程，但国内理论界对乡村景观的认识与研究却始于 20 世纪 80 年代，相比发达国家的研究起步较晚。这时候的乡村景观研究大多是以借鉴他国先进乡村景观理念与经验作为研究基础，并不断完善我国的乡村景观研究体系。然而，乡村景观的概念却没有形成一个较为明确的学术界定。

其中，谢花林与刘滨谊分别以景观生态学角度与城市规划专业角度对乡村景观概念提出自己的见解。谢花林认为乡村景观是在乡村地域范围内，由不同土地单元镶嵌而形成的嵌块体。它既受到人类活动的影响又被牵制于自然环境条件。这些土地单元嵌块体具有经济、文化、美学、社会、生态等价值，同时其形状、大小、配置都具有较大的异质性；而刘滨谊则认为乡村景观是比较城市景观而言的，是城市建成区以外的人类聚居区（不包括无人类活动及人类活动较少的荒野和无人区），它不是一个稳定的实体，而是一个动态空间地域范围，并会随着城市化水平的提高而呈现逐渐变小的趋势，是人类与自然不断相互作用的产物。

俞孔坚在《论景观概念及其研究的发展》中提到乡村景观是具有特定景观行为、形态和内涵的景观类型，是聚落形态由分散的农舍到能够提供生产和生活服务功能的

集镇所代表的地区，是土地利用粗放、人口密度较小、具有明显田园特征的地区。

刘黎明在《乡村景观规划》中总结了不同学科对乡村景观概念的界定，他认为乡村景观的概念界定因研究视角的不同而出现不同含义。从地域范围来看，乡村景观是除城市以外具有人类聚居活动的相关景观空间；从景观构成来看，它是由聚居景观、经济景观、文化景观和自然景观相结合的环境综合体；从景观特征来看，乡村景观是人文景观与自然景观的复合体，人类的干扰程度较低，自然景观所占比例较大。乡村景观区别于其他景观最大的特征在于是否是以农业为主的粗放型生产景观，以及是否拥有特定的田园文化。

综合来看，乡村景观是区别于城市景观和自然景观的人为景观，是自然景观与人文景观的综合体，具有相当高的经济、文化、社会、美学等多元价值，是一种可以开发利用的综合资源。而这种资源的景观格局会随着人类活动与社会经济水平发展呈现动态变化且随着时间一直演变下去。正如 G. 阿尔伯斯的《城市规划理论与实践概论》中提到乡村景观是上千年演化的自然过程，是由人类的开垦、种植、聚居最终刻上斧凿的印迹。

2. 乡村景观的分类

从上述乡村景观的不同定义来看，乡村景观是一个自然景观与人文景观的综合体，是以不同土地类型构成的景观空间。通常情况下可将乡村景观分为自然景观与人文景观。自然景观是指在乡村景观演变过程中暂时还未受到人类活动的干扰所形成的林地、草地、沼泽等景观；人文景观是指受到人类活动的影响而形成的人工景观，例如：园地、水域、聚落等。但也有相关学者就不同的研究切入点对乡村景观重新分类，例如：金其铭认为自然景观与人文景观存在双重属性，可将乡村景观分为乡村聚落景观与非聚落景观；候锦熊以景观特征元素将乡村景观分为作物栽培地、果园、牧地、森林、聚落、住宅、荒地；秦源泽根据乡村景观格局功能的不同，将其分为乡村聚落景观（主要包括乡村建成区、基础设施、活动场地、道路等）、农业景观（主要包括耕地、园地、池塘、牧场、果林等）、半人工或人工生态景观（主要包括森林公园、湖泊、湿地、人工生态林等）。

综合来看，对乡村景观分类基本还是以自然景观与人文景观为基础，再基于景观的物质形态进行分类研究，但不能忽视乡村非物质景观也是作为乡村文化景观的一部分。从这个角度出发，可将乡村景观分为自然景观、聚落景观、人工环境景观、非物质文化景观。

（1）自然景观

乡村自然景观是指在人类活动的过程中，基本保持自然形态，其内部景观结构没有或较少受到人类活动的干扰，拥有较为完善的景观生态系统，除了森林、林地、草地等景观斑块，还包括地形地貌、气候、大气、生物等。这样的自然景观是构成乡村景观的基本肌理，不同地域呈现不同的景观肌理（图 7-1）。

（2）聚落景观

聚落景观是基于居民聚集区而形成的独特景观，是随着地形地貌和气候等条件而呈现特定的聚落特征，其中包括村落布局、建筑风格、交通景观等。这种聚落景观是人类在长久的开垦、迁移等活动中自然发展形成的景观格局，具有地域性、统一性、稳定性、典型性等特点。聚落景观反映出地域文化基因，展现乡村是一个结构有序且

(a) 草地景观

(b) 林地景观

图 7-1　乡村自然景观

个性鲜明的地域综合体。例如福建的客家土楼、湖南湘西吊脚楼等（图 7-2）。

(a) 福建土楼

(b) 湘西吊脚楼

图 7-2　乡村聚落景观

（3）人工环境景观

人工环境景观包括半自然景观和生产性景观，其中半自然景观主要包括生态廊道、人工防护林、人工水渠网等维护区域生态稳定性的景观类型；生产性景观是以农、林、牧、副、渔等生产性活动为主的景观类型，主要包括园地、耕地、牧场、池塘等。人工环境景观与人类密切相关，是人类活动改造的直接产物，是区别于自然环境的关键所在，也是受人类干扰程度最大的景观类型。

（4）非物质文化景观

乡村非物质文化景观与村民的生活密切相关，是在乡村文化演变过程中慢慢形成，具有一定地域代表性的非物质文化景观，主要包括民俗风情、传统手工艺术、服饰等。例如湖南花鼓戏、云南百家宴、新疆维吾尔木卡姆艺术、西安鼓乐等（图 7-3）。

(a) 百家宴

(b) 花鼓戏

图 7-3　乡村非物质文化景观

二、生态乡村的景观现状

党的十九大报告中提出："要坚持农业农村优先发展，按照产业兴旺、生态宜居、乡风文明、治理有效、生活富裕的总要求，建立健全城乡融合发展体制机制和政策体系，加快推进农业农村现代化"。在国家对乡村建设的大力支持下，全国各地开始对乡村进行大力规划建设，社会经济不断发展，乡村生活状况逐步改善，人们对乡村的生态环保意识逐渐加强，生态乡村的合理规划建设变得越来越重要。

然而，这种在时代潮流下的大规模乡村建设如果缺乏足够的前期调查研究，只是盲目跟风其他成功转型的乡村建设模式，就会本末倒置，对乡村环境造成不可逆的伤害，如：很多乡村的形象工程破坏了乡村本该有的区域特色，自然景观和人文景观是千篇一律的"现代化"建设模式。总结来看，生态乡村景观存在的主要问题如下：

（1）缺乏合理规划

目前我国农村的村落形态比较分散，乡村景观的规划一定程度上受到限制。新农村建设中相对更重视农村居民住房条件的改善，对乡村景观缺乏合理统一的规划。

首先，在乡村建设前期，由于我国土地面积广、地形地貌与气候等条件在各区域的不同导致村落在布局上呈现差异性，而现在的乡村规划一方面是在宏观角度下不能直接起到指导作用，另一方面却是局限于某个地区、某个问题，未能全面地考虑乡村的现实条件。此外，在前期调查中，专业人员的参与显得尤为重要。乡村问题并不仅限于一个学科一个专业，而是涉及经济、社会、生态、文化等多方面的协调统一，很多地区的乡村规划往往是以片面的角度进行思考，特别是给排水、垃圾处理、工业污染的分离等规划设计上考虑不周全，造成乡村污水横流、垃圾随意倾倒、工业污染等现象，严重影响乡村环境。

其次，产业由于缺乏科学的规划指导，往往以经济发展为首要目标，盲目发展区域产业，开发力度不足造成资源的浪费；或是开发力度过强，建设太多的配套设施，超过乡村自身的承载能力。

（2）破坏自然景观

生态乡村建设作为国家的一项重要民生工程，某些地区对这一概念并没有进行科学的解读，实施过程中更偏重于面子工程和经济效益，为了所谓的"规模"和"现代化"经常毁林填湖，乡村原有的小溪、池塘、农田、特色的自然植被、天然的地势等都不同程度地遭到破坏。具体表现如下：

第一，"形式主义"过于严重化。中央对乡村出台了很多正确的方针政策，但这种政策却被随意解读和歪解，产生一些负面影响。随着乡村经济水平的提高，村民对精神需求逐渐提高，乡村建设往往出现铺张浪费的现象，以为外来品就是"洋气"，本土特色就是"俗气"。在营造过程中过于注重乡村环境的表面功夫，追求视觉上的冲击感与精神享受，刻意营造一种高雅的景观，殊不知乡村本土特色尤为珍贵。另外，为求"政绩工程"，急于求成，将村庄大拆大建，使乡村中具有乡土气息的自然或半自然的景观逐渐消失，取而代之的是生硬的现代景观建筑、大广场、硬化道路等，严重地影响到了乡村景观的生态结构。

第二，生态乡村景观格局混乱。乡村景观大致分为斑块、基质和廊道，不同地域表现出不同的景观空间结构，呈现不同的景观意象。随着国家提出农村现代化，各地乡村盲目效仿城市建设模式，兴建基础设施与活动场地，使得乡村肌理遭到破坏。例如：随处可见的柏油路和大面积的硬质广场等（图7-4），这些现象是片面地追求"新"，没有考虑村庄本身的特征导致大量的自然景观遭到严重破坏。这种大规模的建设活动，侵占了大量的土地，导致乡村生态系统发生变化，景观破碎化严重，自然灾害频发。此外，农业生产中大型机械的大规模使用和化肥、农药的过度使用也导致农村物种受到严重威胁。

图7-4　大量的硬质铺装

第三，物种多样性减少，生态栖息地破坏严重。乡村景观中，我们不能忽视其他生物在其中的重要性，大量的土地用来开发建设乡村基础设施，破坏了原本稳定的生态系统，影响了整个乡村的景观风貌和区域生态环境，使得生物生存空间越来越少。某些缺乏环保意识的居民随意丢弃垃圾，久而久之形成了垃圾场，导致土壤污染严重，河流臭气熏天（图7-5）；或者为求排水的便捷性直接以水泥等硬质铺装取代溪流，导致河水干枯（图7-6）。

图7-5　随意丢弃垃圾

图7-6　昔日小溪对比

（3）乡村景观与文化脱离

我国乡村文化体系具有明显的地域性特征，广大乡村保存着丰富的人类文化遗产，这些遗产是一定区域、一定历史时期人类文明的体现。在城镇化过程中，许多乡村居民追求"新"的思想，将住宅、道路等景观元素焕然一新，失去自然的本真。多数人都认为效仿城市建设就是对乡村环境的改进，于是争先恐后地在乡村的土地上大肆建造，导致乡村景观向低层次、畸形的方向发展。很多带有一定历史意义或是承载村民过去回忆的景观都被铲平。有些村庄为了增加经济收入违章搭建，对乡村景观造成严重破坏，乡村文脉逐渐消失，大多乡村呈现"千村一面"的现象。

如今，随着人口往城市迁移，一些村落出现"空心村"现象，农耕文化得不到传承，许多传统文化都面临消失的危险。对现有的古井、古树、古街道、古建筑等具有浓厚底蕴的文化景观开发利用时，存在保护不善和开发过度的问题。

农村现代化需要发展，但不能忽视对乡村景观的保护。乡村规划不仅是以提高经济水平为单一目标，而是要能够平衡经济、环境、人文等之间的矛盾问题，形成可持续发展的生态乡村多元化发展模式。通过生态乡村规划能够保护当地资源，营造更加宜人的景观环境，注重人与自然的和谐共处，避免造成乡村景观人文关怀的严重缺失。

第二节　生态乡村的景观评价

开展生态乡村景观规划的重要一环是在对乡村景观进行摸底调研的基础上进一步开展景观评价，主要涉及评价指标和评价方法两个问题。

一、生态乡村景观评价指标

（一）评价指标选取的原则

（1）科学性原则。这是确保评价结果准确的基础，乡村景观评价活动是否科学很大程度上依赖其所选指标、使用方法以及操作程序的合理性。生态乡村景观评价指标体系的科学性应包括以下 3 个方面：①特征性，指标应反映评估对象的特征。②准确一致性，指标的概念要正确，含义要清晰，尽可能避免或减少主观判断，对难以量化的评估因素应采用定性和定量相结合的方法来设置指标。③目标性，指标体系应从评价的目的出发，考虑到每一方面，不可以遗漏或者偏颇，要全面合理。

（2）层次性原则。指标体系应根据系统的结构逐一分层，由抽象到具体、由宏观到微观，这样一层一层不仅使问题简化还可以使指标体系更加清晰，易于使用。

（3）可操作性原则。建立指标应可量、可行、可比。可量是在定性与定量的基础上尽可能地使用量化标准，这样可以使结果更加简单和准确；可行指的是所选的数据容易获得，可以用现在的数据反映出一定的问题，并可以方便地计算出来；可比指的是所选的指标在时间上可以用现在的现象和过去进行对比，在空间上该区域与其他地方相比，通过对比可以知道该块区域的好坏程度，进而提出更为合理的规划设计方案。

（二）生态乡村景观评价指标体系的建立

国内学者对乡村景观评价体系研究总体分为两大类，一类是基于单目标的评价体系，如刘滨谊与王云从人居环境的角度提出了乡村景观可居度、可达度、相容度、敏感度、美景度5个层次的乡村景观评价指标体系；谢花林、刘黎明等从景观美学质量的方向提出了3个层次的乡村景观美感评价指标体系；肖笃宁等从景观生态的角度提出了乡村景观的独特性、多样性、功效性、宜人性和美学价值的乡村生态景观评价指标体系。另一类是基于整体评价的评价体系，如谢花林建立的包含目标层、项目层、评价因素层和指标层4个层次、32项指标的乡村景观综合评价指标体系，并以北京市海淀区白家疃村为例，运用综合评价模型进行评估分析。

结合当前理论界对乡村景观评价研究成果以及在遵循前文评价指标原则的基础上，针对生态乡村的景观评价构建了4个层次的评价指标体系，见表7-1。

表7-1　乡村景观评价体系表

	项目层（B）	因素层（C）	指标层（D）
生态乡村景观综合评价（A）	生态环境（B_1）	生态稳定性（C_1）	水土流失率（D_1）
			土地退化面积比（D_2）
			林木绿化率（D_3）
			自然灾害发生频率（D_4）
		异质性（C_2）	景观多样性（D_5）
			景观优势度（D_6）
	生产功能（B_2）	经济活力性（C_3）	单位面积产值（D_7）
			人均纯收入（D_8）
			年人均纯收入增长率（D_9）
		社会认同性（C_4）	农产品商品化（D_{10}）
			农产品供求状况（D_{11}）
	美感效应（B_3）	自然性（C_5）	绿色覆盖度（D_{12}）
			水网密度（D_{13}）
		居住环境（C_6）	地面垃圾处理度（D_{14}）
			区域噪声度（D_{15}）
			水体质量指数（D_{16}）
			大气质量指数（D_{17}）
		有序性（C_7）	相对均匀度（D_{18}）
			居民点占平面布局状况（D_{19}）
			居民建筑密度（D_{20}）
		文化性（C_8）	地形地貌奇特度（D_{21}）
			名胜古迹丰富度（D_{22}）
			名胜古迹知名度（D_{23}）
		视觉多样性（C_9）	景观类型丰富度（D_{24}）
			季相多样化（D_{25}）

第一层次是目标层（Object），即评价目标，也就是乡村景观评价综合指数；第二层次是项目层（Item），包含乡村景观三个方面，即生态环境、生产功能、美感效应；第三层次是评价因素层（Factor），即每一评价准则具体由哪些因素决定；第四层次是指标层（1ndicator），即每一个评价因素由哪些具体指标来表达。

1. 生态环境

生态环境指标主要反映乡村景观的生态现状即生态破坏程度和生态平衡的状态，主要表现在生态稳定性和异质性两个方面。有成果指出景观的稳定性与水土流失、土地退化、林木绿化率以及自然灾害发生的频率呈负相关。林地能提高农田、草牧场等景观基质的稳定性。因此反映生态环境状况的主要指标包括：

（1）稳定性

景观稳定性是指景观有抵抗外界干扰的能力，当一旦超出景观自我修复能力必然会对生态造成一定的影响。

①水土流失率：区域内水土流失面积与区域总面积的百分比。其计算公式为式（7-1）：

$$水土流失率＝水土流失面积/总面积 \qquad (7\text{-}1)$$

②土地退化面积比：区域内土地沙化、盐渍化、潜育化的总面积占区域总面积的比。其计算公式为式（7-2）：

$$土地退化面积比＝土地沙化、盐渍化、潜育化的总面积/区域总面积 \qquad (7\text{-}2)$$

③林木绿化率：指林地面积占区域内总面积的比例。它反映区域内林木多少以及对涵养水源、保持水土、防风固沙、净化空气等起的作用。其计算公式为（7-3）：

$$林木绿化率＝（乔木林地面积＋竹林地面积＋灌木林地$$
$$面积＋四旁树占面积）/区域总面积×100\% \qquad (7\text{-}3)$$

其中：四旁树占地面积按 1650 株/hm² （每亩 110 株）。

④自然灾害发生频率：研究区内灾害发生的频率，可由调查统计资料所得。

（2）异质性

①景观多样性（H）：景观多样性是指由不同类型的景观要素或生态系统构成的景观在空间结构、功能机制和时间动态方面的多样性或变异性，是景观水平上生物组成多样化程度的表征，反映景观的复杂程度。常用的指标为 Shamon 多样性指数。其计算公式为式（7-4）：

$$H = -\sum_{i=1}^{n}(P_i)\log_2(P_i) \qquad (7\text{-}4)$$

式中：P_i 表示某一景观类型 i 所占研究区总面积的比例；n 为研究区中的景观类型总数。

②景观优势度（D）：表示景观多样性对最大多样性的偏离程度，或描述景观由少数几个主要的景观类型控制的程度。其计算公式为（7-5）：

$$D = H_{max} + \sum_{i=1}^{n} P_i \log_2 P_i \qquad (7\text{-}5)$$

式中，$H_{max} = \log_2(n)$，表示研究区各景观类型所占比例相等时，景观的最大多样性指数；P_i 为 i 景观类型在景观中所占的比例；n 表示景观类型总数。

2. 生产功能

（1）经济活力性

①单位面积产值：表示研究区内经济发达程度。计算公式为式（7-6）：

$$单位面积产值＝研究区总产值/区域总面积 \tag{7-6}$$

②人均纯收入：反映研究区村民经济生活水平的高低程度，该指标由调查统计资料获取。

③年人均纯收入增长率：表达的是人均纯收入的增长潜力。其计算公式为式（7-7）：

$$年收益增长率＝（目标年人均纯收入—上年人均纯收入）/上年人均纯收入×100\%$$

$$\tag{7-7}$$

（2）社会认同性

①农产品商品化：指研究区内一年内只用来作为商品的农产品占生产的农产品总数百分比。它反映景观生产水平的高低。其计算公式为式（7-8）：

$$农产品商品化＝一年度出售的农产品/一年度生产的全部农产品数×100\% \tag{7-8}$$

②农产品供求状况：指生产的农产品与社会需求之间的关系。通过市场调查获取。

3. 美感效应

（1）自然性

①绿色覆盖度：指植被和水域面积占区域面积的百分比，该指标由统计资料获得。

②水网密度：指被评价区域内河流总长度、水域面积和水资源量占被评价区域面积的比重，用于反映被评价区域水的丰富程度。该指标可由统计资料或者卫星地图获得。

（2）居住环境

①地面垃圾处理度：指区域内垃圾的处理程度。该指标由调研获得。

②区域噪声度：是指该区域内噪声干扰程度。该指标由噪声干扰频率来表示，由统计资料获得。

③水体质量指数：是指水质等级、清澈度、透明度等的综合性反映。该指标可由实际调查或统计资料获得。

④大气质量指数：主要是指区域内大气中的降尘量、飘尘量、能见度、氧气含量、有害有毒成分等的综合性反映，可用大气环境质量指数表示。该指标可由统计资料获得。

（3）有序性

①相对均匀度（E）：景观均匀度描述景观内各类型分配的均匀程度，景观均匀度程度越高说明各景观类型分配越均匀。其计算公式为式（7-9）～式（7-11）：

$$E＝H/H_{\max} \tag{7-9}$$

$$H_{\max}＝\ln(m) \tag{7-10}$$

$$H＝-\sum_{i=1}^{n}(P_i×\ln P_i) \tag{7-11}$$

式中，E 为景观均匀度；P_i 为斑块类型 i 在景观中出现的频率，通常以该类型占整个景观的面积比例来估算；m 为景观类型的总数。

②居民点占平面布局状况：是指乡村居民点总体的分布状况。居民点总平面布局规整或是杂乱无章，是有序性的重要反映，该指标可从实际调查和土地利用现状图获得。

③居民建筑密度：是指区域内居民点建筑面积占区域总面积的比例。该指标可从实际调查和土地利用现状图获得。

（4）文化性

①地形地貌奇特度：主要是指地形、地貌特征（喀斯特、地面陡降、峡谷、峭壁等）的奇特程度。该指标由实际调查获得。

②名胜古迹丰富度：主要指历史名胜古迹及传统文化的丰富性程度。该指标由实际调查获得。

③名胜古迹知名度：主要指区域内古迹胜地在当地及国内外的知名度。该指标可由实际调查获得。

（5）视觉多样性

①景观类型丰富度：表示景观类型的丰富程度。生态乡村的景观类型包括耕地景观、林地景观、草地景观、果园景观等。其计算公式为式（7-12）：

$$R = (M/M_{max}) \times 100\% \tag{7-12}$$

式中，M 表示景观中现有的景观类型数，M_{max} 表示最大可能的景观类型总数。

②季相多样化：表示景观随四季变化的状况，可通过调研获得。例如一年中变化程度为无变化、一季、二季、三季、四季。

二、生态乡村景观评价方法

生态乡村景观指标体系多而复杂，而层次分析法是一种解决多目标的复杂问题的定性与定量相结合的决策分析方法，生态乡村可采用此景观评价方法进行。

1. 评价指标权重的确定

确立指标权重的方法可分为两大类。一类为主观赋权评价法，主要是根据专家意见与经验主观判定，如：层次分析法、综合评分法、模糊评价法、指数加权法等；另一类为客观赋权评价法，是根据各指标之间的相互关系或变异系数进行综合评价，如：熵值法、灰色关联分析法、变异系数法等。不同的研究目的有着不同的权重确立方法，可根据具体的研究方向与指标体系确立进行选择。

首先，通过现场调研与问卷调查以及专家咨询调查，对各评价指标进行两两比较，构造判断矩阵 A，得出各个评价指标之间的取值，从而计算出项目层、因素层、指标层每个层次的比重。评价目标为 A，评价指标集 $B = \{b_1, b_2 \cdots \cdots b_n\}$。

构造判断矩阵 P（A-B）如下：

$$\begin{bmatrix} b_{11} & b_{12} & \cdots & b_{1n} \\ b_{21} & b_{22} & \cdots & b_{2n} \\ b_{31} & b_{32} & \cdots & b_{3n} \\ \vdots & \vdots & & \vdots \\ b_{n1} & b_{n2} & \cdots & b_{nn} \end{bmatrix}$$

式中，b_{ij} 表示因素 b_i 对 b_j 的重要性数值（$i=1$，2，$\cdots$，n；$j=1$，2，$\cdots n$），b_{ij} 取值见表 7-2：

表 7-2　判断矩阵及其含义

b_{ij} 的取值	含义
1	表示两因素相比，b_i 与 b_j 同等重要
3	表示两因素相比，b_i 比 b_j 稍微重要
5	表示两因素相比，b_i 比 b_j 明显重要
7	表示两因素相比，b_i 比 b_j 相当重要
9	表示两因素相比，b_i 比 b_j 极其重要
2，4，6，8	表示上述相邻判断的中间值

注：任何判断矩阵都满足 $b_{ij}=1/b_{ji}$ 表示 j 比 i 不重要程度。

其次，判断矩阵的数值根据查阅资料、咨询专家、问卷调查等得出，然后求出特征向量，即对于判断矩阵 B。其计算公式为式（7-13）：

$$B_{ij}=\frac{A_{ij}}{\sum A_{ij}} \tag{7-13}$$

其中：特征向量为 $\sum B_j$。

最后，对特征向量进行归一化处理，求得最终权重（W），其计算公式为式（7-14）：

$$W_i=\frac{B_i}{\sum B_i} \tag{7-14}$$

为了验证权重是否具有有效性和可取度，对矩阵进行一致性检验：

首先，计算矩阵的最大特征值 λ_{max}。其计算公式为式（7-15）：

$$\lambda_{max}=\frac{\sum (AW)_i}{nW_i} \tag{7-15}$$

式中，AW 表示举证 A 与 W 相乘。

其次，计算判断矩阵的一致性指标，其计算公式为式（7-16）：

$$C.I.=\frac{\lambda_{max}-n}{n-1} \tag{7-16}$$

式中，n 为矩阵的阶数。

最后，计算随机一致性比率，验证权重与矩阵，其计算公式为式（7-17）：

$$C.R.=\frac{C.I.}{R.I.}\leqslant 0.10 \tag{7-17}$$

式中，$R.I.$ 为平均一致性指标，是常数，可在量表中查询。当 $C.I.=0$ 时，矩阵具有完全一致性；$C.I.$ 越大时，则矩阵的一致性就越差，矩阵的有效性与可取度越小。为了判断该矩阵是否一致，将 $C.I.$ 与平均随机一致性指标 $R.I.$ 进行比较。当 $C.R.$ 的值大于等于 0.1 时，需要重新调整再次计算。

2. 数据标准化处理

（1）定量评价指标

对于居住环境指标如地面垃圾处理率、区域噪声、水体质量等采用国家一级环境

标准；研究区单位面积产值、年人均纯收入增长率、人均纯收入等经济活力性指标采用统计局提出的小康社会标准作为标准值。以上数据即为评价的标准值，对于逆向指标（即该指标取值越小越好时）则用该指标的标准值去除以该指标的实际调查值，即得到该指标的实际评分值。其他可量化的指标可用公式（7-18）、式（7-19）进行标准化处理：

$$I_{ij}=a_{ij}/\max\{a_{ij}\} \quad （正向指标） \tag{7-18}$$

$$I_{ij}=a_{ij}/\min\{a_{ij}\} \quad （逆向指标） \tag{7-19}$$

式中，I_{ij}为i研究区j指标的评分值；a_{ij}为i研究区j指标的实际调查值；i为研究区的个数；j为评价指标的个数。若是评价某一特定区域，即以全国该类型区域某指标的最大值（正向指标）即$\max\{a_{ij}\}$或最小值（逆向指标）即$\min\{a_{ij}\}$作为评价的标准值。

（2）定性评价指标

对于农产品商品化、农产品供求状况、居民点总平面布局状况、地形地貌奇特度、名胜古迹丰富度、名胜古迹知名度、季相多样化等定性指标按0.2（差）、0.4（低）、0.6（中）、0.8（良）、1.0（优）五个等级，由专家评分来确定。最后求其平均值。

3. 构建生态乡村景观评价模型

可采用目标线性加权综合评分法对生态乡村景观进行评价，具体步骤如下：

（1）因素层计算公式

因素层计算公式见式（7-20）。

$$F=\sum_{i=1}^{N}(F_i\times C_i) \tag{7-20}$$

式中，F为因素层中某因素评分总值；F_i为指标层中第i个指标的评分值；C_i为指标层中第i个指标的权重；N为指标层中包含的指标个数。

（2）项目层计算公式：

项目层计算公式见式（7-21）。

$$I=\sum_{i=1}^{M}(W_j\times D_j) \tag{7-21}$$

式中，I为项目层中某因素指标值；W_j为因素层中第j个指标的指标值；D_j为因素层中第j个指标的权重值；M为因素层中包含的指标个数。

（3）目标层计算公式

目标层计算公式见式（7-22）。

$$O=\sum_{i=1}^{T}(I_i\times B_i) \tag{7-22}$$

式中，O为目标层总评分；I_i为第i个项目的指标层；B_i为项目层第i个指标的权重值；T为目标层在项目层中所包含指标的个数。

参考国内外各种综合指标的分组标准，可建立表7-3所示生态乡村景观评判标准。

表7-3　生态乡村的景观评判标准表

综合评分值	＞0.75	0.5～0.75	0.35～0.5	0.25～0.35	＜0.25
评判标准	优异	较好	一般	较差	很差

第三节　生态乡村景观规划框架与要点

一、景观规划内涵

近年来，国内理论界对乡村景观规划进行了深入分析。如刘滨谊认为乡村景观规划是在认识和理解景观特征与价值的基础上，通过规划减少人类对环境的影响，将乡村景观视为自然景观、经济和社会三大系统高度统一的复合景观系统。根据自然景观的适宜性、功能性、生态特性、经济景观的合理性、社会景观的文化性和继承性，以资源的合理、高效利用为出发点，以景观保护为前提，合理规划和设计乡村景观区内的各种行为体系，在景观保护与发展之间建立可持续的发展模式。刘黎明则认为乡村景观规划与设计就是要解决如何合理地安排乡村土地及土地上的物质和空间来为人们创造高效、安全、健康、舒适、优美的环境的科学和艺术，为社会创造一个可持续发展的整体乡村生态系统。温瑀等人对乡村景观的生态规划进行了详细的说明，包括乡村生态规划的含义、原则、方法、措施等。他认为乡村景观规划不仅仅是关注景观的土地利用问题，而且应该更加注重其美学价值与生态价值带给人类的长期效益，应当运用景观生态学原理保护乡村景观的地方文化，营造更加美好的生活环境。

总体来看，国内普遍都强调乡村景观在规划过程中适宜性、功能性、生态特性、经济合理性、文化性和继承性，认为运用生态规划方法使乡村能够合理布局，体现地方特色，指出乡村景观规划首先是能够平衡景观、经济、社会三者之间的关系，使之能够成为一个稳定的乡村景观系统，提出在城市化进程中，通过对乡村景观规划理论和方法的研究对乡村进行合理布局，能够有效地避免因城镇化而牺牲乡村特有景观，能够维护乡村生态系统，保护其稳定的乡村景观格局，提升产业经济与社会水平，营造一个良好的生态环境。

二、景观规划目标

生态乡村景观规划主要指的是对乡村自然环境、地形地貌、生物系统以及区域文化等进行合理科学的安排，从而为人们建立一个既科学又艺术、舒适、和谐的人居环境，为整个乡村社会建造一个可持续发展的生态系统。乡村景观规划与生态、环境各个要素密切相关，景观中的水土、林木、构筑物、文化等因素属于环境范畴，生态是指区域内的一切生命体，生态是一个动态发展的过程，因此乡村景观规划离不开环境和生态。

乡村景观规划设计的基本目标是对乡村群落的自然生态、农业生产以及美感效应（区域建筑、地形地貌、名胜古迹等）三方面进行优化整合，协调三方面的和谐关系。乡村景观规划强调的是人与景观的共生共荣，它的终极目标是既协调自然、文化和社会经济之间的矛盾，又着眼于丰富生物环境，以丰富多彩的空间格局为各种生命形式提供持续的多样性的生息条件。

三、景观规划原则

随着社会经济水平的不断提升，乡村居民生活条件不断改善，生态乡村的建设给村民提供了更为和谐的人居环境，生态乡村景观规划强调在提高乡村经济效益的同时，更要注重保护乡村生态环境及乡村特色文化。因此，从整体环境景观设计的角度出发，生态乡村景观规划应遵循以下原则：

（1）保护生态环境原则

生态环境主要包括生态的稳定性和异质性两方面。其异质性即生态景观的多样性以及优质性。生态的多样性对于乡村建立一个可持续发展的动态生态系统有重大的意义。健康的生态多样性有利于环境的自我调节，对已遭到人类干扰的生态系统有自行恢复作用。因此，在对乡村进行景观规划时要尤为重视生态环境的保护原则。

（2）促进经济发展原则

经济基础决定上层建筑。乡村景观规划要着重考虑规划带给村民的经济效应。从农业的角度提供合理的耕地、果园及菜园用地等斑块化规划方案；从景观旅游的角度，充分发展乡村特色、当地的风俗民情以及名胜古迹等，与当地的经济、技术条件协调发展，充分考虑当地的经济承受能力以及发展潜力，充分利用当地现有的适宜技术，从整体上把乡村规划成生活富裕、景观优美的生态乡村。

（3）重视美观效应原则

乡村景观首先应打造良好的视觉景观，其次应利用当地的地貌地形，发展当地的区域优势，营造乡村特色和标志性风貌的乡村建筑以及节点标志，最后合理布置休闲、健身的公共活动场所，美化各家的庭院，建设处处相宜的乡村美观环境。

（4）坚持可持续发展原则

乡村景观以乡村发展为前提，坚持尊重生态环境、加强农业生产以及美化景观相结合的原则，严格保护乡村自然遗产，保护原有景观特色，维护生态环境的良性循环，防止污染和其他地质灾害。编制生态乡村景观规划时，要根据当地自然景观资源与人文景观旅游资源特征、环境条件、历史情况、现状特点以及国民经济和社会发展趋势，以乡村经济发展为导向，坚持可持续发展，总体规划布局，统筹安排建设项目，切实注重发展经济实效。

四、景观规划内容

根据上述的研究可将生态乡村的景观规划内容分为乡村生态、乡村生产以及美感效应三个方面（表7-4）。结合乡村景观评价指标，进一步梳理生态乡村景观要素。

表7-4　乡村景观要素分类表

生态类	生产类	美感类（生活）
水体、土壤、植被、小河等	耕地、水田、菜园、果园、生产设施等	道路景观、住宅、名胜古迹、奇形地貌、广场、花坛、基础设施等

（一）乡村生态景观规划

乡村生态系统的稳定关系到乡村的经济文化和社会可续发展。因此，乡村生态性景观体系的建设对于生态乡村景观规划意义重大，其规划设计的核心内容是指水域景观以及植物绿化。

1. 水域景观规划

水域景观是体现乡村景观生态性的重要因素。在保证其功能作用下，应考虑挖掘美观价值以及休闲价值。水域景观主要包括水塘景观、河道景观以及沟渠景观。

（1）水塘景观

水塘景观处理在水域景观规划中是重要的内容，其生态系统中的生物链是环环相扣的。除此外还有蓄水以及消纳氮、磷、钾等这些化学元素，减少土壤的污染的作用。随着乡村旅游的快速发展，还可以发展水产养殖业与休闲娱乐产业。

水塘在规划中，要注重修复生态系统，尽量以自然式亲水岸为主，采用当地石材或植被进行驳岸处理，避免大面积的混凝土铺置，实现水陆的自然过渡，提升水塘的美观价值以及生态价值，深入挖掘水塘景观的休闲价值，提高农民的收入。例如，对于部分乡村而言，可建立休闲娱乐亭或观景平台，开展休闲垂钓项目（图7-7）。

图 7-7　水塘景观

（2）河道景观

河道是乡村的廊道景观，具有蓄水、灌溉、美观、游憩等多种功能。在规划中要注意疏通汛河道以及垃圾处理（图7-8），在保证排洪畅通的前提下，要注意生态理念的体现。对于断头水的处理应找清原因，因地制宜、合理地进行各水系的相连通，保证水系的畅流。

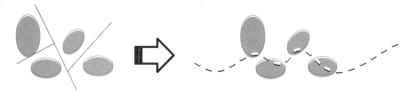

图 7-8　水系梳理图

（3）沟渠景观

在乡村景观规划中，沟渠是不可忽视的重点之一。沟渠与村民接触比较多，不仅能为农田提供基本的灌溉还能调节局部的小气候，改善乡村生态环境。对于沟渠的设计，主排水渠通常用混凝土或者条石进行砌筑，渠坡采用缓坡形，缓冲水位过大时对边坡的冲击力。缓坡上种植草皮进行生态护坡。田间地头的次水渠一般用土质沟渠，尽量减少人造硬性化设计，沟渠的边坡可以任其生长杂草，保证田间的生态性(图7-9)。

图7-9 沟渠景观

2. 植物绿化设计

植物绿化主要包括庭院绿化、公共绿化、边缘绿化以及道路绿化。

(1) 庭院绿化

为突出乡村特色，庭院绿化一般选择当地适宜的蔬菜果树，对房前屋后进行美化绿化。本着经济性、生态性、科学性的原则，房前屋后可适量种植核桃、杏、柚子、梨、枣等植物，院内可栽植葡萄、丝瓜。为体现生态性，可在屋后栽植杨树，院内种植适量的月季、紫藤、紫薇等。科学性表现在植物的合理搭配上，尤其是院落的绿化景观要考虑到通风和光照(图7-10)。

图7-10 乡村庭院景观

(2) 公共绿地

公共绿地应结合基地现状，以当地世世代代村民的生活习性为依据，于绿地中合适的位置放置休闲坐凳、独具文化特色的指示牌等景观小品，为乡村居民提供良好的休闲场所。生态乡村的公共绿地的建设应该坚持生态性、特色性原则，主要以乡土植物为主，选取抗性强、适应性广、便于粗放管理的植物，采用自然式的搭配方式，以求营造一个自然生态的绿地景观（图 7-11）。

图 7-11　乡村公共绿地景观

（3）边缘绿化

乡村聚落边缘绿化是与乡村中的农田相互连接，是与自然的过渡空间。它的边缘绿化应该采取与周围环境融为一体的方法，就地取材使用边缘空地种植速生林，在建筑庭院外围以及院落内种植低矮的林果木，共同营造聚落边缘景观（图 7-12），形成乡村良好的天际线，与乡村自然生态的田园景观融为一体，使乡村的聚落边缘在一定程度上隔绝外界污染以及噪声，保持聚落内部的生态平衡。

图 7-12　乡村边缘绿化景观

（4）街道绿化

街道绿化为乡村绿化的重点，要求绿化既美观又因地制宜。绿化可按照乔、灌、草合理搭配（图 7-13）。乔木宜选择冠大、荫浓、抗病、寿命长、具有良好视觉效果的种类，如银杏、栾树等，灌木可选丁香、连翘等；地被可选择多年生且造价低廉便于管理的植物，合理划分层次，打造错落有序的景观带或者景观道路线（图 7-14）。

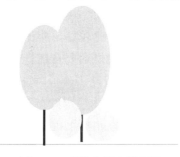

图 7-13　乔灌草层次搭配图　　　　　图 7-14　乡村街道景观带

（二）乡村生产景观规划

从事农业劳动自古以来就是农村居民最基本的生产活动，由此也形成了部分各具特色的农业景观。农业景观指的是农村生产性景观。农业景观由农业生产活动组成，是乡村人文景观的重要表现。同时，随着农业快速发展、地域性的差异和生产内容的不同，农业景观呈现出不同的景观特征，这对乡村地域性景观的形成具有决定作用。本书主要研究生产规划的农田景观规划、林果业景观规划。

1. 农田景观规划

农田景观规划包括农田斑块及农作物配置。农田斑块的大小是农田景观规划的重点，从生态学的景观空间配置来看，比较科学的农田配置是以大面积的农田斑块为中心，周围绕以农田小斑块附着相连（图7-15）。但在实际规划中要考虑当地的地形以及沟渠现状，小斑块可以培养农产品的多样性，大斑块利于农作物的机械化操作。除此外，还要注重农田斑块的形状，尽可能地以长方形和正方形为主，方便小型的农业耕作。农作物的搭配也是农业规划中应该考虑的内容，根据景观生态学原理，单一的农作物景观生态性不稳定，容易遭到病害。因此，在农作物的配置选择上，宜采用竖向种植、套作及轮作等方式，增强农田景观的稳定性。另外可考虑农作物的景观潜力，发展大地艺术。

图 7-15　农田景观布置示意图

2. 林果业景观规划

林果业生产区是乡村景观过渡较强的区域。乡村景观规划本着经济、美观、地域特征的原则，尽可能地选择易于成活和管理的果树为主，如北方的苹果、梨、枣等。出于生产上的考虑，乡村地域林区树种的配置以混交林为主比较好，相比较而言有更加稳定的生态系统，且生长快、景观好。除此之外，林木的规划要自然，横向上疏密有致，竖向上富有层次。林区草坪面积不宜过大，一般不超过 1hm²，宽度宜为 10～50m，长度不限，草地形状尽量避免呈规则的形状，边缘的树木呈自然布置小树群，树群的面积不应小于总面积的 50%。树群应结合林木种植，以小树群混交为好，每个树群面积以 5～20hm² 为宜，最大不过 30hm²。在 1hm² 的面积上，布置小树群 4～5 个，间距为 40～50m，中树群 2～3 个，间距为 60～70m，大树群 1～2 个，间距为 70～100m。大中小树群布置得错落有致，主题鲜明，结构美观。

（三）美观效应规划

1. 道路景观

乡村道路是乡村规划着重考虑的一个重要内容，乡村道路主要承担着三个方面的功能，一是最基础的交通功能，如：运输垃圾、日常生活、市政服务、车辆通行等；二是为乡村居民提供交流活动的场所，如：人们饭后散步、驻足交流等场所；三是形成村庄的结构以及沿线布置基本的市政管线功能。一个乡村的骨架大体是沿着道路确定的，道路的宽度、断面直接影响着乡村整个内部空间。另外，沿着道路布置各种管线，既美观又方便。鉴于以上道路的功能从道路等级、道路选线以及路面材质三个方面进行生态乡村景观美观效应规划阐述。

（1）道路等级

乡村道路是区域内联系各个功能区和景观节点的重要廊道。根据乡村的地形地貌条件，按照道路功能的不同，乡村道路通常划分为三个等级，即主干道、次干道和游步道。主干道为车行道，路面宽度通常为 5.0～10m，连接着区域内的主要入口和功能区，每隔 1000m 设置会车道，保障主干道的通行；次干道也为车行道，控制路面宽度为 5.0m，并且在道路两侧营造宽度不小于 1.5m 的绿化景观道，将功能区内的重要景区与主干道连接起来；游步道为步行小道，路面宽度通常为 2～3.5m，主要将区域内重要的景观节点串联起来，便于农业生产、观光游览等。

（2）道路布局

乡村的道路一般以外线为主干道，尽量设计成环状，无论是主干道还是次干道尽可能沿着原来的路线整治。在选址上尽量避免开山建路，减少对生态的破坏，对于地形坡度较大的地方，应沿着等高线的方向设计路线。游步道选线布局上，在满足农业生产的基础上，结合休闲观光的要求，注重道路线条走向的景观艺术美感，做到移步换景的廊道指示作用。

（3）路面材质

乡村地区的主车行道应充分考虑其使用周期及满足载荷的要求，应以沥青路面或水泥混凝土路面为主。游步道根据使用功能的要求，进行差异化规划设计，考虑到游步道主要以人行休闲观光游览为主，路面应以碎石路面、青石板路面、陶瓷透水砖路面等为主。游步道的路网密度不宜过大，以免分割区域内重要的斑块，导致景观过于破碎化。

2. 建筑景观

对于生态乡村的建筑设计无论是沿街外墙还是居民房屋改造，应该先对本地文化习俗进行深度调查，挖掘建筑的各种标志性特征，因地制宜合理地规划设计。不同地区在控制总体建筑风貌的基础上，还应考虑文化差异及风俗习惯等。在建筑细部、装饰、造型等加以细化，形成更具特色的地域建筑。如福建的土楼、苗族的吊脚楼、徽派建筑的马头墙等（图 7-16）。从改造程度上把乡村建筑分为新建民居及改建民居两类，针对两类建筑提出以下设计改建建议：

(a) 福建土楼

(b) 苗族的吊脚楼　　　　(c) 徽派建筑马头墙

图 7-16　建筑景观

（1）新建民居

新建民居用地禁止选择在道路红线范围内，以及桥下、陡坡、山顶。布局形式灵活自由，以院落式为主，遵循大聚集小分散的原则；在建筑材料上建议用现代的建筑材料及手法来表现地域的建筑特征，在整个外形上仍保持传统的面貌；在户型设计中应根据当地人口、经济状况以及功能要求合理地提出大、中、小户型设计方案。

（2）改建民居

挖掘当地区域特色，提炼当地典型的建筑元素和文化元素，使其与建筑的外形、色彩以及细部有效地结合。对于各种类型混在一起的建筑，要整体规划改建。针对建筑外形，不单单是建筑立面，还应包括屋脊曲线、阳台、檐口、窗户等细节，在改建的过程中，遵循因地制宜的原则，尽可能地使用当地建材，保留乡村原汁原味的淳朴风情（图 7-17）。

图 7-17　建筑景观

第四节　生态乡村景观规划实例

一、北京挂甲峪村景观规划设计

（一）区域概况

挂甲峪村位于北京市平谷区北部大华山镇，属燕山南麓余脉的一部分，它北、东、南三面环山，中间为一狭小的丘陵盆地，地势东南高西北低，鸟瞰视角下，如龙庭座椅一般。它外环峰峦连绵不断，内伏丘壑蜿蜒起伏，海拔在180～623m之间，是一处不可多得的自然风景区，面积约5km²。挂甲峪村146户，460口人，历史文化悠久，相传成村于明崇祯年间，因宋代名将杨延昭抗辽凯旋在此挂甲休息，后人便取村名为挂甲峪（图7-18）。

图7-18　挂甲峪山庄

挂甲峪村是社会主义新农村建设的典范。2005年，挂甲峪村成为北京市第一批旧村改造的13个试点村之一。挂甲峪村先后荣获北京市山区生态改造示范村、科技应用示范村和文明村、全国先进文明村、"北京市十大最美乡村"、"2011中国最具魅力休闲乡村"等多项荣誉称号。

（二）现状分析

（1）地理位置优越

挂甲峪村位于平谷北部山区，南临平谷市区25km；北临西峪水库；东临四座楼长城、京东大溶洞、金海湖景区；西直通北京只有80km，有国家级AA级旅游区老象峰与丫髻山为邻。挂甲峪村地理位置优越，具有相当雄厚的旅游资源。

（2）旅游资源丰富

挂甲峪村地势奇特，景观资源丰富，地形东南高西北低，两侧大山宛如两条巨龙从村西北口蜿蜒东南直达主峰老官顶，形成二龙戏珠之势，整个村庄就坐落在"龙"的怀抱之中。在四围山色之中独成一统，造就了相对封闭的桃花源般人间仙境（图7-19）。景区内还保存有18亿年前形成的火山口，红色的火山岩与绿色的植被交相辉映，成为当地特有的景观。

图 7-19 挂甲峪村山庄全景

（3）自然环境保持良好

挂甲峪村的林木资源丰富，其覆盖率达到了 70%，更有大桃梯田景观，营造一幅世外桃源的景色。主峰老官顶是北部群山中的最高峰，登高远眺，北可观密云水库，东可看境内四座楼长城和天津盘山，南面是一望无际的冀东大平原。近观，四周是数十万亩平谷桃花海，气候宜人，景色优美（图 7-20）。

图 7-20 挂甲峪村大桃梯田景观

（三）规划策略

（1）面向"两大市场"

通过对挂甲峪村的区位分析，规划实施面向"两大市场"策略，第一市场是以北京市区为主，发展乡村旅游、农产品售卖等项目策划；第二市场是以北京周边地区为主，打造乡村度假村，提供乡村体验项目。

（2）建设三大核心旅游区

根据挂甲峪村的景观现状与产业经济分析，规划建设三大核心旅游区。第一为生态农业示范区，打造集生产、培训、科普、休闲、观光、娱乐为一体的现代农业博览园和生态农业示范基地；第二为民风乡情体验区，打造以体现农家和谐纯朴，展现华北乡土人情、民风乡俗和田园风光的特色民俗为主的旅游名村；第三为山间农庄度假区，打造集餐饮、娱乐、休闲、婚庆、拓展训练、会议为一体的山间农庄度假区。具体情况见表 7-5。

表 7-5　挂甲峪村核心旅游区

核心旅游区	区域范围	资源特色	规划思路
生态农业示范区	高科技农业示范区	特色蔬菜瓜果种植、花卉培育、循环农业示范、高科技温室、牛羊育种养殖	打造集生产、培训、科普、休闲、观光、娱乐为一体的现代农业博览园和生态农业示范基地
民风乡情体验区	生态乡土新村	生活饮食方式、耕作方式、工艺品制作传统、民族风俗、生态新农村特色	打造以体现农家和谐纯朴，展现华北乡土人情、民风乡俗和田园风光的特色民俗为主的旅游名村
山间农庄度假区	山体自然风景区	山川生态、鸟语花香，虫鸣鸟叫、雀路蝶舞	打造集餐饮、娱乐、休闲、婚庆、拓展训练、会议为一体的山间农庄度假区

（四）空间结构

挂甲峪村以逍遥文化为主线，发挥自身桃文化的优势，以旅游业激活文化产业，以文化挖掘提升山水旅游魅力。在具体规划开发思路上，采用以文化为灵魂，以生态为亮点，生态与文化并重，通过生态展示文化，通过文化提升生态内涵，使生态山水资源成为逍遥文化的表现载体，将空间结构布局规划为"一带一心三组团"，如图 7-21 所示。

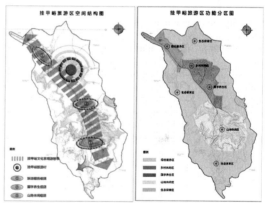

图 7-21　空间布局图

"一带"是指挂甲峪文化景观游憩带，结合周边山势从山庄入口至老官顶的"万米生态步道"。总体上，"万米生态步道"主要贯穿了挂甲峪现有的人文景观，如长寿山、石龟、老官顶、八卦石、五瀑十潭等，是挂甲峪村的景观主轴线。细节上，为保持景观的原真性，利用本地石材，顺着山势走向铺设碎石小路；在"万米生态步道"不同的地方建造观景平台和雕塑等景观小品，而植物种植以松、柏、竹为主；"一心"是指以挂甲峪旅游村为中心，周边景观节点依次围绕分布；"三组团"是指旅游服务组团、国学养生组团、山地休闲组团，旅游服务组团包括综合服务区与乡村休闲区，综合服务区以建筑为主，包括旅游服务综合体、挂甲景观文化长廊、养生休闲街等，乡村休闲区主要是以体验农居生活，传播农业文化价值为主，包括乡村客栈群、乡土游乐园、养老别院、中医养生堂等；国学养生组团以学习中华文化，传承国学经典为载体，利用 60 亩旅游建设用地打造温泉养生会馆，依托现有易学研究学会引进大量人才，将其培育成中国国学研究论坛的永久会址；山地休闲组团是以发挥挂甲峪村自身景观优势，注重乡村趣味景观打造，形成野趣性的活动体验场所，具体包括养生美食阁、生态滑草沟、山林游乐场、生态露营地等。

（五）重点项目

1. 综合服务区

（1）旅游服务综合体。在入口处，建设集游客服务中心、标志性寨门于一体的建筑，以"六郎挂甲"为主题，构建风貌古朴、彩旗飘扬的入口景观（图7-22）。

（2）养生休闲街。采用临建木屋形式，沿入村路侧布局，集合养生餐饮、休闲茶吧等（图7-23）。

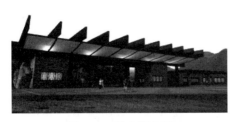
图7-22　综合服务区

图7-23　养生休闲街

（3）挂甲文化景观长廊。从入口处沿主路延伸，以挂甲峪文化为主题，打造若干特色景观节点。

2. 乡村休闲区（新村＋旧村）

（1）乡村客栈群。依托现有村民新社区，注入逍遥文化元素，进行特色化提升（图7-24）。

（2）养老别院。依托旧村四合院建筑，提升改造，面向养老人群，打造老北京文化韵味十足的、京郊知名的养老基地。

（3）乡土游乐园。依托鹿鸣湖和现有欧式童话建筑，改造现有水系，形成"泉、瀑、潭、溪"自然野趣的水景观，将漂流与戏水活动结合，引入水上拔河、斗鸡、摔跤等各种乡土游戏。布局石坝、石阶、栈道、汀步、石桥、独木桥等，景随路变，沿途设水车坊、亲水平台、活动秋千、接力吊环、摇摇桥等乡土游憩小品，让游客在这里享受乡土之乐。

图7-24　乡村客栈群

图7-25　养生木屋园

3. 乡土游乐园

（1）养生美食阁。依托现有山腰处的美食楼，引入知名的养生美食集团，开发桃花酒、桃花膳、山楂酒等特色养生餐饮。

（2）养生木屋群。依托山林大氧吧，建设以山泉、花草、药材、茶、红酒为养生元素的特色树屋群（图7-25）。

（3）生态露营地。帐篷营地，配套有安全防护的篝火、烧烤场地。

（4）百草养生园。种植芳香类、彩叶类等景观植物，总体形成景观优美、香气馥郁、养身养心的花田壮景（图7-26）。

（5）生态滑草沟。依托山势，建设以草沟为基座，以少量水为载体的、参与性强的娱乐活动（图7-27）。

图7-26 养生木屋群

图7-27 生态滑草沟

二、湖南省株洲市天元区群丰镇石塘村景观规划设计

（一）区域概况

石塘村位于湖南省株洲市天元区群丰镇，离株洲市市中心20km，属于典型的城市近郊型社区，具有良好的区位优势，南临长株潭绿心株洲片区，西以湘潭为界，东至京珠高速。2015年，石塘村总人口2056人，共556户，全村20个村民小组。

石塘村属于亚热带季风性湿润气候，四季分明、雨量充沛、光热充足，年平均气温在16℃至18℃之间，非常适合植物的生长，其中村域范围约2.66km²已经划入长株潭绿心范围，作为长株潭绿心"两型示范"村庄建设，石塘村紧扣"生态绿心"特征，依托自身特色开展了可持续发展产业项目。

（二）现状与问题分析

（1）地理位置优越

石塘村地处株洲城区近郊，面积约为365.14公顷，地理位置优越，交通可达性好，离株洲市中心仅为20km，湘潭市中心22km，为打造长株潭城市群后花园奠定了坚实的基础；并且位于五云峰片区，对接北部天元区，重点为太高工业园进行服务配套，发展商业服务及科技研发；同时结合太高水库及长株潭绿心保护范围，发展旅游服务。

（2）自然景观良好

石塘村位于现代农业板块，山林植被茂密，空气中负氧离子高，生态本底较好，

区域内有 237.75 公顷为禁止开发区,以生态建设、景观保护建设为主,除必要的公共设施建设和当地乡村居民住宅建设外,其他项目禁止准入,135.25 公顷为限制开发区,禁止大规模的建设项目开发,保障了石塘村内生态环境的原始性,景观资源丰富。

(3) 社会经济条件单一,产业薄弱

石塘村村民收入来源单一,现有收入来源主要以外出务工为主,2014 年人均可支配收入约 1.1 万元,低于株洲市平均水平(1.4 万元)。由于水稻种植效益偏低,村民多以种植单季稻仅满足自己口粮为主。村内山林地、菜地、空置地未得到有效利用,目前村内仅有一家龙门生态园,两家农家乐,处于起步阶段,产业基础薄弱,特色不明晰。

(4) 建筑风貌杂乱

石塘村村民建房缺乏统一引导,现有村民住宅约为 370 栋,均为村民自发建设,建造方式多以砖混结构为主,大部分建筑面砖贴墙面,少量建筑裸露红砖墙。建筑风格、色彩相差较大,建筑质量良莠不齐,违章搭建附属用房现象严重,整体建筑风貌显得杂乱而不统一(图 7-28)。

图 7-28 建筑现状

(三) 规划策略

(1) 划定三线,严格管制,构筑绿色生态本底。规划充分尊重绿心规划,重点考虑对石塘社区原生生态系统的保护以及在保护的基础上进行科学的生态恢复,力求让整个地区向原生生态系统的方向演替发展。因此规划区重点划定山体保护控制线、生态农田控制线、生态水系控制线三线,夯实美丽乡村生态本底。

(2) 山体植被保育。现状森林生态总体上维持了较好的状况,但是由于项目开发导致局部森林生态系统脆弱或破碎化,需要对生态脆弱地区森林实施保育。通过实施退矿还林、退耕还林、植树造林等一系列措施,保证森林的稳定健康发育。

(3) 林木资源保育。石塘社区生态基底较好,主要森林群落有针叶林、阔叶林、山顶灌丛、竹林四大类。其中山体以针叶林、落叶阔叶林或针阔混交林为主,马尾松林、杉木林和竹林为主要的经济林种。草灌木主要分布于地势平坦地区,零星还有苗圃林分布。

(4) 水系整理与保护。针对规划区现状水利水渠淤积堵塞、水生态景观较差、水利用效率低下的特点,展开针对性的水功能修复措施。

（四）空间结构

依托石塘社区现有的自然山水资源条件，结合当前乡村旅游注重体验式参与的大趋势，以周末休闲度假为主导产业，从花卉观赏、乡野体验两个方向出发，规划独具特色"一核两区"的空间格局（图7-29）。

（1）一核：乡村旅游休闲核心区

规划依托石塘社区现有的自然山水资源条件，结合当前乡村旅游注重体验式参与的大趋势打造集乡野田园度假、花卉观光体验、快乐休闲垂钓、公共服务职能于一体的乡村旅游服务核心区，建设成为一个步步是景、处处如画的大型田园风光山野生态景区。

（2）两区：五云峰生态循环农业示范区、五云峰休闲养生区

五云峰生态循环农业示范区：依托北侧的自然农田与水塘，引导产业集中连片布局，规模化与特色化经营，重点种植优质稻米、特色瓜果蔬菜，水产养殖，打造以五云峰的高效农业示范区。

五云峰休闲养生区：依托南侧优美的自然环境与深厚的文化底蕴，以龙门寺为核心，融合禅意佛家养生理念，建设以龙门命名的休闲养生基地，塑造湖湘养生文化品牌。

图7-29 石塘村空间布局图

（五）重点项目

1. 乡村旅游核心区

（1）石塘渔村。规划对现状连续的鱼塘进行清淤修整，水面进行扩大，采取原生态的养殖方式，完善垂钓设施，建设成为长株潭集鱼虾养殖、垂钓竞技、休闲娱乐、餐饮住宿于一体的综合性石塘渔村，将其打造成为株洲市最大的垂钓基地（图7-30）。

图7-30 石塘渔村

（2）樱花长廊。按照"提升石塘美化品味，打造樱花长廊"总体目标，对石塘社区中部水渠沿线进行樱花行道树栽植，将其打造成为长株潭最为盛名的樱花长廊。

（3）田园花海。位于北部门户位置，利用石塘社区东侧视野开阔的梯田这一有利自然地形地貌，在沿线规划设置田园花海，采用适合湖南本地生长的桃花、波斯菊等开花植物，实现农业产业化项目的升级，形成特色化的乡村景观亮点（图7-31）。

图7-31 田园花海

2. 五云峰休闲养生区

（1）禅茶竹苑。规划在龙门古寺山脚，利用小山环抱、山谷幽静自然的环境条件，打造一处具有独特禅意文化体验、休闲品茶、修身养性的良好场所（图7-32）。

图7-32 禅茶竹苑

（2）森林步道。规划以"览城观景、休闲健身"为目的，结合现有自然山体，依山就势，打造宽2.4m，长3km的森林步道，为游客提供一处休闲健身的良好场所。

3. 五云峰生态循环农业示范区

（1）开心农场。规划通过改造现有的菜土，修建田边排水系统，设置开心农场（图7-33）。农场内提供每户10～30m²的私家菜园，向客户租凭，客户可根据自己爱好，利用周末或节假日在私家田园种植各种蔬菜、花卉，享受私有土地的种植乐趣。

（2）采摘篱园。规划利用石塘社区西侧的农田、门前闲置地，设置采摘篱园，可种植葡萄、草莓、桃子、桔子等四季水果，让游客既可享受生态采摘，也可享受回归田园的乐趣，吸引旅游客源。

图 7-33 开心农场

复习思考题：

1. 简述乡村景观的分类。

2. 简述生态乡村景观评价指标体系中因素层主要包括哪些指标？

3. 请结合某一县体乡村，论述生态乡村景观规划的框架与主要内容。

第八章 生态乡村基础设施与
公共服务设施规划

本章主要介绍了不同层次、不同等级乡村对基础设施与公共服务设施的需求，分类别详细阐述了基础设施与公共服务设施的规划内容，提出了生态乡村基础设施与公共服务设施的规划理念与规划要点，并分析了两个规划案例。

2012 年国务院颁布的《国家基本公共服务体系"十二五"规划》对基础设施和公共服务设施做出了系统的界定，提出了"建立在一定社会共识基础上，由政府主导提供的，与经济社会发展水平和阶段相适应，旨在保障全体公民生存和发展基本需求的公共服务"，并指出"基本公共服务属于公民的权利，提供基本公共服务是政府的职责"。同时，文件指出"公共服务一般包括保障基本民生需求的教育、就业、社会保障、医疗卫生、计划生育、住房保障、文化体育等领域的多项服务，广义上还包括与人民生活环境紧密关联的交通、通信、公用设施、环境保护等领域的公共服务，以及保障安全需要的公共安全、消防安全和国防安全等领域的公共服务。"

《国家基本公共服务体系"十二五"规划》为探讨乡村基本公共服务设施提供了重要的方向指引。乡村基本公共服务设施，可以界定为建立在一定社会共识基础上，且由政府有关部门确定和主导提供的，与社会经济发展水平和阶段相适应的，旨在保障满足乡村居民生存和发展基本需求的公共服务功能所必需的公共建筑及场地。

第一节 乡村对基础设施与公共服务设施的需求

一、不同层次乡村的需求

由于各地区发展的不平衡以及乡村的自然环境与人文环境的不同导致了乡村的发展定位及发展需求具有差异性。这种差异性从客观上要求乡村在考虑基础设施建设时要因地制宜，规划适合当地需求的基础设施与公共服务设施建设项目。

本节从客观将乡村分为东部发达地区、中部地区、西部地区三类乡村，并从整体上探讨三大类型乡村对基础设施与公共服务设施的需求。

东部发达地区乡村整体上发展较好，尤其是在基础设施建设水平上整体高于其他地区的乡村。因此该地区乡村对基础设施与公共服务设施的需求不再是简单的物质基础，而是需要考虑如何在保障农村居民的需求下提高能源利用率，减少污染，建设生态型乡村，为乡村居民带来经济发展的同时保护乡村的自然环境。

中部地区的乡村在设施建设水平上虽整体不如东部发达地区，但随着中部崛起，城乡统筹发展掀起的建设热潮，公共服务设施与基础设施建设会以较快的速度持续推进。因此，中部地区乡村的基础设施与公共服务设施建设需要注意的问题，要充分考虑乡村居民需求，不能一味追求高强度的建设，要避免重复建设，努力保障建设水平。

西部地区是基础设施与公共服务设施建设整体建设最不均衡的地区。从整体上看，该类型城市周边乡村与山区乡村的建设水平差距十分显著。因此西部地区的基础设施与公共服务设施建设需要重视贫困地区的发展需要，以精确扶贫为抓手，以道路为骨架，大力普及乡村基础设施建设，以最大程度保障西部乡村居民的生活需求以及发展需求。

二、不同等级乡村的需求

行业内对中心村的定义为镇域村镇体系中，设有兼为周围村提供公用设施和公共服务设施相对规模较大的村。村庄按其在村庄体系中的地位和职能一般分为中心村、基层村两个层次。中心村为乡村基本服务单元，基层村为乡村基层单元。

村镇规划标准中明确指出需按照"重点镇——一般镇—中心村—基层村"的等级序列进行公共服务设施配置。其中，重点镇内的公共服务设施是服务于镇域范围内所有居民的日常生活需求；中心村一般也会配置更高等级的公共服务设施，在满足本村居民需求的同时保障周边基层村的需求；基层村在满足乡村居民的基本生活需求时应适当减少公共服务设施的种类和数量以减少服务设施的重复以及浪费；远离城镇的乡村使用城镇内公共服务设施的频率较小，因此需要在城镇公共服务设施的服务半径外的中心村布置相应的设施。

以长沙市为例，2006年长沙发布《长沙市村庄规划编制技术标准》。标准明确提出长沙市社会公益公共建筑项目配置规定，具体提出了中心村庄与基层村需配置的公共建筑项目，见表8-1。

表 8-1　长沙市社会公益公共建筑项目配置规定

公共建筑项目	中心村庄	基层村
村委会	●	○
小学	●	○
中学	○	—
幼儿园、托儿所	●	○
文化站（室）	●	○
公用礼堂	○	○
卫生所、计生站	●	●
运动场地	●	○

注：表中●——应设项目；○——可设项目。

以上海市为例，2010 年上海市发布《上海市村庄规划编制导则》。《导则》进一步明确了距城镇较近与远离城镇集中建设的村庄需配置的公共服务设施配置的项目以及建筑面积范围，见表 8-2。

表 8-2　上海市村庄公共服务设施配置表

项目名称	一般建筑面积（m²）	邻近城镇集中建设区的村庄	远离城镇集中建设区的村庄
村委办公室	100～300	●	●
便民商店	50～150	●	●
小型市场	50～150	○	○
医疗室	50～200	●	●
室外健身点	300～500	●	●
综合服务用房	300（用地）	○	○
多功能活动室	200～350	●	●
幼托和托老设施	根据需要自定	○	○
为农综合服务站	不大于 205（用地）	○	○

注：表中●——应设项目；○——可设项目。

第二节　基础设施与公共服务设施规划内容

乡村的公共服务设施一般包括服务中心、卫生、教育、文化、商业、邮电等生产和生活性服务设施。在规划建设时，需要重点考虑村域的共建共享，以及服务半径的合理性。村庄规划用地分类和代码见表 8-3。

村庄规划用地分类指南中明确规定了村庄公共服务用地（V2）。该用地类型主要指用于提供基本公共服务的各类集体建设用地，包括公共服务设施用地、公共场地。

村庄公共服务设施用地（V21）应为独立占地的公共管理、文体、教育、医疗卫生、社会福利、文物古迹等设施用地以及兽医站、农机站等农业生产服务设施用地。

村庄公共场地（V22）是指用于村民活动的公共开放空间用地，应包含为村民提供公共活动的小广场、小绿地等。

村庄产业用地（V3）应为独立占地的用于生产经营的各类集体建设用地。村庄产业用地细分为两小类，即村庄商业服务业设施用地（V31）和村庄生产仓储用地（V32）。

村庄基础设施用地（V4）是指为村民生产生活提供基本保障的村庄道路、交通和公用设施等用地。包括村庄道路用地（V41）、村庄交通设施用地（V42）、村庄公用设施用地（V43）。

表8-3　村庄规划用地分类和代码

类别代码			类别名称	内容
大类	中类	小类		
V			村庄建设用地	村庄各类集体建设用地，包括村民住宅用地、村庄公共服务用地、村庄产业用地、村庄基础设施用地及村庄其他建设用地等
	V1		村民住宅用地	村民住宅及其附属用地
		V11	住宅用地	只用于居住的村民住宅用地
		V12	混合式住宅用地	兼具小卖部、小超市、农家乐等功能的村民住宅用地
	V2		村庄公共服务用地	用于提供基本公共服务的各类集体建设用地，包括公共服务设施用地、公共场地
		V21	村庄公共服务设施用地	包括公共管理、文体、教育、医疗卫生、社会福利、宗教、文物古迹等设施用地以及兽医站、农机站等农业生产服务设施用地
		V22	村庄公共场地	用于村民活动的公共开放空间用地，包括小广场、小绿地等
	V3		村庄产业用地	用于生产经营的各类集体建设用地，包括村庄商业服务业设施用地、村庄生产仓储用地
		V31	村庄商业服务业设施用地	包括小超市、小卖部、小饭馆等配套商业、集贸市场，以及村集体用于旅游接待的设施用地等
		V32	村庄生产仓储用地	用于工业生产、物资中转、专业收购和存储的各类集体建设用地，包括手工业、食品加工、仓库、堆场等用地
	V4		村庄基础设施用地	村庄道路、交通和公用设施等用地
		V41	村庄道路用地	村庄内的各类道路用地
		V42	村庄交通设施用地	包括村庄停车场、公交站点等交通设施用地
		V43	村庄公用设施用地	包括村庄给排水、供电、供气、供热、殡葬和能源等工程设施用地；公厕、垃圾站、粪便和垃圾处理设施等用地；消防、防洪等防灾设施用地
	V9		村庄其他建设用地	未利用及其他需进一步研究的村庄集体建设用地
N			非村庄建设用地	除村庄集体用地之外的建设用地
	N1		对外交通设施用地	包括村庄对外联系道路、过境公路和铁路等交通设施用地
	N2		其他国有建设用地	包括公用设施用地、特殊用地、采矿用地以及边境口岸、风景名胜区和森林公园的管理和服务设施用地等，不包括对外交通设施用地
E			非建设用地	村集体所有的水域、农林用地及其他非建设用地等
	E1		水域	河流、湖泊、水库、坑塘、沟渠、滩涂、冰川及永久积雪
		E11	自然水域	河流、湖泊、滩涂、冰川及永久积雪
		E12	水库	人工拦截汇集而成具有水利调蓄功能的水库正常蓄水位岸线所围成的水面
		E13	坑塘沟渠	人工开挖或天然形成的坑塘水面以及人工修建用于引、排、灌的渠道
	E2		农林用地	耕地、园地、林地、牧草地、设施农用地、田坎、农用道路等用地
		E21	设施农用地	直接用于经营性养殖的畜禽舍、工厂化作物栽培或水产养殖的生产设施用地及其相应附属设施用地，农村宅基地以外的晾晒场等农业设施用地
		E22	农用道路	田间道路（含机耕道）、林道等
		E23	其他农林用地	耕地、园地、林地、牧草地、田坎等土地
	E9		其他非建设用地	空闲地、盐碱地、沼泽地、沙地、裸地、不用于畜牧业的草地等用地

村域范围内基础设施包括给水、雨水、污水、电力、电信、环境卫生等生产和生活性服务设施。其中，基础设施按照职能可分为：生活性基础设施、生产性基础设施、社会性基础设施三类。生活性基础设施是指为区域内人民生活服务的基础设施；生产性基础设施是指为生产运行直接服务的基础设施；社会性基础设施是指为全社会的生产和生活服务的社会事业、福利事业等设施。本节将从交通类、行政类、教育及养老类、商业类、生活配套类、工程管线类等六个方面介绍基础设施与公共服务设施规划内容。

一、交通类

1. 乡村道路交通

乡村道路是指主要为乡（镇）村经济、文化、行政服务的公路及不属于县道以上公路的乡与乡之间或乡与外部联络的公路。道路交通系统是乡村发展的脉络，也是联系各用地的纽带。实现村村通路是生态乡村发展的重中之重。

2. 乡村道路的功能

（1）交通运输

道路主要承担着交通运输功能，起着对外联系和内部交通的功能。乡村道路相对于城市道路除了生活性需求外还要满足生产性需求，生产性需求主要表现在农用车的交通需要。

（2）工程管线埋设

无论城市道路还是乡村道路，在设计时都要考虑到各类管线埋设的问题。除了部分有特殊要求或由于高差问题时难以埋设外，一般的工程管线都会随着道路埋设。

（3）综合防灾

道路是综合防灾系统中重要的一环，是主要的逃生通道以及救援通道。在发生灾害时道路交通的顺畅将提高乡村居民的逃生速度、自救速度以及保障外来救援人员与物资的快速到位。

（4）构建乡村空间要素

乡村道路网是乡村的基本骨架，用以划分以及联通各用地并且串联各基础设施。通过不同道路网结构将形成不同的乡村空间结构以及不同的空间发展形态。一般来讲，通过乡村道路的不同组合，往往形成方格网式、环形放射式、自由式以及混合式四种主要发展形态，如图 8-1 所示。

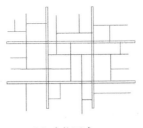
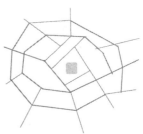

（a）方格网式　　　　　（b）环形放射式

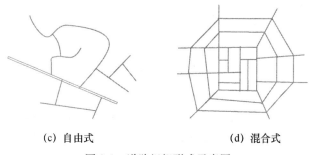

　　(c)　自由式　　　　　　　　　　(d)　混合式

图 8-1　道路组织形式示意图

3. 规划重点内容

　　从乡村道路设施建设而言，乡村规划中需重点完成"四通一平"中的村村通。其中道路交通作为一个乡村的骨架，其建设是乡村发展的最基本条件。生态乡村规划的道路交通包括了对外交通、村内交通、交通设施及其用地外，还要进一步关注道路的绿化带以及路旁的排水沟设计，尽量避免占用农田及生态绿地。

　　乡村对外交通主要包括高速路、国道、县道、乡道、村路以及公路，还有交通设施如对外交通车站等。乡村道路设计时要尊重上位规划，与周边紧密衔接，强调以现有道路为基础，顺应现有村庄格局，保留原始形态走向，就地取材，并利用道路周边、空余场地，适当规划公共停车场。

　　由于不同等级以及性质的道路在断面选择时考虑的侧重点不同，乡村道路的路幅宽度以及断面选择时要因地制宜，选择适合该路通行量以及符合地形条件的断面形式。在进行乡村规划建设时，可参考的不同路幅宽度道路如图 8-2 所示。

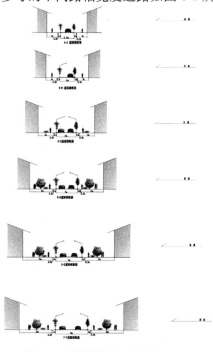

图 8-2　道路横断面示意图

乡村道路绿化带的设置不仅可以减少过境车辆带来的噪声与灰尘影响，也可以减少乡村道路穿越带来的过多交叉口。对于乡村道路路旁排水沟的设置可以参考海绵城市在道旁植草沟的处理（图 8-3），以解决长时间降雨时大量积水的问题。

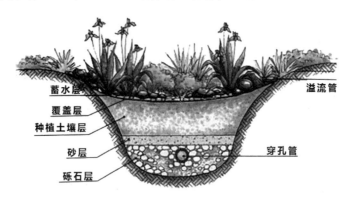

图 8-3　路旁植草沟

虽然私家车在乡村普及度越来越高，但是出于绿色生态以及生活便捷考虑，公共交通在乡村道路规划中的设置也是必不可少的。村际公交的设置要在进一步完善乡村居民的出行条件的同时，也要符合绿色出行的需求。公交站点及车站的布置既要方便乡村居民，也要与周边乡村、镇等衔接。从总体上看，乡村道路规划要以公共交通为重点对象，辅以慢行交通系统。

二、行政类

1. 现状情况

通过调研发现，国内一些乡村的村委会及其他行政类用地常与其他功能用地混合。部分乡村由于村部年久失修，办公地点设置在村支书或村长家中，乡村行政设施亟待完善。

2. 主要内容

乡村的行政类基础设施主要是村民委员会（村部）及其他机构部门。规划者需要征求乡村居民意愿并根据现状及未来发展的需求选择一个适合发展村委会及其他行政部门的用地，或是在原址上进行更新改造。乡村行政类设施一般主要包括村部九室：书记室、主任室、图书室、会议室、活动室、值班室、计划生育工作室、卫生室、党员活动室（图 8-4）。

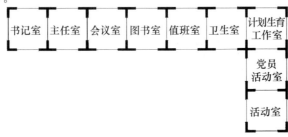

图 8-4　村部九室示意图

3. 参考布局形式

乡村村部一般布局在乡村主要道路以及较大的居民点或是学校附近，多为人口较为密集的区域，公共服务设施多集中布置。例如《山东省村庄建设规划编制技术导则》明确给出以下几种公共设施布局示意图（适用于村部）。

公共设施的布点如图 8-5 所示：

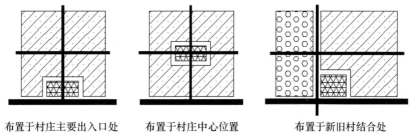

布置于村庄主要出入口处　　　布置于村庄中心位置　　　布置于新旧村结合处

图 8-5　公共设施的布点示意图

公共建筑排列方式如图 8-6 所示：

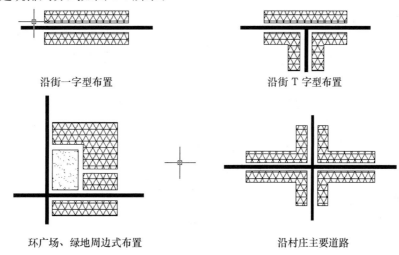

沿街一字型布置　　　　　　　　　沿街 T 字型布置

环广场、绿地周边式布置　　　　　　沿村庄主要道路

图 8-6　公共建筑排列方式示意图

三、教育及养老类

1. 现状问题

由于乡村的人口流失，留在村里的学龄儿童逐年减少，加之我国近年来学龄儿童人数锐减，教育资源的分布不均等问题导致教育资源普遍集中在城镇。相比较而言，乡村内的学校普遍停校，几个乡村共用一个幼儿园、小学，城镇附近的乡村不再需要设置学校。

2. 布点依据

乡村教育及养老设施主要包括小学、幼儿园、托儿所、卫生院（所、室）等。其中，乡村幼儿园和中小学建设应符合教育部门布点规划要求，也要符合村镇规划编制

办法以及村庄规划标准中对不同层次乡村的布点要求（表8-4）。

表8-4 公共建筑项目的配置表

类别	项目	中心镇	一般镇	中心村	基层村
教育机构	专科院校	○	—	—	—
	高级中学、职业中学	●	○	—	—
	初级中学	●	●	○	—
	小学	●	●	●	—
	幼儿园、托儿所	●	●	●	○
医疗保健	中心卫生院	●	●	—	—
	卫生院（所、室）	—	●	○	○
	防疫、保健站	●	○	—	—
	计划生育指导站	●	●	○	—

注：表中●——应设的项目；○——可设的项目。

3. 布局要点

大部分乡村尤其是在偏远地区乡村及山区乡村均有留守儿童，乡村居民对教育资源需求迫切。由于该类乡村地区人口分布较散，因此教育资源的布置必须考虑交通的便捷性，其中，小学的布置主要在中心村；基层村由于教育资源需求较小较少布置中小学，一般结合现状布置幼儿园。如天津市村庄规划编制标准中明确规定，中心村必须建设幼儿园、托儿所、小学，可建设中学；基层村必须建设幼儿园、托儿所、可建设小学、不可建设中学（表8-5）。

表8-5 天津市村庄公共服务设施的配置标准

项　目	中心村	基层村
村委会	●	●
初级中学	○	—
小学	●	○
幼儿园、托儿所	●	●
文化室	●	●
卫生室	●	●
老年活动中心	●	●
运动场（馆）	●	●
商业零售	●	●
生活服务	●	●

注：表中●——应设项目；○——可设项目。

以长沙市为例，《长沙市村庄规划编制技术标准》中明确乡村教育养老类设施项目建筑面积控制指标以及设置要求，见表8-6。

表 8-6　长沙市公共服务设施项目规定

项目名称	建筑面积控制指标	设置要求
托幼	$0.32\sim0.38m^2/$人	儿童人数按各地标准，中、小型村庄根据周围情况设置；大型村庄应设置
小学	$0.34\sim0.37m^2/$人	儿童人数按各地标准，根据具体情况设置
卫生站（室）	$0.06\sim0.27m^2/$户	可与其他公建合设

注：大、中、小型农村应依次分别选择其高、中、低值。

对于养老、医疗类设施而言，随着人口老龄化进程的加快、中国的老龄人口不断增多，因此乡村养老设施的布置也是公共服务设施中的重要一项。对于养老设施的布局，老年活动中心一般与村部结合布置，并且有条件的乡村会在公共活动空间设置室外的活动器材以丰富老年人生活。

四、商业类

1. 现状问题

乡村现有商业基础普遍较为薄弱，有些乡村或几个乡村共用一个定期赶集的区域以满足乡村居民日常需求。一般乡村仅有几处乡村居民自办的小商店，并且存在着商品种类较少、部分商品存在超出保质期的问题等。因此乡村居民主要的商业需求较多靠城镇解决。

2. 布点依据

除产业发展以第三产业为重点的乡村，乡村商业类设施主要指便利店、餐饮店、日用百货、修理店等以及定期赶集的场所。因此，乡村店铺类商业设施的布点应结合居民点或行政类、教育类设施布置，定期赶集的场所需要尊重现有场所或布置在交通便捷的位置并配备相应配套设施。

3. 布局要点

对乡村商业类设施的布局除引导与行政类、教育类设施的有效结合，定期赶集的场所需要尊重现有场所外，地方政府也应提供场所保障。以山东省为例，山东省对商业服务性设施包括各类商业服务业的店铺（日用百货、食品店、综合修理店、小吃店、便利店、理发店、盈利性娱乐场所、物业管理服务公司、农副产品收购加工点等）和集市贸易提供专用建筑和场地。

五、生活配套类

1. 现状问题

随着物质生活条件的提高，乡村的基础设施的配置不再是单纯地满足于保障乡村居民的生存，更是重视生活质量的改善。在此基础上，娱乐设施、健身设施得到广泛推广。虽然欠发达地区的乡村条件没有发达地区乡村的完善，但是现有城市或省推出的村庄规划编制技术标准，村庄规划导则等都明确提出了中心村、基层村都需要建设

活动室、文化室、健身设施及用地的要求。虽然建设条件存在差异，但是乡村的文化生活条件整体上在逐步提高。

2. 布点依据与布局要点

生活配套类设施包括的类别较多，主要包括为乡村居民生产、生活提供配套服务的设施。各类公共服务设施应以方便村民使用为原则，结合村民习惯进行合理布局。公共服务设施宜相对集中布置，考虑混合使用，形成乡村居民活动中心。

以长沙市为例，为进一步改善农村居民的配套设施，长沙市村庄规划编制技术标准中明确乡村需配置的项目，相应建筑面积控制指标以及设置要求，见表8-7。

表 8-7 长沙市公共服务设施项目规定

项目名称	建筑面积控制指标	设置要求
文化站	$200\sim600m^2$	内容包括：多功能厅、文化娱乐、图书、老人活动用房等，其中老人活动用房占三分之一以上
综合便民商店	100-500m²	内容包括小食品、小副食、日用杂品及粮油等
自行车，摩托车存车处	1.5辆/户	一般每300户左右设一处
汽车厂库	0.5辆/户	预留将来的发展用地

注：大、中、小型农村应依次分别选择其高、中、低值。

六、工程管线类

1. 现状问题

我国乡村供水一般以水质较好的地下水和泉水为主，但是污水处理环节较为薄弱，尤其是生产活动污水的处理在乡村的重视度不够。随着工业反哺乡村的进程加快，东部沿海乡村、北部平原乡村以及中部一般乡村的电力电信供给需求基本满足。比较而言，山区乡村以及西部偏远乡村和部分扶贫乡村的电力、电信问题还需要进一步完善。乡村垃圾的处理一般会运往镇垃圾处理站统一处理，而山区乡村由于距离以及交通问题运往城镇的难度较大，普遍采取统一深埋的方式。

2. 布置要点

工程管线类设施主要包括给排水设施，电力、电信设施，环保环卫设施等。乡村给排水设施布置要依据地形及道路布置，尽量以自流管线为最佳。水源可以考虑地下井水、泉水，靠近镇区或水厂的可考虑自来水厂进行集中供水，尽量避免每户各自打井取水。排水管线要结合污水处理池布置，经污水池处理后依据地形就近排放至农林用地、水系等自然用地。给水管网和排水管网需以自流为主，给水管网可采取部分压力管网或布置增压设施以保障供水。例如安徽省明确提出村庄靠近城市或集镇时，优先选择城市或集镇的配水管网延伸供水。距离城市、集镇较远或条件较差时，应建设给水工程，联村、联片供水或单村供水。无条件建设集中式给水工程的村庄，可选择手动泵、引泉池或雨水收集等单户或联户分散给水方式。

电力电信工程应以上位规划为依据进行乡村电力电信规划设计。其中，高压线走山林或农田上方，并设置高压走廊、远离人群密集区域；一般电力电信管线主要沿道路布置，变电器、变电箱等布置在路旁方便管理的位置。

环卫设施如垃圾桶、垃圾池应布置在路旁，环卫路线要呈环线布置，尽量避免垃圾收集路线穿过居民点内部。环线的回程最好远离居民点，以减少对乡村居民的影响。将垃圾统一收集至集中处理站进行无害化处理，有条件的地区可采取垃圾发电，将废物资源化利用以减少对环境的污染，提高资源利用率以及资源化和无害化处理率。

第三节　基础设施与公共服务设施规划理念与规划要点

一、规划理念

1. 生态文明观

乡村环境作为以自然生态为主的环境，要积极改善和优化人与自然的关系，建设良好的生态环境。生态文明定位于人类保护与恢复自然、实现自然生态平衡的基础上，以保护与恢复包括人类在内的自然生态系统的平衡、稳定与完整为奋斗目标的一切进步过程和积极成果。2015 年颁布并实施的《美丽乡村建设指南》提出要对村庄山体、森林、湿地、水体、植被等自然资源进行生态保育，保持原生态自然环境。

2. 因地制宜

因地制宜，分类指导。依据不同地域乡村的经济社会发展水平制定不同的发展目标。根据实际情况和发展需要分别确定村庄的布局和各类基础设施、公共服务设施规划，不搞一个模式一刀切。

秉承远近期结合、切实可行的原则。村庄规划要密切结合当地实际，根据各地经济社会发展水平，实事求是，量力而行。规划布局要结合当地自然条件，合理继承原有的布局结构、空间形态，保护具有一定历史价值和文化价值的建构筑物、古树名木、标志物，体现各地不同的民俗风情，突出地方特色。

对于乡村基础设施与公共服务设施规划建设的因地制宜需要尊重各设施的现状，可以改造升级的就避免大拆大建，各类管线的走向也要充分考虑地形地势，以自重管为主、减少压力管铺设。

3. 系统论

（1）整体性

系统的整体性指乡村系统是作为一个由诸多要素结合而成的有机整体存在并发挥作用。简单讲就是系统具有其部分在孤立状态下所没有的整体特性。整体论主张一个系统中各部分为一有机整体，而不能割裂或分开来理解。从整体性出发，要求生态乡村规划设计需将乡村人口、资源、生态、环境、产业等视为一个整体，做好各专题的统筹规划。

（2）前瞻性

所有村庄规划编制导则都要求远近结合，并且图纸要求也会有分期建设，而对未

来的预测以及规划同样应当重视。

生态乡村的建设应结合本地条件和经济发展水平，本着"量力而行、规模适度、经济适用、适当超前"的原则进行，要积极推广先进、适用的科技成果，取得节地、节能、节材、节水的实际效果。

（3）协调性

生态乡村规划是一门综合性的学科，要全面考虑乡村发展、农村居民需求以及各类专项规划。因此必须从各学科、各方向整体考虑，协调乡村各部门的需求，要使乡村生产过程的各阶段、各环节等协调配合，紧密衔接。

二、规划要点

（一）乡村生活性基础设施

1. 给水、排水及污水处理设施

乡村的水源主要来源为地下水、泉水、自来水。地下水和泉水的供水方式是集中采水，再布置管线连接至有需要的地方。一般仅有城镇附近的乡村或者水厂附近的乡村才会采用自来水厂集中供水。北方乡村分布较为集中，因此连接水管至各村的难度及费用较少，可采用自来水厂集中供水的方式。但是南方及山区乡村的分布较为零散、距离较远，不适合采用自来水厂统一供水，因此地下水及泉水作为水源的较多。

乡村一般生活性废水普遍经污水处理池处理再经排水管网排入附近的农田、绿地、水系等。但工业废水及养殖废水经一般的污水处理池并不能完全处理，需配置对应的处理池或小型的污水处理厂。

2. 乡村沼气设施

乡村在能源结构上与城镇的主要区别在于多数乡村有一定规模的养猪产业。为高效利用各种能源，并减少粪便对周边的污染，可合理布置沼气池，免费为附近乡村居民提供沼气，并结合煤气成为乡村主要的能源。

3. 道路设施

乡村的道路交通规划可参考城市道路交通规划设计规范，但不可照搬城市的道路交通系统，并且可以参考海绵城市的道路设计，以有效解决雨水处理与利用。

（1）道路规划设计原则

①尊重乡村现状道路结构

结合乡村现状道路结构和乡村功能布局，建设规划设计各自独立又紧密联系的生态乡村道路结构，以减少道路对步行环境、居住环境、公共活动空间的影响，并且结合上位规划的道路结构，从而保障乡村对外联系的便捷性。

②保障街巷尺度与开放空间

调研发展，较多乡村现有集中居民点存在建筑质量较差、环境质量较差、绿化率较低等问题。但也有很多乡村的街巷内部尺度宜人，街道收放有致，具有丰富的生活气息。规划中应对此类街巷空间进行最大限度地保留，并结合道路布置公共活动空间，保障开放空间有序使用。

③步行系统规划

乡村居民点内部交通应以人行为主，步行体系的构建主要依托居民点内部道路系统，同时结合道路绿化以及路旁绿化带的设置，提高绿化率并且丰富道路景观。通过步行系统的串联形成完整的、无车行干扰的步行网系统。

（2）道路交通系统规划设计

乡村道路交通系统规划设计的要点是通过整合乡村各级道路，改造乡村土路，建造宅前步行硬化路面道路等，形成环式与尽端式相结合的路网形式。

①道路分级

规划应结合相关规范要求及乡村道路的情况，将乡村道路分为四级：

过境道路：乡村重要的对外交通联系道路。

乡村主要道路：主要是用于各项用地之间联系的道路，内部联系各用地之间车流和人流的主要道路。

乡村次要道路：各用地内的主要道路，以更新改造为主，拥有完整道路网，用地内部供车辆及人行的主要道路。

宅前道路：各居民点内部联系乡村次要道路与各乡村居民住宅入口的道路。

如长沙市明确规定了村庄道路宽度控制指标（表8-8），其分级控制了各等级道路的建筑控制宽度、路面宽度、道路间距以及路面铺装推荐标准。安徽省也分级规定了设计车速、道路红线宽度、路面宽度以及路面材料标准（表8-9）。

表8-8　长沙市村庄道路控制指标

道路级别	建筑控制线宽度（m）	路面宽度（m）	道路间距（m）	路面铺装推荐标准
主路（一级、社区级）	14～18	6～8	300～400	高级路面
支路（二级、组群级）	10～14	4～6	150～200	较高级路面
宅前路（三级、院落级）	—	2～4	—	禁用沙石路

注：1500人以下的村庄可酌情降低道路等级和宽度，并根据停车方式（集中布置、分散布置）选择道路组织形式与宽度。

表8-9　安徽省村庄道路控制指标

道路级别	设计车速（km/h）	道路红线宽度（m）	路面宽度（m）	路面材料标准
主路	30～20	8～15	≥6	水泥、沥青混凝土路面
支路	20～15	5～10	≥4	水泥混凝土路面、砌块路面
宅前路	15～10	3～5	≥2.5	水泥混凝土路面、砌块路面、砂石路，禁用土路

注：1000人以下的村庄可酌情降低道路等级和宽度；人口规模在600人以下的中心村，村庄布点保留的自然村庄，村庄道路系统可只包括支路和宅前路。

②道路类型

结合村庄的实际及乡村居民日常生活的特点，规划乡村道路分为生活型及生产型道路两种类型。

生活型道路：主要满足乡村居民日常生活出行的需要，同时也是乡村居民日常交

流的重要场所，是充满生活气息的道路。生活型道路的特点为交通流量较为稳定且应考虑安全防护。

生产型道路：主要满足乡村居民生产活动的需要，道路等级为村庄主要道路。生产型道路的特点为农忙时节交通流量较大且应满足农畜机械及运输车辆的通行要求。

（二）乡村社会发展基础设施

生态乡村的农村社会事业发展基础设施主要包括农村义务教育、农村卫生、农村文化设施等。

1. 乡村义务教育设施

乡村义务教育主要包括幼儿园、小学，少数乡村会配置中学。在多个省市的乡村规划导则中明确规定了乡村规模等级以及需配置的教育设施类别、占地面积等具体内容。因此需根据当地乡村的具体情况结合相关法律法规、技术规范与标准具体配置农村义务教育类基础设施，尽量避免重复配置、过度配置或是配置缺失等问题。

2. 乡村卫生设施

乡村卫生设施主要指卫生站（室）。与农村义务教育设施相似的是，多个省市的乡村规划导则同样制定了具体的配置标准，如长沙市公共服务设施项目规定明确了卫生站（室）建筑面积控制指标为 $0.06\sim0.27\text{m}^2/$ 户，设置要求为可与其他公建合设。

3. 乡村文化设施

乡村文化设施主要指文化站、党政宣传栏以及老年人活动站，多布置于村委会附近，或与其他公建合设，通常伴有小型广场。天津市村庄公共服务设施的配置标准中明确规定了中心村、基层村均需布置文化站以丰富农村居民的精神生活。

（三）防灾减灾类设施

乡村防灾减灾设施主要包括消防、防洪排涝、防震减灾、防地质灾害、气象灾害防御等类型。对于乡村防灾减灾，应按照"预防为主，防、治、避、救相结合"的原则，保护村民生命和财产安全，保障村庄建设顺利进行。

1. 防洪设施

乡村的防洪规划应按现行的国家标准《防洪标准》的有关规定制定。乡村的防洪设施一般达到 10～20 年一遇标准，并根据具体情况制定。乡村的防洪规划应与当地的江河、水库、农田水利设施、绿化造林等规划相结合，统一整治。

例如山东省、安徽省在对以邻近大型工矿企业、交通运输设施、文物古迹和风景区等为防护对象的村庄，当不能分别进行防护时，应按就高不就低的原则，按现行的国家标准《防洪标准》的有关规定执行。

2. 消防设施

乡村应按规范设置消防通道、消防供水设施，尤其是在主要公共建筑以及集中的居民点应配置消防设施。各类消防设施的配置需考虑死角问题，避免出现消防设施覆盖死角，充分保障乡村的消防安全。

3. 防地质灾害设施

乡村应在规划设计时考虑当地地质情况，在远离有地质灾害的地区进行集中的居民点选址，对现有存在地质灾害隐患的居民点进行搬离，并提出地质灾害防治目标和治理措施。

乡村的防灾减灾应与乡村的公共空间相结合，如村委会、学校等有开敞空间的用地可作为主要疏散场地，并结合卫生室保障救援，同时乡村的主要道路一般为疏散通道以及救援通道。

乡村基本公共服务设施属于满足农村居民的生活底线控制的配置，是为了确保乡村居民的最低生活保障。因此，在布置该类设施时，需考虑未来发展规模，预留扩张公共服务设施能力的用地。并且在选择公共服务设施布点时，要充分考虑整个乡村。中心村更要考虑周边乡村的需求，结合各服务设施的服务半径以及结合道路交通系统，最大化利用各服务设施，避免重复浪费。

第四节　典型案例

一、湖南省浏阳市北盛镇亚洲湖村

1. 基本情况

亚洲湖村位于湖南省浏阳市北盛镇捞刀河西岸，东与北盛镇隔河相望，北与浏阳经开区毗邻，西、南两向与拔茅村、百塘村相连。村庄距浏阳城区 26.6km，距长沙中心城区 40km 以内，驾车只需 1h 左右，村庄分别处在株洲、湘潭、岳阳的 1.5h、2h、2.5h 交通圈内。浏醴高速和开元东路在村内交叉互通，浏阳市国家级经开区健康大道穿村而过，交通便利，区位优势独特。并且浏阳大部分重要的景区景点与亚洲湖村之间车行 1h 即可互通，湘赣边多处旅游景点与亚洲湖村之间也仅需车行 2h 即可互通。

2. 现状分析

亚洲湖村配套设施的分布以村部为中心，沿丝绸路分布，其他分散在居民点。另外基本每个村民组团中心有活动场地和运动场地。

公用设施：小学 1 个，老年活动中心 1 个，休闲广场 1 个，图书室 1 个，卫生所 1 个，公共厕所 2 个，村民活动中心 8 个。

基础设施：村内无供水设施，村民饮用水来自北盛镇自来水厂，供水普及率 90%，另外村民几乎每家有压水井；村内已规划一个污水处理设施，村内三格化粪池改造率 81.5%，村内已有主要街道进行了排水整治，采用合流排水体制；排水管渠采用明沟排水；变电箱 8 个；手机信号塔 3 座；液化气供应站 1 个；垃圾焚烧站 9 个。

存在问题：污水处理设施待建；排水系统需完善；垃圾处理都是采用焚烧，对环境有污染；老年活动中心服务半径超出国家标准；村内无幼儿园。

3. 规划理念

（1）生态优先，绿色发展

坚持绿色低碳，产业发展生态化；加强综合整治，塑创优良生态环境。

（2）城乡园区，一体发展

平等、开放、互助的基础上，实现城、乡、园区一体发展。

（3）要素统筹，联动发展

将区域内要素进行优化配置，各要素相互补充、相互作用，发挥整体聚合联动效应。

（4）保留聚落，特色发展

源于村庄自身发展条件较好，并且具有自己的特色，采取保留改善型发展模式。

4. 规划结构

亚洲湖村规划形成"一心一环三水四片"的结构，如图8-7所示。

一心：村部。

一环：村内主要绿道。

三水：亚洲湖、月牙湾、托塘湿地公园。

四片：田园风光区、神秘探索区、丝绸村部落、休闲创意街。

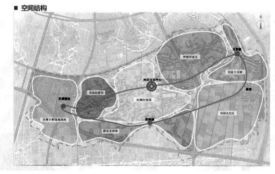

图8-7　空间结构规划图

5. 亚洲湖村基础设施与公共服务设施规划

亚洲湖村规划完善亚洲湖村基础设施与公共服务设施，主要从标识标牌规划指引、公共服务设施规划、市政公用设施规划及综合防灾规划等方面着手（图8-8）。

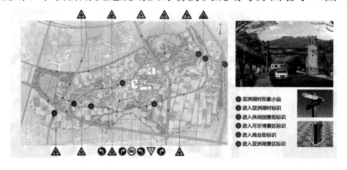

（a）标识标牌规划指引

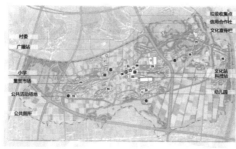

（b）公共服务设施规划

（c）市政公用设施规划

（d）综合防灾规划

图 8-8 基础设施与公共服务设施规划图

二、湖南省浏阳市大瑶镇汇丰社区

（一）基本情况

大瑶镇汇丰社区位于浏阳南部，地处湘赣两省、浏萍醴三市交汇的三角地带，距市城区 19km，距省城长沙 80km，319 国道贯穿整个社区，距黄花国际机场六十余公里。截止到 2016 年，社区共有常住人口 2286 户、8568 人，非农业人口 1296 人。其中，老年人 1270 人，中年人 2705 人，青少年 2435 人，儿童 2158 人。

汇丰社区是中国花炮始祖发祥地，也是全国小城镇建设示范镇、长沙市五个小城市之一。近年来，社区以"建设美丽汇丰，打造福家园"为奋斗目标，全力支持大瑶新城开发建设，实践美丽乡村建设，各项事业得到了全面发展，社区面貌大为改观，综合实力稳步提升。

（二）现状分析

1. 现状用地

汇丰村城镇建设用地主要集中在大瑶镇镇区，中部为基本保护农田，北部为山林，现状人均建设用地 130.32m²。

2. 现状道路交通

现状道路分为过境道路、城镇道路、环村主路、小区主路、宅间路以及机耕路等。国道 319 南北向贯穿汇丰社区；靠近大瑶镇区为城镇道路；环村主干道宽 4～6m；小区主路 3～5m；宅间路 1.5～2m；机耕路 1～4m 不等。

3. 现状基础设施

（1）供水：南部部分片区供水接入市政管网，实现自来水供水。

（2）雨水：自 2015 年，沟渠疏浚 20km，维修硬化沟渠 4km，维修加固山塘 4 口，建设河坝 1 座，在天荷小区修建主渠道 1800m。

（3）污水：基本实现每户三格化粪池的建设。

（4）道路：经过城乡一体化建设，大部分路面实现路面硬化，在花塘片区、天子坡片区，投资一百多万元，安装了近 500 盏太阳能路灯，完成了这两个片区的亮化工程，达到了社区亮化的全面覆盖，但是交通路网的可达性有待提高，部分小路依旧存在软质地面。

（5）供电：社区内有 2 个变电站，基本能满足该社区的生活和工业用电。

（6）垃圾治理：社区向居民发放垃圾桶，每年在垃圾治理均有大量人力物力投入，却仍然没有达到分类减量的目标。

4. 现状问题

汇丰社区在地理位置和交通区块上都有着重要的发展优势，地形地貌具有多样性，适应多方向多产业化的发展，其经济水平高于普通村镇，有着花炮发源地的传统优势。但经过调研分析，就社区的发展而言，还存在以下问题：

（1）产业经济发展与农民增收的问题

目前，汇丰社区农民的主要收入依靠花炮产业。近年来，随着外部环境的变化，汇丰社区花炮产业的发展受到较大影响，农民收入增加缓慢。

（2）社区居住环境问题

近年来通过社会主义新农村建设和城乡一体化发展，社区居住环境得到极大的改善，但还未达到美丽乡村建设的目标。社区市政基础设施和社会服务设施、民居建设、村庄风貌以及环境治理等多方面都有待进一步改善。

（3）乡村治理与社会发展的问题

跟全国大部分乡村一样，汇丰社区在治理结构、社区委员会、社区集体经济组织、村民小组、村民、专业合作社以及企业主等方面存在许多问题，如何优化治理结构和培育社会组织成为美丽乡村建设需要解决的重要问题之一。

5. 文化发展问题

汇丰社区是花炮文化的发祥地之一，具有浓厚的文化传承氛围。但目前，花炮文化仍最主要集中在花炮的生产和销售，如何进一步挖掘花炮文化内涵是本次美丽乡村建设值得关注的问题。

（三）规划结构

根据汇丰社区实际情况，结合发展愿景以及村民意愿，本规划为汇丰社区制定了"一轴、五片、多节点"的空间发展结构（图8-9）。

（1）一轴

根据汇丰社区村域的带状空间发展实际情况，沿花炮大道和319国道，规划贯穿汇丰社区全域的空间发展轴线，向南融入大瑶镇城镇发展，向北则结合丘陵和田园景观，发展现代农业和宜居乡村。

（2）五片

五片是指北部美丽丘陵片区、中部美丽田园片区、南部美丽城镇片区、天子坡水库片区以及南部都市农业片区。

（3）多节点

在南北轴线发展和各个功能片区确定基础上，结合社区建设实际要求，形成多个节点，它们包括社区服务中心、袁家湾节点、天子坡节点、杨梅塘节点、金树山节点以及多个新建社区节点。

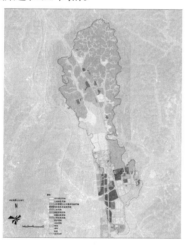
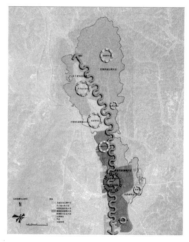

（a）用地规划图　　　　　　　　　　（b）空间结构规划图

图8-9　汇丰社区规划图

（四）基础设施与公共服务设施规划

为完善汇丰社区基础设施与公共服务设施，规划组主要针对道路交通规划、给水规划、农田水利设施规划、社会服务设施规划等方面进行了专门的规划设计（图8-10）。

复习思考题：

1. 请结合某一具体乡村，简述生态乡村基础设施与公共服务规划有哪些内容。

2. 生态乡村基础设施与公共服务规划有哪些规划理念？

3. 生态乡村基础设施与公共服务规划需要注意什么要点？

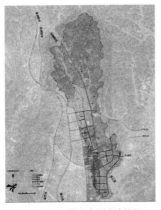
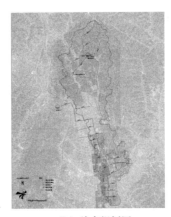

(a) 道路交通规划图 　　　　(b) 给水规划图

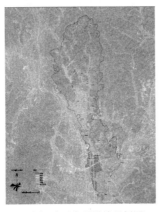
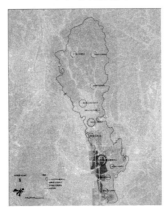

(c) 农田水利设施规划图 　　　(d) 社会服务设施规划图

图 8-10　基础设施与公共服务设施规划图

第九章　生态乡村环境规划

本章主要介绍了我国乡村环境建设现状，简述了生态乡村环境规划的主要内容与技术方法，分类别提出了生态乡村环境规划的要点与实施路径，并结合案例进一步探讨了社会主义新农村环境开发改造规划和历史文化古村环境整治规划的规划要点。

第一节　乡村环境建设现状

乡村环境建设是全面建设小康社会的重要内容和优先发展领域。随着城乡一体化的发展，乡村环境建设的研究内容得到不断延伸与拓展，乡村环境建设成效明显。但是，随着城乡一体化进程的推进，乡村环境建设也面临着严峻考验，多数乡村生态环境逐步趋于恶化，乡村环境保护和管理的法律法规不健全，出现了农业生产和居民生活排污、工业的污染加剧等问题，影响和制约着乡村现代化发展进程，威胁着广大人民群众的身心健康。同时，乡村生态意识与人文意识的不足导致乡村环境特色的缺失等问题，也造成了严重的建设性破坏。现结合湖南省部分乡村地区发展实际，对乡村环境现状进行简单介绍。

一、乡村生态环境现状

生态环境是人类赖以生存、生产以及生活的基本条件。目前，我国的多数地区生态环境保护已初显成效，生态环境治理已有明显改善。但由于自然、历史、人为等因素影响，我国生态环境形势依然十分严峻，表现为很多乡村地区面临着空气、水体、土地污染，生态系统稳定性遭到严重破坏，资源衰竭等问题，而这些问题已成为制约生态乡村可持续发展的主要瓶颈。

1. 大气环境污染，雾霾波及乡村

随着我国城市化与工业化的迅速发展与能源消耗的增加，带来了许多大气污染问题。乡村大气污染的污染源也是多方面的。首先除了自身产生部分污染源，还有来自以城市为中心向四周乡村扩散的污染源；其次，乡村企业生产的三废气、农田秸秆焚烧导致空中悬浮颗粒数量明显升高，也会产生大量的一氧化碳、二氧化碳等有害气体，从而降低空气环境质量（图 9-1）。

2. 水环境污染，水量水质堪忧

部分乡村企业生产所排放的工业污水是水环境污染物的主要来源。这些不经处理

图 9-1　农民在雾霾中下地耕种

的废水如果直接排到乡村自然水体中，会对乡村生态环境造成极为严重的破坏。除此之外，随着工业化和现代化进程的推进，乡村生活污水中的化学成分逐年增多，处理不当的生活污水排放到地表水中，其污染程度是非工业化时代的数倍；另外，随着我国城市化、工业化进程加快，部分地区地下水超采严重，水位持续下降；一些乡村地区污水、生活垃圾和工业废弃物污水以及化肥农药等渗漏，也造成地下水环境质量恶化，污染问题日益突出（图 9-2）。

图 9-2　某金属制品企业将污水直接排放到附近的沟渠

3. 土壤环境污染，天然功能失调

凡进入土壤并影响土壤的理化性质和构成物而致使土壤的天然功能失调、土壤质量恶化的物质，统称为土壤污染物。土壤污染直接的显象就是土壤生产力降低。土壤污染物的种类繁多复杂，既有化学污染物也有物理污染物、生物污染物和放射污染物等，其中以土壤的化学污染物最为遍及且严峻。土壤污染具有隐蔽性，将加剧土地资源短缺，导致农作物减产和农产品污染，威胁食品安全，直接或间接危害人体健康，还将导致其他环境问题（图 9-3）。

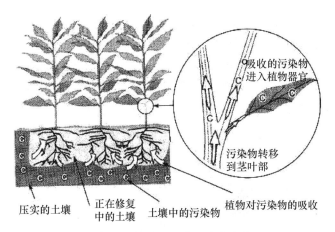

压实的土壤　正在修复中的土壤　土壤中的污染物　植物对污染物的吸收

图 9-3　植物表现土壤污染的危害

（图片来源：《土壤环境体系与污染修复技术》）

4. 固体废弃物污染，分流处理困难

首先，乡村居民的环保意识普遍淡薄。乡村生活环境"脏乱差"现象非常严重，柴草乱堆、污水乱流、粪土乱丢、垃圾乱倒、杂物乱放、畜禽散养等问题普遍存在，不仅影响镇容村貌，而且对大气、地表水和地下水造成一定的污染。

其次，乡村垃圾成分发生了很大变化。以前乡村产生的生活垃圾可以就地分解、循环使用。现如今，随着乡村居民的生活水平逐步提高，生活方式发生了很大的变化，难以降解的废品所占比例越来越大（图 9-4）。

图 9-4　生活垃圾在河边堆积

再次，乡村成为城市垃圾的转移地。由于农村地广人稀、管理松散，往往成为城市转移生活和建筑垃圾、有毒有害的工业和医疗卫生垃圾的选择地。

最后，村镇布局不合理，环卫基础设施、垃圾收集房基本配套设施不完善，生活垃圾绝大部分未能实现无害化处理，造成某些乡镇特别是中远郊农村产生的生活垃圾多在居民生产生活区、农田、河边等处堆积，垃圾得不到及时处理，日积月累下垃圾量十分惊人。

5. 生态系统退化，服务功能降低

在我国乡村地区社会经济不断进步的同时，乡村生态系统的组分、结构和功能也发

生了较大的变化，乡村环境污染形势日益严峻、乡村第一性物质生产功能下降、生态系统服务功能弱化、乡村人居建设缺乏生态学理论的指导、不可再生资源的消耗和自我调节功能的弱化、系统内部有机循环结构的断裂等一系列问题，系统压力不断加大，系统结构和功能受到了前所未有的冲击，出现了系统功能退化、环境质量下滑，严重影响了乡村居民的健康生活、社会主义新农村建设目标的实现以及城乡社会经济的可持续发展（图9-5）。

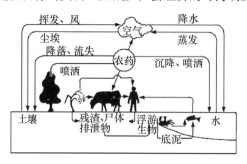

图 9-5　简单生态系统循环示意图

注：图片来自参考文献 190。

二、乡村人文环境现状

1. 基础设施建设滞后

乡村基础设施是为发展农村生产和保证农民生活而提供的公共服务设施的总称。包括交通邮电、农田水利、供水供电、商业服务、园林绿化、教育文化、卫生事业等生产和生活服务设施。乡村基础设施是农村中各项事业发展的基础，也是农村经济系统的一个重要组成部分，应该与农村经济的发展相互协调。尽管近年来我国乡村基础设施建设成果显著，但我国农村基础建设仍相当落后，城乡基础设施条件差异显著，其主要表现在以下几个方面：

（1）农田水利基础设施建设相对滞后

从现有存量来看，我国对农田水利设施投入较少，更偏重于投向大江大河治理等大型水利工程建设，对农田水利工程的投入力度不够。农田水利基础设施建设易受忽视，一些地方也没有真正将加强农田水利建设纳入政府工作的议事日程。农田水利建设投入主体缺失，致使原本主要依靠农民筹资投劳开展的小型农田水利建设受到较大影响。很多基础设施也年久失修，改造更新缓慢，这是造成我国农田灌溉效率低下的主要原因之一，也是乡村长期供水不足等问题的症结所在。

（2）农村道路、电网等设施仍旧不够完善

我国大部分农村交通设施与城市相比还十分落后，许多村庄实现"村村通"目标还十分艰难，且大多数农村道路建设质量差，导致无法通行社会车辆；电网建设存在设计不合理的问题，供电布局不科学、供电半径长、安全性能不高等问题均制约了农村的经济发展。

（3）农村文教体卫等基础设施有待改善

供气、供水、供热等现代生活设施在乡村较为薄弱，大部分农村的文化、教育、体育、医疗等设施建设明显不足；人均医疗设备不足，大部分乡镇医院设备落后，无法满足一般医疗需求；教育资源分配不均；农村文化体育设施简陋，村民文化生活单调贫乏；乡村信息化程度有限，普及率低。

2. 生活垃圾随意混合堆放

农村生活垃圾是伴随着社会经济的发展而必然出现的产物，它不仅对于当地的生态环境造成了巨大的危害，而且严重损害了乡村居民的健康，因此如何妥善处理这一问题迫在眉睫。由于我国农村各地区的经济状况存在较大差异，所产生的垃圾种类和数量也有很大的不同。因此，垃圾的处理是一项复杂而艰巨的工程，不同地区要结合当地不同的实际情况，制定相应的垃圾处理措施，减少垃圾对农村生态环境的进一步破坏。解决好这一问题需要政府、企业和乡村居民的全面参与和支持，从源头和末端全方位加以控制，维护和恢复美好的乡村环境，实现农村社会经济的可持续发展。

（1）数量庞大，成分日趋复杂

由于无害化处理和循环经济发展相对滞后，乡村地区排放的垃圾得不到有效利用。垃圾成分日益复杂，由过去容易自然腐烂的菜叶、果皮、纸张到塑料、泡沫、玻璃、废弃电池、混凝土等不可降解的垃圾，垃圾处理难度大大增加。

（2）随意倾倒，难以收集处理

乡村村民居住分散，绝大部分乡村地区没有专门的垃圾收集、运输、填埋及处理系统。我国乡村人口文化水平偏低，缺乏环境保护意识，乡村居民将可分解与不可分解、可回收与不可回收、有害与无害生活垃圾混在一起随意丢弃，给收集处理带来难度。

（3）城市垃圾下乡，加重农村生态环境压力

一些小城市由于资金和技术的局限，常常把城市垃圾向郊区、农村等地"输送"。这种带有明显"以邻为壑"色彩的做法，给农村的环境造成严重污染，对农村居民健康带来了严重危害。正是城市垃圾排放到农村这种行为使本来就缺乏保护的农村生态环境愈加恶化。这造成了环境不公平，而环境不公平发展下去必将加剧社会的不公平。

（4）基础设施落后，配套资金缺乏

广大农村垃圾处置设施匮乏，环境卫生经费不足，村庄普遍没有其他类型的环境投资。垃圾处理基础设施的落后，其根源在于资金的缺乏，农村的经济发展原本就远远落后于城市，人均收入除去温饱已所剩无几，无法像城市一样缴纳垃圾费，且治理农村生活垃圾耗费精力、财力巨大，效益实现周期长且不显著，政府部门往往忽视垃圾治理投入和管理的重要性，造成了农村公共环境卫生设施严重不足。

3. 生活污水直排

生活污水直接排放使得地表水和地下水受到污染和影响乡村环境的突出问题。乡村居民在生活水平提高的同时，受传统生活习惯的影响以及现实排污管道、污水处理场、垃圾收集、处理等基础设施建设严重滞后的制约，导致广大乡村地区污水肆意排放，严重污染水域与自然环境。并且，多数乡村人口分布广而且分散，相当一部分地区没有排水管网；人口数量众多，却几乎没有任何污水收集和处理措施，这都是农村生活污染源成为影响环境的重要原因，且随着农民生活方式的改变而加剧。

4. 畜禽粪便无序排放

畜禽粪便乱倒堆积是影响农村卫生的重要因素。随着农业产业结构的不断调整，

农村养殖专业户越来越多，规模逐渐扩大，集约化畜禽养殖带来的污染问题更为突出。在人口密集地区尤其是发达地区，农牧业的发展空间受到限制，集约化的畜禽养殖场发展更加迅速。对环境影响较大的大中型集约化畜禽养殖场，约80%分布在人口比较集中、水系较发达的东部沿海地区和诸多大城市周围。这些养殖场畜禽粪便还田的比例低，直接危害环境。同时需要强调的是，集约化养殖场的污染危害并不低于工业企业，不仅会产生恶臭，而且还会带来地表水的有机污染和富营养化并危及地下水源。畜禽粪便中所含病原体，对人体健康的威胁也更直接。同时，农村普遍没有垃圾处理场，也缺乏有效的处理方法，生活垃圾在水塘沟渠、道旁、地头随意乱倒堆积，成为蚊蝇孳生，臭气弥漫的污染源。

5. 工业企业三废处理不到位

受农村自然经济的影响，传统的农村工业化实际上是一种以低技术含量的粗放经营为特征、以牺牲环境为代价的工业化，村村点火、户户冒烟，不仅造成环境污染，还加大了治理的困难，导致污染危害直接影响到周边的自然生态环境。目前，我国乡镇企业废水和固体废物等主要污染物排放量已占工业污染物排放总量的一半以上，而且乡镇企业布局不合理，污染物处理率也显著低于工业污染物平均处理率。由于我国农村污染治理体系尚未建立，环境污染不仅迅速将"小污"变"大污"，而且已经"小污"成"大害"，给作为弱势产业的农业和弱势群体的农民带来了显著的负面影响。

第二节　生态乡村环境规划的内容与技术方法

一、规划内容

生态乡村环境规划不同于传统乡村环境规划，它是在对自然生态环境充分的调查研究基础上提出的以调查农业生态结构、改良和维护土地等农业资源、合理规划利用土地为主要内容的一系列保护乡村生态系统、美化乡村环境的计划和决策（表9-1）。

表9-1　生态乡村环境规划与传统乡村环境规划的差异

对比项	生态乡村环境规划	传统乡村环境规划
关注重点	注重人与自然、人与人之间的和谐、长久发展	注重乡村人与自然环境的协调、有序、持久发展
经济功能	注重生态的和谐，自然和人和谐发展，文化的有序传承，同时兼顾当地居民的经济收入	强调富民、旅游脱贫等经济功能
文化功能与生活态度	作为乡村居民由衷自豪，真正喜欢乡村生活和乡村文化，对于乡村和乡村文化抱有充分的自信	住在乡村，羡慕城市生活，对乡村文化不自信，面对城市居民表现不自信

生态乡村环境规划的主要程序是在乡村环境调查分析的基础上开展环境预测，进而制定恰当的环境目标，并在一定时空范围内提出具体的污染防治和自然保护的措施与对策。

1. 乡村环境现状调查与评价

乡村环境现状调查与评价是规划方案制订的基础，包括乡村自然环境状况（地理区位、地质地貌、气候与气象、水文特征、植被及生物多样性、土壤等）、社会经济状况（行政区划、人口及分布、人口素质、经济结构、经济产值、交通状况、文化娱乐设施等）、环境现状（大气环境质量、地表水环境质量、地下水环境质量、土壤环境质量、环境噪声、主要污染源及类型分布、环境管理现状）等方面的调查与评估。环境现状调查应特别重视污染源的调查与评价，找出总量控制的主要污染物和主要污染源。

2. 乡村环境预测

结合乡村社会经济与环境现状、社会发展规划、社会经济发展目标、其他产业发展规划，运用相关公式和模型，预测产业发展方向和规模，对区域环境随社会、经济、产业发展而变化的情况进行预测分析，主要包括：人口和经济发展预测、资源需求预测、主要污染物排放量预测、环境污染预测、环境质量预测以及乡村环境的变化趋势预测，并对预测过程和结果进行详细描述和说明。

3. 环境规划目标

环境规划目标是环境规划的核心内容，明确了规划对象未来环境质量状况的要求和方向，目的是保障经济、社会的持续发展。环境规划目标既不能过高，也不能过低，要做到经济上合理、技术上可行和社会上满意。生态乡村环境规划目标的确定一般遵循以下原则：

（1）以规划区环境特征、性质和功能为基础。

（2）以经济、社会发展的战略思想为依据。

（3）环境规划目标应当满足人类生存发展对环境质量的基本要求。

（4）环境规划目标应当满足现有技术经济条件。

（5）环境规划目标要求能做时空分解、定量化。

4. 环境措施研究

可采取的乡村污染防治和自然保护措施有：①根据自然生态系统环境的特点确定适宜的农业生产结构；②采取改良和增加农作物品种的措施，促进农业生态系统的稳定，增强其抵御自然病虫灾害的能力；③推广有效的农业生产技术，充分地利用和保护土地资源，发展生态农业；④做好乡村工业的规划与管理，合理使用化学农药及肥料等，减少化学物质对土地和农作物的污染；⑤合理规划乡村住房等非农业用地，健全基础生活设施，美化乡村生态环境。

二、技术方法

1. 环境质量评价方法

（1）地表水环境质量评价

地表水环境质量评价采用"W 值法"，将 COD、BOD、氨氮、总磷、总氮等作为

评价因子，以《地表水环境质量标准》GB 3838—2002 为评价标准进行评价。具体方法为：每一个评价因子对比《地表水环境质量标准》，如属 I 类为 10 分，属 II 类为 8 分，属 III 类为 6 分，属 IV 类为 4 分，属 V 类为 2 分，劣于 V 类为 0 分，得分最低的两项评价因子的分值相加，将和作为分类标准，详见表 9-2。

表 9-2　"W 值法"地表水环境质量评价分类表

分类	I 类	II 类	III 类	IV 类	V 类	劣 V 类
最低两项得分之和	20 或 18	16 或 14	12 或 10	8 或 6	4 或 2	0

（2）大气环境质量评价

大气环境质量评价可采用"API 法"，即空气污染指数法。目前计入空气污染指数的污染物有 SO_2、NO_2、PM10、CO 和 O_3，其中 SO_2、NO_2、PM10 为日均值，CO 和 O_3 为 1h 均值。空气污染物的浓度分级及质量评价标准见表 9-3 和表 9-4。

表 9-3　空气污染指数分级浓度限值表

污染指数	污染物浓度（mg/m3）				
	SO_2	NO_2	PM10	CO	O_3
50	0.05*	0.08*	0.05*	5*	0.12*
100	0.150	0.120	0.150	10	0.200
200	0.800	0.280	0.350	60	0.400
300	1.600	0.565	0.420	90	0.800
400	2.100	0.750	0.500	120	1.000
500	2.620	0.940	0.6005	150	1.200

* 注：当浓度低于此水平时，不计算该项污染物的分指数。

表 9-4　环境空气质量评价表

API	0～50	51～100	101～200	201～300	＞300
空气质量级别	I	II	III	IV	V
空气质量状况	优	良	轻度污染	中度污染	重污染

API 模型为式（9-1）、式（9-2）：

$$API = \max(I_1, I_2, \cdots I_i, \cdots I_n) \tag{9-1}$$

$$I_i = \frac{c_i - c_{i,j}}{c_{i,j+1} - c_{i,j}}(I_{i,j+1} - I_{i,j}) + I_{i,j} \tag{9-2}$$

式中　I_i——污染 i 的污染分指数；

c_i——污染物 i 的浓度监测值；

$c_{i,j}$——第 j 转折点上污染物的（对应于 $I_{i,j}$）浓度限值；

$c_{i,j+1}$——第 $j+1$ 点上污染物的（对应于 $I_{i,j+1}$）浓度限值；

$I_{i,j}$——第 j 转折点的污染分项指数值数；

$I_{i,j+1}$——第 $j+1$ 转折点的污染分项指数值。

（3）土壤环境质量评价

土壤对农业生产具有特殊意义，土壤质量直接决定农作物的产量和农产品的质量，土壤质量评价是乡村环境规划的基础之一。土壤环境质量评价方法最常用的是污染指数法，包括单因子指数法、权重综合指数法和内梅罗指数法等。参照《土壤环境质量标准》（GB 15618—1995）和《土壤环境监测技术规范》（HJ/T 166—2004）中的标准，可采用内梅罗指数法对土壤环境质量进行评价，评价标准见表9-5，评价公式为式（9-3）：

$$IPI_j = \{1/2 \left[\text{average}(C_{ji}/C_{oi})^2 + \max(C_{ji}/C_{oi})^2\right]\}^{1/2} \tag{9-3}$$

式中　IPI_j——第 j 采样点土壤污染物综合污染指数；

C_{ji}——土壤第 j 采样点第 i 种污染物实测含量，mg/kg；

C_{oi}——第 i 种污染物评价标准含量，mg/kg。

表 9-5　土壤内梅罗污染指数评价标准

综合污染指数	$IPI \leqslant 0.7$	$0.7 < IPI \leqslant 1.0$	$1.0 < IPI \leqslant 2.0$	$2.0 < IPI \leqslant 3.0$	$IPI > 3.0$
质量等级	I	II	III	IV	IV
污染状况	清洁（安全）	尚清洁（警戒限）	轻度污染	中度污染	重污染

2. 环境预测方法

（1）能耗预测

目前常用的能耗预测法有两种，即人均能耗消费法和煤耗系数法。

工业能耗预测采用煤耗系数法，计算公式为式（9-4）：

$$E_t = Z \times \alpha (1-\beta)^{t-t_0} \tag{9-4}$$

式中：E_t——预测年工业耗煤量，10^4 t；

Z——预测年工业产值，10^4 元/a；

α——基准年耗煤系数，t/10^4 元；

β——煤耗系数逐年下降率；

t——预测起始年；

t_0——预测年。

生活用能能耗采用人均能耗消费法预测，公式为式（9-5）：

$$E_生 = A \times N_t \tag{9-5}$$

式中：$E_生$——预测年居民生活耗煤量，t/a；

A——人均年耗煤量，t/（人·a）；

N_t——预测年人口数量，人。

（2）固体废物排放预测

乡村固体废物根据来源，主要分为两大类。第一类主要是指乡村居民生活废弃物，即乡村生活垃圾。第二类主要是指乡村工业固体废物，目前乡镇企业已经成为我国农村经济的主体力量和国民经济的重要支柱。由于乡镇企业的发展具有布局分散、规模

小和经营粗放等特征，再加上它们大部分属于污染较严重的企业，如一些小型的造纸厂、食品厂以及其他一些制造业、轻工企业，这些企业在生产过程中产生了大量的固体废物。

①生活垃圾产生量预测

生活垃圾现状调查需要确定垃圾产生量，分析垃圾的组成成分和所占比例。生活垃圾产生量可根据式（9-6）计算：

$$W_生 = f_生 \times N \qquad\qquad (9\text{-}6)$$

式中　$W_生$——生活垃圾产生量，$10^4 t/a$；

　　　$f_生$——排放系数，$t/$（人·a）；

　　　N——人口数量，10^4人。

生活垃圾产生量预测可采用式（9-6），但须注意，随着人们生活水平的提高，$f_生$（排放系数）也会发生相应变化。

②工业固体废物产生量预测

工业固体废物排放数据可来自当地环境保护部门，也可采用普查的方式逐个对工厂规模、性质、排污量进行调查，摸清固体废物的排放情况，找出重点污染物和重点污染源。工业固体废物产生量预测，常用的方法有系数预测法、回归分析法和灰色预测法三种。

第三节　生态乡村环境规划要点与实施路径

乡村环境规划建设是一项系统工程。做好生态乡村环境规划的科学编制，可从生态环境、文化环境、生活环境、环境建设四个维度综合考虑，着力加强乡村道路、饮水、沼气、电网、通信等基础设施和人居环境建设，使乡村环境和基础设施有良好的改善。分类别来看，可采用如下的生态乡村环境规划的要点与主要实施路径：

一、生态环境：保护乡村生态环境和自然风貌

良好的生态环境、山水田园、古树名木等都是乡村不可代替的重要组成部分，贴近自然、与自然风景相交融是乡村的一大特点。但同时，乡村自然风景资源并不是用之不竭的，对生态资源的滥用必然会遭到自然的报复。在生态乡村规划、建设中一定要保护好乡村生态环境和自然风貌，处理好农业、工业、住区与自然环境之间的关系。要实行工业向园区集中，节约用地，合理处理废弃物，控制乡镇企业的环境污染。要大力开展生态农业、观光农业建设，创造高品质空气质量和良好的视觉景象，营造有别于城市而优于城市的生态环境。同时，应重视乡村的景观建设。自然环境是农业生产的必备条件，而乡村的自然景观又是一笔宝贵的物质财富。乡村的景观建设不仅在城乡生态保护和乡村居住环境改善中起到积极的作用，同时将成为重要的旅游观光和度假资源。

乡村规划布局需要重视对自然环境的利用。与城市绿化截然不同的是，乡村的绿

化是利用农田果园，调整农田结构，重点保护生态资源，在空间上应合理布置。

加强对河道与溪流的整治和山坡植被的保护，借以提高村庄的生态环境质量。村中的河、溪、池、塘等水面规划应予保留，发挥其排水、防洪等多种功能作用。

生态乡村环境规划要充分保护和利用村庄原有的山体、河流、水塘、树木和自然环境资源，充分考虑结合地形地势，尽可能避免对生态环境和自然景观的破坏，综合采用多种绿化手段，结合乡村原有的景观特色，完善原有的绿化系统，建设以自然风光为主调，突出乡村特色、地方特色和民族特色的新乡村环境。针对山地型村庄，规划时应充分考虑结合山形水势，顺应地形变化，依山就势，尽可能减少土石方量，以创造高低错落、层次丰富的空间格局。针对沿海平原地区的乡村，村落中河塘水系较多，它们的存在，赋予了整个村落以灵性，水体以其流动、声响、倒影形成优雅宁静、充满自然气息的空间环境。规划不可随意填埋水体，要充分利用水体，营造村庄"小桥、流水、人家"的诗情画意。

二、文化环境：发挥文化环境景观优势

生态乡村环境规划既要求与自然山水有机融合，保护好具有历史文化价值的古村落和古民宅，又要延续地域原有的建筑文化特色及传统村落的空间格局，深入挖掘积极健康的民俗文化活动，并逐项落实到新村的空间布局、景观规划、活动场所及建筑风格和功能设计之中。

乡村文化

我国广大乡村至今保持着极其丰富的历史记忆和文脉。乡村的文化包括各类民俗、民族语言、生活民居、民间文学、民间美术、民间音乐、民间舞蹈、民间戏剧、民间曲艺、民间杂技和各种传统技艺等，是民族最重要的精神文化财富之一，是民族历史文化和精神情感之根，更是永不过时的文化资源和文化资本。

当人们生活在钢筋混凝土的城市中，会日益认识到精神家园的重要性，便越来越希望能从乡村中找回久违的清新感与恬静感，乡村成为人类寻根的源泉。现在，有些城市在建设过程中已基本失去个性，如果广大农村也变得千篇一律，内在个性化的精神文化传统涣散一空，损失将永难补偿。文化是精神之本，是重要的生产力，应以科学的全面发展观来规划拥有几千年历史文化积淀的乡村文明的未来。中华民族经历了数千年的农耕时代，由于历史悠久，民族多样，文化板块众多，形成了缤纷灿烂、风情各异的民族民间文化，可谓"五里不同风，十里不同俗""一方水土养一方人"，每个地区的文化传统都会形成具有本地特色的文化活动，并且在当地世代相传，具有广泛的群众基础，是中华民族优秀文化中最绚烂的部分。由当地历史、风俗、宗教等方面组成的地域文化是其他文化所不能代替的。可以这样说，在民俗文化中，最精美、最不易流失的是当地的建筑特色文化，因为其具有明显的地域特征、独特的艺术风格，能够反映当地的生活方式与风俗习惯，并已形成了深刻的影响和独特的文化符号，具有审美与艺术价值。民俗文化在城市村落中的延续是一种物质环境和精神环境改善。

在乡村环境规划过程中应当在充分了解、熟悉和尊重当地居民生产、生活的条件下，顺应当地的地形地貌。在建筑形式上，利用当地的材料，就地取材，这样既可以减少经济成本，又可以保留本土特色。

在生态乡村环境规划与建设中，还要注意保留乡村历史文脉和传统文化底蕴，保存村落中那些能够唤醒村民对其历史文化追溯和思考的传统街巷、祠堂、河涌和古树，并尽可能在新的人居环境中重塑原村落与人文景观的自然和谐共处，对富有地域文化特色的民俗风情进行现代化改造，将文化遗产的保护率先列入规划设计，保护和吸收传统文化，传承和发扬民族文化。

三、生活环境：改善乡村生活生态环境

生态乡村环境规划应通过科学合理、因地制宜的空间布局，营造优美的景观环境，配置完善的基础设施和公共服务设施，设计符合农民生活习惯的农宅，并采用节能技术最大程度降低农民生活成本，达到全面改善居民生活条件的目标。

社会主义新农村的最早发起者，著名经济学家林毅夫也曾表示，"如果把新农村建设的5个目标同时铺开，根本不知道如何下手。我个人认为，应从基础设施入手，基础设施建设本身可以让乡村居民参与，将村容整洁作为切入点以后，其他几个目标也能很快达到。如果把握好必要的基础设施投资和建设，农民的房子不动，这就比较好建设。但是如果真的一建设就是钢筋水泥的房子，这就令人担忧了。"因此，生态乡村环境规划、建设需要注意以下几个方面的问题，即因地制宜地建设各具民族和地域风情的居住房，房屋建设要符合节约型社会要求；完善基础设施，道路、水电、广播、通讯、电信等配套设施要俱全；生态环境良好，生活环境优美，尤其在环境卫生处理能力上要体现出新的时代特征。

1. 因地制宜地建设符合节约要求的居住房

传统乡村是在中国农耕社会中不断发展完善的，它们以农业经济为背景，无论就选址、布局和构成，还是单栋建筑的空间、结构和材料等，无不体现着因地制宜、因山就势、相地构屋、就地取材和因材施工的营建思想，体现出传统民居生态、形态、情态的有机统一。生态乡村规划应发扬传统，结合实际，根据各地不同的气候地理环境，就地取材、因材施工，建设经济实用又具地方特色的乡土民居建筑。就地取材，有助于降低建筑成本。一般民居营建中，建筑材料投资比重最大，可达70%至80%以上，选取经济实用的建筑材料显然更为实惠。一般采用新建、改建和扩建三种方式进行改造。建设情况良好且符合规划的现有村民居住区，宜采取改建或扩建的方式进行改造建设；对需要搬迁的村民居住区，拟采取拆除旧住房，建设以多层公寓为主的新住房的方式进行改造建设。

2. 改善村民生活条件，完善生活配套设施

改善村民生活条件，完善饮水、能源、道路、居住、通讯等生活配套设施，让乡村居民喝上安全卫生的饮用水，走上更加顺畅便捷的路，烧上安全清洁的燃料，用上既经济又有保障的电等。新时期，须进一步实施"三清三改"工作，"三清"主要是发

动广大群众清除房内外的生产、生活垃圾；清除门前屋后污泥，铲除杂草，防止蚊子、苍蝇滋生；清除有碍行人通过的道路两边搭建物与垃圾，保持道路畅通。"三改"主要是改造农村不合标准饮用水，在人口集中的村落，乡、村、农户三级共同筹措资金铺设自来水供水网络；改造推行水冲式厕所；改造建设村级公路，在主干道铺上沙石或硬化水泥路面。

围绕改善农民生活条件，积极开展乡村小型设施建设，配合地方政府和有关部门做好硬化村内道路；加强以小型水利设施为重点的农田基本建设，加强防汛抗旱和减灾体系建设，完善乡民生活基础设施，开发可再生能源，加强乡村环境建设。

以沼气等新能源为代表的一批生态项目，如今在各地农村积极推进。山东、浙江等省份提出要以"生态立省"，在农村大力发展沼气等可再生能源。比较有借鉴意义的做法是：在村民院内开展家居环境清洁工作，净化、美化庭院；发展秸秆成型颗粒燃料、秸秆气化等新型能源技术；在适宜地区推广太阳能热水器和太阳灶等农村小型可再生能源设施；推行乡村使用能源结构和改变生活方式，改善生态环境；注重乡村资源能源的节约及合理开发利用，走生态节能之路。

3. 改善乡村环境卫生

围绕村容整治和环境美化目标，综合利用农业废弃物，重视乡村污水、垃圾治理，逐步改善乡村环境卫生。乡村环境卫生工作重点主要包括乡村规划和乡村整治两个方面。整治的类别包括散户散村迁建、移民并村、旧村整治以及空心村整治，整治内容涵盖了农村生产生活所必需的基础设施、公共服务设施以及村庄风貌、环境治理等，包括村容村貌整治，村庄废坑废塘整治，村内闲置荒地改造和私搭乱建清理，打通乡村连通道路和硬化村内主要道路，配套建设村庄供水设施、排水沟渠、垃圾集中堆放点，村庄露天粪坑整治和公共厕所建设，村庄集中场院、村民活动场所和消防设施建设等。具体包括：通村公路及桥梁建设，村庄道路路面硬化，道路排水边沟，必要的路灯及交通标志，农业机械及汽车，自行车的公共停车场、库、棚等；水源、水质处理设施，供水到户的水塔或高位水池及输配水管网；电力供应的变配电设施、输电线缆架设或埋设；电话线缆、卫视天线等通讯线缆及设备的配置；邮件收发、汇款、储蓄、电报、传真等业务的代理点；诸如沼气等天然能源及可再生能源开发技术及设备的应用。生活污水、工业废水排水沟及污水处理设施，雨水收集排放设施；生活垃圾、医疗废弃物的收集、运送及处理；公共厕所或户用厕所、集中或分散禽畜饲养场的环境卫生与粪便处理；防灾减灾设施；消除村庄内外街巷两侧乱搭乱建的违规建筑物、构建物及其他设施；村庄主要出入口、街巷、公共活动场地、公用水塘和公共绿地等环境面貌的整治与美化等。

例如在河北省，从2004年起开始在全省农村广泛开展创建文明生态村活动，确定把"道路硬化、街院净化、村庄绿化"，改善农民居住环境作为主要抓手。围绕村容整治和环境美化，综合利用农业废弃物资源，搞好乡村污水、垃圾治理，改善乡村环境卫生。向具备适宜条件的农户全面普及户用沼气，在农户院内开展家居环境清洁工作，净化、美化庭院。引导农民通过"改水、改厕、改橱、改畜禽圈合、建沼气池"等措施，有效治理农村面源污染，逐步改善农民居住环境，要大力推行和发展循环经济，

要积极探索和研究治理环境污染的新技术、新方法，努力达到投资少、效果佳的目的。

4. 采取措施，有效控制乡镇企业带来的污染

合理规划布局，发挥本地资源优势，调整乡镇企业的发展方向。要按照统一规划、合理布局、综合治理的要求，整治乡镇企业，该淘汰的企业要坚决淘汰，该保留的乡镇企业要引导其向工业园区集中，实行乡镇企业污染的集中治理；要按照小城镇环境保护规划的要求，加快乡镇企业技术改造和生产技术升级换代，以降低物耗能耗，减少污染排放，推行清洁生产，发展循环经济。同时，根据当地实际情况建设城镇污水处理设施和垃圾处理设施，开展创建优美环境小城镇等活动。此外，还应采取有效措施防止高消耗和高污染的落后工业向乡村地区转移。乡镇企业的发展，要从本地实际出发，优先发展种植业、养殖业、加工业，优先发展食品、饲料工业和建材、建筑业和能源工业。

四、环境建设：因地制宜，科学自主地实施环境规划建设

生态乡村环境建设应该实事求是，做到因地制宜、量力而行，即兼顾农民承受能力，切忌生搬硬套环境建设模式。

1. 编好环境规划

各地乡村的发展差距很大，在编制乡村环境规划中，需要根据当地的自然条件、经济发展水平、资源优势、历史因素、文化内涵，因地制宜地编制科学合理的环境规划。在发达地区，应着手大规模解决环境问题；在经济比较落后的地区，要充分考虑农民的切身利益和发展要求，重在改善生态，消灭脏乱差，引进必要的生活设施。另外，对于一些历史文化特色村，本着保护、开发并重的原则，充分利用自然与人文资源，在恢复保护的基础上，充分开发利用历史文化、民俗文化、古建筑等文化资源优势，建设成为历史文化特色村。

总体来看，生态乡村规划要根据不同乡村的特色发展，发挥资源优势，因地制宜地规划建设诸如高效农业型、农产品加工型、观光旅游型、集贸型等具有鲜明个性特色的村庄。在编制环境规划时，要结合乡村当地风俗环境，使建筑和空间布局别具一格，既有浓郁的乡土气息，又有崭新的时代特征，形成协调又丰富多彩的村庄面貌。

2. 做好分期计划

生态乡村环境规划建设的实施是一项长期任务，既要着眼于改善村容村貌，又要尊重农民的意愿和充分考虑农民的承受能力；既要坚持节约和集约使用土地的基本原则，又要方便农民的生产生活，因此须做好分期计划。中央一号文件曾明确指出，各地要按照统筹城乡经济社会发展的要求，把新农村建设纳入当地经济和社会发展的总体规划。要明确推进新农村建设的思路、目标和工作措施，统筹安排各项建设任务；要尊重自然规律、经济规律和社会发展规律，广泛听取基层和农民群众的意见与建议，提高规划的科学性、民主性、可行性，建设中切不可脱离实际，违背农民意愿，盲目攀比；必须坚持从各乡村的实际出发，统一规划，分步实施，逐步落实。

3. 坚持自主建设

生态乡村环境规划建设是乡村居民自己的事业，必须坚持以乡村居民为主体，集中群众的智慧，充分调动广大乡村居民进行环境规划、建设的积极性、主动性和创造性，依靠群众自己打造美好家园环境。生态乡村环境建设不是大拆大建，必须以科学的发展观为指导，综合考虑经济、资源、环境的承受能力，量力而行，避免劳民伤财。村庄建设和环境整治时要尽量避免占用耕地，尽量节约耕地，尽可能减少环境污染，避免环境破坏。

总之，生态乡村环境规划是一项系统工程，需要多方面的协调和努力。规划设计中要充分考虑其区位条件、地形地势、气候环境、经济水平等要素，因地制宜地制定合理方案，在保持和延续这种特色的同时还要满足现代生活的需要和社区功能的要求，进行统一规划，分步实施，提高规划的科学性、可行性，尽可能建立人工环境和自然环境的共生关系，把对自然的干扰与破坏减少到最低程度；尽可能延续乡村民俗文化风貌和人文景观，为村民建设一个美好家园，从而促进乡村健康有序发展。

第四节　典型案例

一、社会主义新农村环境开发改造型规划——湖南省长沙市望城区白箬铺镇光明村

1. 建设背景

改革开放以来，中国经济迅速发展，然而在发展过程中也出现了一些问题。其中城市与农村发展不平衡就是一个比较突出的问题。而建设社会主义新农村建设是缩小城乡差距的一个比较有效的手段，有利于中国经济的健康快速发展，造福于整个社会。

结合发展社会主义新农村的规划，不难发现：城乡环境建设是推进城乡统筹进程必不可少的基本保证，是实现国家或区域经济效益、社会效益、环境效益的重要条件，对区域经济的发展具有重要作用，主要表现在以下三个方面：

（1）环境建设是社会经济活动正常运行的基础。

（2）环境建设是社会经济现代化的重要标志，环境水平反映了一个现代化社会的物质生活丰富程度。

（3）环境建设是拉动经济增长的有效途径，环境建设与乡村旅游产业发达程度关联极大。

如何在"两型社会"建设中推进新农村建设，实现城乡一体化发展，长沙市望城区白箬铺镇光明村对此进行了积极有益的探索，对全省新农村建设具有很好的指导示范作用（图9-6）。

2. 案例简介

光明村位于湖南省长沙市望城县白箬铺镇，全村总面积 7.13km²，42 个村民小组

图 9-6　光明村区位关系图

946 户，总人口 3405 人。西与宁乡县毗邻，距长沙市 15km，属于长沙大河西先导区，金洲大道贯穿该村。金洲大道在望城县境内长度 12.42km，被称做"长沙大河西先导区第一路"，是先导区最具发展潜力的产业走廊的重要载体（图 9-7）。金洲大道沿线风光秀丽、环境宜人，保持了原生态的田园风貌。金洲大道通车后，为光明村发展带来了前所未有的机遇。同时，光明村以其独有的自然山水特色和区位交通优势，赢得了政府领导、投资商客的青睐。借着长株潭"两型社会"综合配套改革试验区的机遇，为高起点、高标准地建设光明村社会主义新农村示范基地，打造"具有湖湘特色、集休闲、渡假、观光于一体的生态农庄第一品牌"。

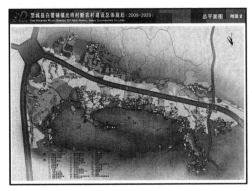

图 9-7　光明村总平面图

3. 生态环境规划要点

光明村建设启动后，按照"两型"的要求，在充分尊重乡村居民意愿的基础上，以原有自然生态环境为依托，结合本地民俗特点，因地制宜，确定了建设"生态人居、创业家园、度假天堂"的目标和"整体规划、分步实施、整合资源、重点突破、打造亮点、连片推进"的思路；以"政府强力推动、农民自主建设、实施市场运作"的模式，在实现自然资源商品化、农村设施现代化、村庄环境生态化、旅游服务优质化"等方向进行了大胆的探索；按照示范"两型"的要求，深入向农民群众进行了保护生态、节约资源理念的宣传，帮助群众在改变农村面貌和生产生活方式及改善人居环境等方面转变了观念；在保护和开发建设中美化了环境，培育了产业，打造了品牌，改变了人的精神面貌，群众得到了实实在在的利益（图9-8）。

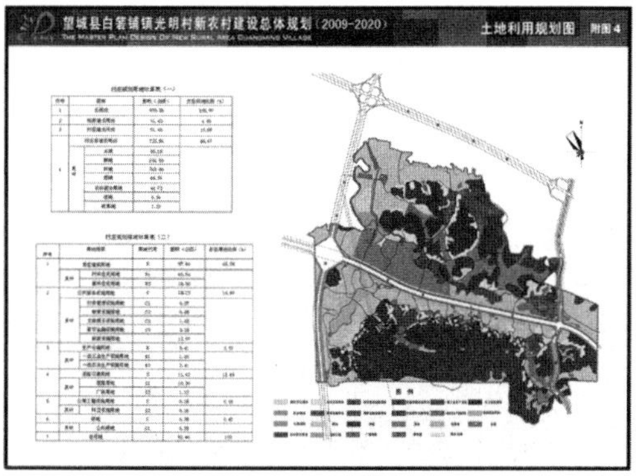

图9-8　光明村土地利用规划图

这些取得的收获与当地政府的重要决策"四个坚持"密不可分。

（1）坚持民居改造与传承湖湘文化相结合。在实行民居改造时充分体现乡土风俗民情，强调"湖湘文化"特征，坚持不大拆大建，只是按照屋面、外墙、门窗、扫脚"四统一"要求进行"穿衣戴帽"改造，节约了大量资源。同时，宅内进行了改水、改厨、改厕，院内整理了菜园、花园、果园，环境实现了硬化、绿化、净化。通过民居改造，形成了古朴典雅、具有"湖湘风格"的古韵特色风貌区，实现了整个村庄的提质。还建成中国第一幢拼装式节能环保别墅，真正实现了"家居生态化、设施现代化"。77户改造后的民居，一色的青瓦白墙、朱门木窗，体现了简洁素雅、整齐大方的湖湘民居特色，与光明村的地形、地貌、自然山水相协调。

（2）坚持生态优先与改善基础设施相结合。过去农村建设较少注意保护自然生态，挖山填塘情况较多。光明村在基础设施建设中始终坚持生态、环保、自然的理念，每个细节都注重保护原始自然生态。乡村旅游公路、自行车道和登山游道都依山顺势修建，做到"不填塘、不挖山、不砍树"，完成了残次林改造补植树苗约1200株。推广生态能源，人居环境得到明显改善。充分考虑环保节能，登山游道路灯、自行车道灯都使用太阳能，群众做饭用沼气，洗澡用太阳能热水器。新建垃圾处理站1座，安装垃圾桶80个，配套垃圾清运车4台，完成乡村清洁工程22户，垃圾分类集中处理，建成了村庄污水处理系统。

（3）坚持外力推动与激活内生动力相结合。政府"以奖代投"加大投入，让老百姓看到实实在在的好处，激发了群众建设新农村的内在动力。光明村每改造民居1户市财政奖励3万元，县、镇配套奖励1.8万元，使民居改造迅速走上良性发展轨道。182户主动申请改造的民居有85%主动完成建新拆旧工作，拆除旧屋54栋、围墙8处，主动敲破水泥坪地建成生态绿地和庭院绿化带。对农民办"农家乐"缺乏资金的，财政提供3年贴息贷款8万元，目前，全村共申办"农家乐"五十多家，成为一批农村能人创业致富的"孵化器"，实现了"遵循自然改造，顺应民心发展"。

（4）坚持产业发展与对接城乡消费相结合。光明村（图9-9）依托省会城市巨大的消费市场，坚持以服务城市为主题对接城乡消费，找准了产业发展的着力点。流转出去的土地主要用于葡萄、荷花、蔬菜的种植和建设自行车训练比赛场地，大力发展现代生态休闲农业，并带动游、玩、吃、住、购等多种产业协调发展，走出了一条城乡统筹特色的产业发展道路。

图 9-9   光明村鸟瞰图

二、历史文化古村环境保护整治型规划——湖南省永州市江永县上甘棠村

1. 建设背景

上甘棠村处于湘南永州地区，是一个拥有特殊的自然环境与文化环境的传统村落，如何保持它一直以来的经济和文化状态，维系它的文脉，让其能延续其生存，让生活于其中的居民能够继续生存发展；以及如何以保护推动发展，以发展来促进保护，有效地促进区域经济发展和居民生活水平、生活质量的提高是未来研究的重点。

2. 案例简介

湖南省永州市江永县位于湘南边睡，北、西、南分别与广西灌阳、恭城、富川交界，东南、东北与道县、江华两县毗邻，省道 S325 线贯穿全县。上甘棠村至今约有1240 年的历史，位于江永县夏层铺镇西南 24km 处，处于五岭环抱的小盆地。江永县属于南岭山脉的山地丘陵区，都庞岭和盟诸岭环绕四周，中部地势平坦，山间盆地相连，属于喀斯特和南方红壤的混合型。

图 9-10   上甘棠村沿河环境

3. 生态环境规划要点

（1）上甘棠村环境空间选址、营建追求"人之居住，宜以大地山河为主"和"山

水为血脉，以草木为毛发，以烟云为神采"的境界。规划采用了因山就势、顺应水脉、保土理水、培植养气、就地取材等原则。规划着重保护其自然格局与活力，借岗、谷、脊、坎、坡、壁等地形条件，巧用地势、地貌特征，灵活布局组织自由开放的环境空间。规划以大自然山水、飞鸟、游鱼、绿荫怡情，引发人的想象力和对大自然美的感悟，营建"村融山水中、人在画中居"的田园环境，构建人与自然和谐相融的人居环境理想境界（图9-10）。

（2）上甘棠村发展顺应昂山、屏山群峰、将军山山势，沿谢沐河形成沿河主干道，且带有多个以总宗祠、宗教庙宇、戏台、门楼小广场等公共活动空间为中心、布局集中的内向性群体空间（图9-11）。村中因合作的农耕关系和深深的血缘关系，形成近人尺度的小而紧密的邻里、天井式院落的小尺度空间环境。突出"以人为主体"的指导思想，以山水、林木、阳光、水、土地等自然生态因素为基础，以古人的行为、心理、社会活动及农村生产的需求为目标，遵循顺应自然、因地制宜、节约用地、节约能源、就地取材等原则，按聚落规划构思和章法营建以住宅、广场、街巷道路及公共活动等多功能、多元化、多层次的活动空间，构建有机组合的人工环境空间体系（图9-12）。

图9-11 上甘棠村景观主轴环境

表9-12 上甘棠村鸟瞰图

4. 环境规划、建设新举措

（1）对于上甘棠村附近的都庞岭、萌诸岭丘陵、屏山山脉，严禁石材矿产的开发，不破坏、不改变当地的地形地貌特征。

（2）不允许烧山开荒，将已经非法占用的山林土地资源，实行"退耕还林"。

（3）流经上甘棠村的谢沐河及其上游的溪、涧、池、塘、圳、湿地，按照国家的

水利管理条例进行梳理、修护、整治，保持现有的自然水系形态。

（4）严禁向谢沐河和村后池塘排放有毒有害污水和倾倒各种垃圾，专人清除河里的飘浮杂物，定期疏通河道，整治驳岸、护坡，拆除遮挡和覆盖主河道的建筑沿谢沐河的两侧空地、河滩多种植树木，改善沿河的绿化，增强景观质量。

（5）对于当地的树木、花、草、水生植物等植被，继续推行封山育林和人工造林等政策，鼓励经济林的种植。

复习思考题：

1. 简述我国乡村环境建设现状。

2. 请结合某一具体乡村，论述生态乡村环境规划的主要内容。

3. 请结合实际，论述生态乡村环境规划的要点。

第十章　生态乡村旅游规划

本章主要回顾了乡村旅游的时代背景、发展意义与发展历程，介绍了乡村旅游发展特征与主要问题，分类阐述了生态乡村的旅游资源及开发，提出了生态乡村旅游发展模式、编制内容与主要技术流程，并结合典型案例探讨了生态乡村旅游的的理论与实践。

第一节　乡村旅游发展概述

一、时代背景

2017 年中央一号文件《中共中央国务院关于深入推进农业供给侧结构性改革加快培育农业农村发展新动能的若干意见》提出，充分发挥乡村各类物质与非物质资源富集的独特优势，利用"旅游＋""生态＋"等模式，推进农业、林业与旅游、教育、文化、康养等产业深度融合；丰富乡村旅游业态和产品，打造各类主题乡村旅游目的地和精品线路，发展富有乡村特色的民宿和养生养老基地；围绕有基础、有特色、有潜力的产业，建设一批农业文化旅游"三位一体"、生产生活生态同步改善、一产二产三产深度融合的特色村镇；支持有条件的乡村建设，以农民合作社为主要载体，让农民充分参与和受益，集循环农业、创意农业、农事体验于一体的田园综合体。

2017 年 10 月，党的十九大提出实施乡村振兴战略；12 月中央农村工作会议指出实施乡村振兴战略是中国特色社会主义进入新时代做好"三农"工作的总抓手。休闲农业和乡村旅游作为农村和农业的新产业新业态，在乡村振兴中将扮演非常重要角色，是实施乡村振兴战略最好的抓手。

二、发展意义

第一，生态乡村旅游是解决新时代我国社会主要矛盾，满足人民日益增长的美好生活需要的有效途径。

十九大指出，新时代我国社会主要矛盾是人民日益增长的美好生活需要和不平衡不充分的发展之间的矛盾。凭借乡村山水资源、田园环境、地域文化等资源，大力发展生态乡村旅游，拓展农业多种功能，不仅可以满足城乡居民对美好生活的向往，还可以将乡村绿水青山优势转化为经济社会发展优势。

从城乡融合角度来看，城市居民希望乡村提供充足、安全的物质产品，也希望农村提供清洁的空气、洁净的水源、恬静的田园风光等生态产品和乡愁文化等精神产品。对于乡村居民而言，不仅希望城市居民"进入"乡村增加收入，也希望自己生活在好山、好水、好风光的美丽家乡。所以无论是对城市居民还是农村居民来说，生态乡村旅游都是致力于调节改善这种不平衡不充分的发展状况，是为居民提供美好生活需要的重要发展方式。这要求乡村旅游的发展要在美化乡村生活生产环境、拓展乡村特色产品链条、提升乡村生活品质空间、增强乡村居民幸福感上做好文章，助力于化解乡村发展矛盾，提升发展效率。

第二，生态乡村旅游是实现乡村振兴战略总要求，加快推进农业、农村、农民现代化的助推器。

乡村振兴战略总要求是"产业兴旺、生态宜居、乡风文明、治理有效、生活富裕"，这也是发展生态乡村旅游的目标和宗旨（图 10-1）。生态乡村旅游能够推动农业从原始的生产功能向休闲观光、农事体验、生态保护、文化传承等多功能发展。以农耕文化为魂、以美丽田园为韵、以传统村落为形、以生态农业为基、以创新创造为径，利用"旅游+""生态+"等模式，拓展农业多种功能，推进农业与旅游、教育、文化、康养等产业深度融合，发展观光农业、体验农业、创意农业等新产业新业态。新时期，可以以生态乡村旅游为主要着手点，美化乡村风貌环境，帮助农民发家致富，推动传统农业优化升级，以生态乡村旅游发展所带来的生态、经济和社会效益为乡村振兴提供有力助推作用。

图 10-1　乡村振兴战略总要求

发展生态乡村旅游就是建设人与自然和谐共生的现代化农业农村，保护好绿水青山和清新洁净的田园风光，在促进农民增收的同时带动生态乡村建设提档升级。通过文明整洁的生态、美丽村庄，吸引更多的游客来乡村休闲度假甚至安居。

通过发展生态乡村旅游，有利于带动乡村农产品深加工、交通、餐饮、住宿、建筑和民俗文化等相关行业产业的发展；有利于农业产品转化为乡村旅游商品，提升农民的经营性收入；有利于居民住房转变为民宿客房，提升农民的财产性收入；有利于乡村景观转变为观光景区，提升农民的工资性收入，保障农民收入全年的可持续性。休闲农业和乡村旅游还能够实现农民就地就近就业，已成为保障农民收入持续较快增长的突出亮点。

第三，生态乡村旅游是实现城乡融合发展，加强城乡之间联系与合作的重要纽带。

十九大报告第一次提出了"城乡融合发展"，更加强调我国新型城镇化快速发展进程中城乡发展的有机联系和相互促进，把乡村的发展与城镇的发展作为了一个有机整体，不再仅限于从乡村本身思考乡村的发展问题，体现了我国城乡关系发展思路从"城乡二元"到"城乡统筹"，再到"城乡一体"，最终到"城乡融合"的根本转变，确立了全新的城乡关系，是我国城乡关系发展思路的与时俱进。

发展乡村旅游，可以加强城乡之间的联系与交流，有利于打破农民头脑中的传统观念，引进新的价值观念与生活方式，促进村容村貌现代化美化提升，重新定位与合理定义农业、农村和农民的现代化发展，在乡村旅游推动城市与乡村之间资本、消费、知识、生活方式等各种要素交流的同时，加速保障城乡一体化积极融合发展。生态乡村旅游一方面使得乡村资源得以高效利用，城乡之间各种要素交融流通；另一方面也在吸引城市居民走入乡村生活、参与乡村振兴过程，促进农民身份职业转化，实现就地城镇化。在这个过程中，乡村居民实现与城市现代生活的交流，城市居民实现归园田居的生活状态。生态乡村旅游在城乡一体化中的重要融合作用变得越来越显著。

三、相关概念

生态乡村旅游是现代旅游形式的一种，以生态乡村生产与生活空间为基本载体，充分利用其独具特色的乡村居所、乡村风光、生产形态、民俗风情、生活形式和乡村文化等资源要素，通过城市与乡村之间存在的差异性来规划设计和组合产品，形成一种集"观光、体验、游览、娱乐、度假和购物"于一体的旅游形式。

发展生态乡村旅游的核心是开发生态乡村旅游产品。生态乡村旅游产品一般指依托农业生产方式和成果、农村生活方式和设施开发的旅游产品，其旅游产品不在数量多少，而在于能够反映乡村的灵魂和特点。

生态乡村旅游发展要尽可能遵循以下原则：

第一，坚持可持续发展与绿色发展的原则。要处理好经济发展与生态保护的相互关系，充分考虑环境生态、经济发展、人文社会等多方面的相关作用效益，形成多种效益良性发展格局。既要促进乡村旅游产业积极发展，又要节约耕地资源，实现旅游开发与农用地保护平衡发展。

第二，坚持旅游产品特色化与差异化原则。生态乡村旅游有着田园风光、山村水乡、农事体验、民风乡情等丰富的产品类别，因而要在乡村旅游中多层次、全方位地培育各自的综合性优势，坚持"一村一品"的特色发展道路，避免在产品选择中照搬照抄造成千村一面的现象。将山水自然资源、农业生产资源与本地的民俗文化资源分析整合，让游客看得见山水，感得到乡情，记得住乡愁。

第三，坚持科学规划原则。通过对乡村现有资源的全面调查，应把生态乡村旅游纳入生态乡村产业发展、经济社会发展的总体规划和全域旅游规划管理的范畴，并进行分门别类的专门性指导，使乡村旅游的规划和发展科学合理，杜绝盲目投资和重复建设，减少资源浪费，提高投资效益。

四、发展历程

乡村旅游整体发展可以分成 1.0～4.0 的代际模式，即从乡村旅游最初的雏型，也就是农家乐的基础上，发展到乡村休闲阶段，开始包含一些体验产品，再到形成乡村度假的发展方向，直至现在以旅居为主的田园综合体等新的发展模式和产品方向。从 1.0 的雏形到 2.0 的发展，再到 3.0 的成熟和 4.0 的突破，是乡村旅游在产品的结构上面经历的几个阶段的发展，具体到产品而言，就是从农家乐到体验型农家乐，再到精品民宿和乡村旅居度假的产品的发展脉络（图 10-2）。

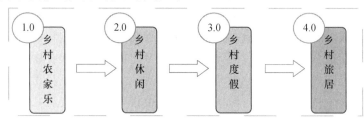

图 10-2　乡村旅游发展演变历程

（1）1.0 阶段：乡村农家乐（雏形期）。起始于 20 世纪 80 年代，在当时旅游扶贫政策的号召下应运而生，主要以农家乐和农业观光为主，"住农家屋、吃农家饭、干农家活、享农家乐趣"为其主要特征。本阶段乡村旅游开发理论尚不成熟，旅游行为也多为自发组织。农户自发独立经营，以基本农产品为经营内容。市场规范性较差，缺少规模效应和品牌效应。

（2）2.0 阶段：乡村休闲（发展期）。随着生活水平提高，单纯的农家乐型乡村旅游已经不能满足市民的休闲需求，客源出行目的的改变让市场这只无形的大手，指引着乡村旅游在农家乐的基础上，发展到了乡村休闲阶段，进入了乡村旅游发展的 2.0 阶段。这一阶段开始包含一些体验的产品，也有一些劳作体验的营销手段运作，这种体验性的农家乐，不仅拉长了产业链，也满足了旅游市场对于休闲功能的软性要求。该阶段乡村旅游开发理论系统逐渐形成，但主要从传统旅游层面关注游客的"吃、住、行、游、购、娱"六大要素展开，忽视了乡村发展及当地居民的诉求。

（3）3.0 阶段：乡村度假（成熟期）。随着"月色经济"的打造，游客停留时间也明显加长，同时小长假、周边游和周末游成为乡村旅游的热宠。2.0 阶段的体验性农家乐升级成为可以提供精品民宿的 3.0 阶段，发挥乡村特色打造度假村庄，其基本特征是淘汰乡村同质化、服务低水平、档次低端化的旅游产品，将城市休闲方式导入乡村，积极参与乡村生产、生活活动，形成一种全新的乡村休闲方式。随着国家相关农业及旅游政策（美丽乡村、新型城镇化等）的不断推进，这一阶段的乡村旅游开发也逐渐从"游客思维"（游客需求第一）向"居民思维"（乡村振兴）转变。

（4）4.0 阶段：乡村旅居（突破期）。该阶段游客与居民不再是相互分离的个体，而成为有机统一体，游客逃离城市融入到乡村、住在乡村并建设乡村，游客不再是短暂的停留而是生活在乡村，发展为一个休闲生活的圈子，当地居民不再单纯地为游客提供旅游服务，而是在"出售"自己的生活方式及环境。在这个阶段，乡村旅游不再是生活的调剂品，而成为日常生活的一部分；同时，该阶段对乡村旅游开发也提出了更高的要求，不但要以"游客思维"考虑到游客的体验过程，更要以"居民思维"发展乡村经济、美化乡村环境，实现乡村的复兴，两种思维模式的结合形成"系统思维"才是未来乡村旅游发展的方向。

第二节　乡村旅游发展特征与主要问题

一、发展特征

2016 年中国社科院发布的《中国乡村旅游发展指数报告》指出，2016 年是中国"大乡村旅游时代"的元年，乡村旅游发展规模大、投资大、影响大，已成为人们新的生活休闲方式。通过大数据推演预测，未来中国乡村旅游热还将持续 10 年以上，2025年达到近 30 亿人次。中国乡村旅游从过去的小旅游进入到了大旅游时代。这个"大"，主要体现在三个方面：

（1）规模大。2016 年乡村旅游人次达 13.6 亿，平均全国每人一次，是增长最快的领域，乡村旅游收入达 4000 亿以上。

（2）投资大。2016 年乡村旅游投资为 3000 亿，乡村旅游事业体超过 200 万家，乡村旅游不仅仅是简单的乡村餐饮娱乐活动，而是逐渐形成一个包括乡村旅游观光、休闲度假等众多业态的新型大产业。

（3）影响大。表现为中央、地方、企业和消费者广泛关注，成为旅游业、新型城镇化建设及扶贫事业的主题，成为人们新的生活方式。

二、主要问题

1. 产品质量层次较低，同质化严重

目前我国乡村旅游产品存在的主要问题是产品单一、深度化低、宣传策划能力低。首先，乡村旅游产品单一，缺乏精品，重游率低，未有效利用乡村各种资源，难以适应现代旅游市场需求。许多乡村旅游活动只是吃农家饭、干农家活、住农家房，产品雷同、品位不高、重复较多，缺乏体验休闲项目，难以满足游客多层次、多样化和高文化品位的旅游需求。其次，乡村旅游产品深度开发不足，未深入挖掘乡村农业旅游资源和民俗文化内涵，仅停留在观光、采摘、垂钓等项目，是在原有生产基础上的表层开发，只满足游客物质需求，缺乏创新设计与深度加工。最后，乡村旅游产品配套基础设施建设不完善、乡村旅游产品的宣传策划能力低等问题也让乡村旅游难以适应激烈的旅游市场竞争。

2. 开发模式以点式开发为主，缺乏产业化整合

生态乡村休闲旅游要以产业化的思维发展特色产业，通过横向拉长旅游产业链、

纵向融合产业发展促进乡村旅游产业升级。目前，乡村旅游开发主要是依托相关的资源进行开发，如依托当地产业、旅游资源、区位条件、市场发展与景区资源，以及在相关政策引导下开发乡村旅游。由于我国乡村旅游高强度盲目开发较为严重，政府层面缺乏统一规划和引导，导致经营层面一味追求短、平、快，或忽视合理规划，或缺乏差异化主题，或造成同质化严重。同时在区域范围内，缺乏乡村旅游的系统整合，缺少产业化思维，忽视了产业发展的重要性，尚未形成合力。

生态乡村旅游不再只是简单点式开发，而是要拓展"乡村旅游＋"的潜在价值，创新乡村旅游要素体系，构筑以生态乡村旅游引领的区域产业经济发展核心。

3. 乡村旅游融资难，缺乏足够的资金支持

生态乡村旅游开发离不开金融资源的支持，而乡村旅游开发面临着融资难、融资总量小等问题，仅靠政府资金的支持是远远不够的。长期以来农村金融严重滞后于农村发展，很大程度上制约了乡村旅游的发展。从目前我国乡村旅游投融资来看，主要存在融资渠道相对单一、缺乏乡村旅游专业融资机构、乡村旅游业与资本市场结合松散、闲置资金进入旅游业的投资数额规模较小、利用政府扶持资金的能力较弱等问题（图10-3）。

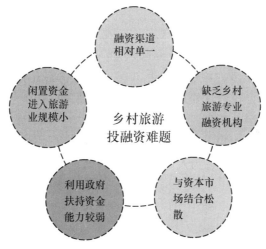

图10-3　乡村旅游投融资难题

4. 乡村旅游的运营模式单一，机制体制不完善

在"互联网＋"的时代背景下，乡村旅游的营销渠道却存在着重宣传、轻营销和渠道建设、营销渠道单一的现状问题。在乡村旅游的经营方面，以现场售卖乡村产品、商品为主，乡村产品的销售渠道单一且传统，乡村产品的品质化保障缺乏诚信监督；同时在乡村旅游过程中，电子支付系统与WIFI尚未全覆盖，对游客旅游的便利性较差；在乡村旅游管理方面，存在着碎片化、不系统、缺乏监管和质量审查机制等问题。

第三节　生态乡村旅游资源及开发

生态乡村旅游资源内容划分见表10-1。

表 10-1　生态乡村旅游资源内容划分

资源类别	资源内容
自然生态及空间资源	山体、水体、气候环境、自然林地植物、地质地热资源等
农业生产性资源	农田、经济果林、菜园、花海、渔场、牧场等
乡村生活性资源	乡村习俗文化、表演艺术、民俗节庆、手工技艺、传统知识、乡村建筑、生活场景、乡土制品等

一、自然生态及空间资源

随着新一轮城镇化的推进，城市自然生态空间不可避免地受到挤压和侵蚀，自然生态和空间环境优于都市的广大乡村成为了游客假期休闲的旅行热点。乡村旅游生态景观的形成离不开自然环境这个基础性因素，地质、地貌、水文、生物、土壤等自然因素决定乡村景观的风貌，也为乡村提供了生态涵养、休闲观光、文化体验等多种功能，推进了农林渔业与旅游、文化、康养等产业协同发展，为生态乡村旅游独特资源的开发和延伸提供了先天优势；广袤的开敞环境与原生多变的地貌特征营造出有别于城市人工环境的空间感，为游客提供了别具一格的视觉体验和精神体验，利用田园风光、山水林湖等原生空间充分满足了城市度假者舒缓压力、放松身心的现代旅行需求。

二、农业生产性资源

农业生产性资源属于产业类乡村旅游资源。从产业关系的角度讲，依托这类资源开发的乡村旅游产品，属于农业产业与旅游产业的融合产物，是产业旅游的一种。农业产业旅游，是旅游业对传统农业的改造和提升，传统农业因此而升级为都市农业、观光农业、休闲农业（图10-4）、高效农业、创意农业。传统农业生产活动和现代农业生产活动中都蕴藏着丰富的农业旅游资源。近年来，传统农业旅游产品在乡村旅游资源中的地位呈现逐年提高的态势，其蕴藏的旅游价值正越来越受到更为普遍的重视。基于旅游产品开发的需要，很多作物的种植受到了严格的保护，甚至为了发展旅游业已经消失的近郊农业也得到了一定的恢复。现代农业，同样蕴藏着丰富的旅游资源。以北京市为例，京郊快速发展的设施农业、都市农业、高科技农业，为乡村旅游提供了丰富的农业资源。农业科技体现在外来品种的引种、反季节的种植等方面，都因其稀缺性、差异性而赋予了独特的旅游资源价值。

图 10-4　因生产性资源发展的休闲农业

图 10-5　以生活性资源发展的乡村节庆旅游

三、乡村生活性资源

乡村生活性资源源自乡居生活中积淀下来的传统文化资源，包括非物质文化资源和物质文化资源两类（图 10-5）。

非物质文化是指各种以"非物质"形态存在的与群众生活密切相关、世代相承的传统文化表现形式，包括口头传统、传统表演艺术、民俗活动和节庆、有关自然界和宇宙的民间传统知识和实践、传统手工艺技能等以及与上述传统文化表现形式相关的文化空间。生态乡村非物质文化是以人为本的活态文化，它强调的是以人为核心的技艺、经验、精神，其特点是"活态流变"。

非物质文化遗产——地名

地名是非物质文化资源的一个典型代表，在乡村旅游开发中具有极为重要的资源意义。地名因其独特的来历，因而包含着丰富而独特的自然地理、历史人文信息。以往的旅游开发中，一般只注重地名的指向性，而忽略了其文化性。生态乡村旅游发展提供了重新审视地名、研究地名和利用地名的全新思维。地名作为一种极为重要的文化型乡村旅游资源，应该在文化旅游产品开发、市场形象塑造与推广、旅游标识设计与应用等蕴藏着无穷的正能量，具备无限的利用和开发空间。

非物质文化遗产——节事活动

节事活动作为一种非物质文化，因为具有地域性、文化性、时效性、认可性等核心属性，因而衍生出体验性、二重性、吸引性等旅游属性。节事活动实际就是亲身经历、参与性很强、大众性的文化、旅游、体育、商贸和休闲活动，是建立在大众参与和体验基础上的，参与者既可以是本地居民也可以是外来游客，具有极强的吸引力。举办和开展节事活动，具有强大的产业联动效应，会聚更大的客源流、信息流、技术流、商品流和人才流，可以提升举办地的知名度和美誉度，可以丰富人民的精神生活、弘扬传统文化，还可以借举办节事活动提高当地政府管理水平。因而，节事活动对于发展乡村旅游来说具有重大意义。

物质文化资源是指以物质载体为存在方式的文化形式。乡村旅游可以开发的物质文化资源种类众多、数量丰富。其中最具典型性、代表性和开发价值的是乡村居民世代生活居住的乡土建筑和其聚集形成的村落。该类资源存量大、分布广泛，具有鲜明的地域特征，是开发民俗游、民宿游极为重要载体。但是随着时代变化，新农村建设的开展和城镇化的推进，大量传统村落和传统民居消失，甚至面临彻底消亡的巨大危险。所以，应本着修旧如旧、外朴内秀、隔而不离、景村一体的原则开发乡村建筑资源。

第四节　生态乡村旅游规划发展模式

生态乡村旅游规划具有一般旅游规划的基本要求和特征，它以乡村田园景观为基本资源，通过分析梳理和设计改造释放乡村旅游发展潜力。乡村旅游发展至今，其发展模式体系逐渐成熟，很多先行发展的地区探索出来的新路子、新模式同样适用于条件类似的后发展地区。目前，我国生态乡村旅游大致有 6 种规划发展模式，如图 10-6 所示。

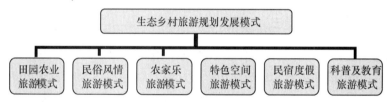

图 10-6　生态乡村旅游规划发展模式

一、田园农业旅游模式

田园农业主要以乡村农业景观与特色生产活动为主要卖点，根据当地特色条件，发展不同主题的果香游、花海游、蔬园游、林牧游等特色旅游活动（图 10-7），满足城市居民归园田居、乐享郊野的高品质生活需求。田园农业旅游主要类型有：园林观光游、农业科技游、务农体验游等。

图 10-7　田园农业旅游

二、民俗风情旅游模式

以乡村深厚的文化底蕴与淳朴的风俗人情为基本载体，大力挖掘民间传统工艺记忆与传统非物质文化内涵，开展民俗节庆、民间歌舞、非遗手工传承、地方民俗讲堂等特色活动（图10-8），增加生态乡村旅游的文化底蕴，提升生态乡村发展品味。该模式主要类型有：农耕文化游、乡土民俗游、非遗文化游等。

图 10-8　民俗风情旅游

三、农家乐旅游模式

主要依托乡村居民自家餐饮、住宿条件和生活环境为来访游客提供旅游服务，以较为低廉的价格提供较为朴实的吃、住、行、游、购、娱活动（图10-9）。主要类型有：民居型农家乐、食宿接待农家乐、农业观光农家乐、民俗文化农家乐、休闲娱乐农家乐和农事参与农家乐等。

图 10-9　较为高级的农家乐旅游

四、特色空间旅游模式

这类旅游模式主要是以非自然的物质生活空间为主要开发内容，主要有传统民居建筑村落和社会主义新型农村两大类别，以其居民建筑、空间格局、公服绿化环境、新型产业景观的观赏与体验为主要销售产品（图10-10）。其发展类型主要有：古民宅游、民族村寨游和特色新村游等。

图 10-10　古民居和古宅院旅游

五、民宿度假旅游模式

凭借优越的地理位置与客源市场、优美的自然生态环境、高品位的生活景观营造，打造高端度假型乡村旅游模式，为游客提供较高水平的住宿、餐饮、娱乐、健身、康体、养老等服务（图 10-11）。主要类型有：休闲度假村、休闲农庄、民宿村和乡村酒店等。

图 10-11　乡村民宿旅游

六、科教旅游模式

随着农业产业化、科技化的进一步推广，一些较为发达的农业生产地区出现了很多农业科技展示研发与推广载体，如农业科技园、农业博物馆、农产品展示馆和高技术生态农业体验区等（图 10-12）。目前较为成熟的项目案例有广东高明蔼雯教育农庄、沈阳市农业博览园、山东寿光生态博览园等。

图 10-12　农业科技生态园旅游

第五节 生态乡村旅游规划内容与主要技术流程

一、规划内容

生态乡村旅游规划的编制具有一定的复杂性,其规划编制受乡村地区较为滞后的生产生活环境、丰富多变的地理资源环境以及错综复杂的商业市场环境影响较大,在规划编制和实施过程中要求能够合理兼顾政府部门、开发商和当地乡村居民等多利益主体的既得利益,正确处理好土地整理与流转开发、农业生产活动、农民就业与收入和乡村社会稳定等工作。生态乡村旅游规划的编制主要有规划背景与基础分析、总体构思与策划规划,以及保障实施等部分。

1. 规划背景篇

规划背景一般介绍项目的总体情况及其时政背景,解释项目编制缘由与意义,明确规划项目中涉及的上层规划文件及其相关规划技术标准文件,划定规划红线范围,确定规划近期和中长期时间年限,并介绍生态乡村规划项目委托方、编制方的基本情况,使文本使用者对规划项目产生总体概念。

2. 基础分析篇

生态乡村旅游规划的基础分析是开展规划编制的前提。科学的自然与社会基础资料整理分析是科学规划的基本保障,是项目能够成功落地实施的先行关键。生态乡村旅游规划的基础分析主要由以下几个部分组成:

(1) 行业环境分析

行业环境分析主要针对生态乡村旅游地所处的区域旅游竞争环境、旅游市场环境、政策环境、地方经济环境等方面进行评估分析,针对市场综合环境情况找出地方发展的机遇与挑战,以便找准规划发展的关键点,形成有力的发展竞争力。

(2) 开发条件分析

开发条件分析主要是针对项目的自身自然与社会要素而言,考虑村庄地理区位、自然资源环境、社会经济基础、发展历史资源以及空间场地分析。开发条件分析主要是为后期旅游(项目)策划的提出提供有针对性的基础参考,因而在前期分析时要对开发条件进行细致的考量,准确分析其优劣势所在。

(3) 旅游资源构成与评价

在开发条件分析的基础上,进一步梳理乡村有开发价值的旅游资源,并根据国家相关规范技术标准对资源进行分类梳理与评价,综合评定其资源价值与可开发程度。

(4) 市场分析

针对市场需求,从生态乡村市场供给程度和客源需求度两个方面进行分析,对生态乡村可开发的旅游产品和服务进行质和量的评估分析,深入研究游客市场需求空白区,找准市场定位,进行有侧重有目标的旅游产品和市场开发。

（5）主要问题与开发方向

结合以上基础分析内容，综合生态乡村具体实际情况条件，发现目前乡村在产业发展、规划布局、建设空间等方面的问题，并且提出有利的发展方向。

3. 总体构思篇

总体构思是生态乡村规划编制的核心指导，也是规划内容的思想体现，需要一定的前瞻性和明智的决策性。

（1）规划目标

基本分为近期规划目标和中长期规划目标，其中又划分为定性目标和定量目标。规划目标的确定要符合乡村旅游产业发展实际，具有一定的超前性，又要不能脱离具体乡村发展实际。

（2）规划理念

规划理念是生态乡村旅游规划内容的精神核心，体现规划者对规划发展的思想来源与内涵。规划理念要与科学的发展价值观相契合，与时代发展前沿思想相承接。

（3）定性定位

生态乡村旅游规划的发展定性定位主要包括功能定位、主导产业发展定位、市场定位和形象定位。定性定位不能一概而论或是照搬照抄，务必要找准发展特色，弥补发展短板，结合自身实际进行合理定位。

（4）总体布局及功能分区

根据发展目标理念和发展定位，合理决策生态乡村旅游规划的总体布局内容、空间结构规划和合理的功能分区。

4. 策划规划篇

生态乡村旅游策划规划部分是项目规划的主体内容，介绍旅游规划项目各组成部分的具体规划要求，是规划实施的主要依据。

（1）旅游产品及重点项目策划

根据村庄自身资源发展特色与优势，因地制宜开发旅游产品，策划重点发展项目。旅游产品主要包括旅游商品、餐饮、住宿、休闲娱乐、演艺和服务配套等六个类别，见表10-2。

表10-2 休闲度假产品业态

类　　别	内　　容	业态吸引力形式
旅游商品类	生态有机绿色食品、地方文化特色类饰品、珠宝玉器、民族服饰、土特产、各种工艺品店、古玩店、书画店、草药店等	装修＋商品＋服务方式
餐饮类	特色餐厅、酒吧、茶餐厅、咖啡厅、茶吧、冷饮店、面包店等	餐饮＋DIY制作，餐饮＋自然风景，餐饮＋人文展演
住宿类	度假酒店、精品民宿、帐篷露营地、公寓、客栈、民居等	趣味性、体验性
休闲娱乐类	民俗文化体验、主题乐园、教育文化创意、田园休闲、健身运动、康体休闲等	主题性、特色性
演艺类	特色文化宣传、节庆民俗表演等	特色性、参与性、月光模式
服务配套类	银行、邮政、票务、药店诊所、超市、烟草等	必须性

（2）旅游容量与游人规模预测

生态乡村旅游规划的旅游容量主要指旅游心理容量与旅游环境容量。可结合实际资源保有量，确定旅游容量上限值。根据现有的乡村旅游人数，科学计算游客增长率，预估一定时间范围内的承载人口规模值，以便更加合理地规划布置旅游产品的供给量和空间发展规模。

（3）土地利用协调规划

结合村庄土地利用专项规划，合理确定土地建设与开发力度，对土地利用进行全局性统筹安排，确定各类旅游发展类用地面积规模与控制指标，尽量节约土地资源，提高土地利用效率。

（4）道路交通及游线组织规划

道路交通规划主要用于与旅游主体运输和旅游设施与后勤运输等功能。合理的道路交通规划有利于乡村旅游区生活生产活动的正常开展，也有利于优化项目的交通区位。游线组织主要在于合理配置规划区内旅游资源，合理引导人流走向，发挥资源最大效率，有效维护社会活动秩序。

（5）基础设施规划

基础设施规划主要包括给排水设施、电力设施、通讯设施和燃气暖通设施等。需根据人口容量需求制定合理的设施供给量，满足居民日常生活需求和旅游发展需求。

（6）环境保护与环卫设施规划

为满足旅游环境要求，必须科学编制乡村环境保护规划和环卫设施规划，有序推进水环境整治、大气污染整治、生活垃圾处理和厕所改造等环境整治内容，积极使用低消耗低排放资源，营造良好的生活空间环境。

（7）乡村遗产保护及风貌控制规划

生态乡村遗产保护规划主要是保护乡村古民居建筑、古树古桥、传统村落格局等物质性历史文化遗产和民俗节庆、手工技艺、传统服饰、习俗传说等非物质性历史文化遗产，以提高乡村旅游内涵的深度和广度；风貌控制规划主要是在规划中注重对传统村落的整体格局和景观风貌的控制，要求规划实施和建设的过程中尊重原有建筑肌理和基本样式，突出地区历史特色与整体协调性。

（8）绿地系统规划

绿地系统规划重在为旅游环境营造丰富生态的生活自然景观，要科学选取适宜当地的本土植物，注重崇尚自然、总体丰富、景观优美的绿地景观，构建合理植物生态系统。

（9）防灾规划

防灾规划主要包括消防规划、抗震规划、防洪规划、游客安全规划、防病虫害规划等多个方面，是针对生态乡村开展旅游活动配套的保障性规划，尽可能保证旅游开发活动的正常进行和居民游客的人身财产安全。

5. 保障实施篇

生态乡村旅游规划编制的最终目的是要将规划意图落到实地，实现科学的开发建设与高效发展，保障实施就是要将这一目的贯彻始终，为项目落实提供保障。生态乡村旅游规划保障实施部分主要包括投入产出分析、项目建设时序规划、管理与运营等三个部分。

（1）投入产出分析

投入产出分析是对生态乡村旅游规划的投资估算和收益估算进行统筹分析，投资方面主要包括基础设施建设、旅游项目设施建设、宣传营销支出等费用，收益主要是规划期内餐饮、住宿、交通、娱乐、购物等各项活动产生的经济收入。通过市场分析和经济效益评估，确定合适的投资计划。

（2）项目建设时序规划

项目规划的过程不可一蹴而就，生态乡村旅游的规划建设也是一个漫长的发展过程。为了避免盲目开发带来的资源浪费甚至项目失败，需要制定较为详细的阶段性建设时序规划，根据现有人力、物力、财力等资源进行合理分配，科学统筹，循序渐进，实现集约有序的开发建设。

（3）管理与运营

主要是指生态乡村旅游组织形式、管理模式、市场营销策略、项目投融资模式等方面的规划，为生态乡村旅游的正常运营提供后勤保障和组织支持。

二、技术流程

根据旅游规划的一般性要求，结合乡村旅游规划的实际需要，生态乡村旅游规划的过程一般分为五个阶段（图 10-13）：

图 10-13　生态乡村旅游规划技术路线图

第一阶段：规划准备

第一阶段主要是确定工作框架和规划协调保障机制，组建规划专业团队，明确规划任务的基本要求，确定规划期限、规划指导思想、规划范围等内容。

第二阶段：调查分析

实地调研和相关资料收集整理，深入了解生态乡村旅游规划项目的实际情况，包括自然资源条件及社会经济条件、场地分析、旅游资源普查、客源市场分析等内容。

第三阶段：战略研判

通过对生态乡村旅游发展条件的总体分析评估，诊断其现存的发展优势与劣势，确定乡村旅游发展的规划定位、总体思路和规划目标。

第四阶段：规划制定

根据总体规划战略和规划目标的定位，制定生态乡村旅游规划具体措施与专项规

划，包括乡村旅游产品策划与开发、土地利用规划、基础设施建设、景观规划、支持
保障体系等。

第五阶段：组织实施与综合评价

依据生态乡村旅游规划的具体内容做好相关实施细节，进行科学合理的规划管理；
根据实施过程中出现的信息反馈及时应对，对规划内容进行适时的补充、调整和提升。

第六节　典型案例

一、陕西省礼泉县袁家村

位于中国陕西关中平原腹地的礼泉县袁家村是现代乡村旅游发展的成功范例（图
10-14）。袁家村地势西北高、东南低，全村 62 户，286 人，汇聚了 800 名创客在袁家
村开店投资创业，吸纳周边三千多人就业，带动了周边一万多居民增收。2016 年袁家
村游客量达到 520 万，旅游总收入 3.2 亿，村民人均纯收入超过 76000 元。袁家村规划
面积 1500 亩，已建设 600 亩，其中景区建设有 400 亩，大型停车场 200 亩，现已形成
以昭陵博物馆、唐肃宗建陵石刻等历史文化遗迹为核心的点、线、带、圈为一体的旅
游体系。袁家村荣获"中国十大美丽乡村"等荣誉称号，现为国家 AAAA 级旅游
景区。

图 10-14　袁家村鸟瞰

袁家村以三农为内涵的"农"字号品牌为发展根本，以发展三农为目的，以服务
三农为使命，其产业与农业、农村和农民紧密相连、息息相关，是解决三农问题的探
索者和创新者。通过民俗文化和创意文化两大文化产业为核心打造个性化、高端化的
旅游文化产品，挖掘当地的民俗和文化，结合当地的资源优势，建设符合当地实情的
生态乡村旅游综合体。袁家村旅游策划突出表现三部分主题：

第一部：乡村旅游，留住乡愁。以关中传统老建筑、老作坊、老物件等文化遗产
所代表的关中民俗文化为内涵，以乡村生活、农家乐、关中小吃和当地农民参与经营
为特征，建设关中印象体验地村景一体的旅游景区，初步满足了都市居民周末一日游
的需求，也解决了村民就业和收入问题（图 10-15）。

图 10-15 袁家村小吃街　　　　　图 10-16 袁家村艺术长廊

第二部：创意文化，休闲度假。以艺术长廊、创意工坊、咖啡酒吧、书屋客栈等新业态和文创青年、时尚达人参与投资经营为特征，增加和丰富了景区的经营项目和服务功能，进一步满足都市居民休闲度假和文化消费的需求（图 10-16），并吸纳周边更多农民就业和参与，逐步实现了阳光下的袁家村向月光下的袁家村的转变。

第三部：特色小镇，幸福家园。以更多资本和人才进入，带来更多要素和资源，全面扩大、充实和提升袁家村关中印象体验地景区为特征；形成基础设施完备、服务功能齐全，各类人才聚集，第三产业发达，既有田园风光又享时尚生活，既有现代气息又有乡愁民俗，建设宜业宜居的美丽乡村和生态乡村旅游综合体，充分满足人们对高品质生活的向往和追求。

袁家村的乡村旅游通过低成本打造农民创业平台，以市场为导向，发现、扶持和培育优势项目向产业化方向发展，使三产带二产促一产的逆向发展思维促进三产融合发展，积极树立品牌效应，使品牌带产品、产品成产业，从而成为我国现代乡村旅游中最成功的案例之一。

二、江苏省南京市汤家家生态旅游示范村

汤家家紧邻南京主城区东部沿沪宁轴线的重要节点汤山城镇区，是汤山街道东北部的一个自然村，位于 S337 公路西侧，南部紧邻沪宁高速汤山入口，对外交通便捷。村庄总面积 16.3 公顷，现 108 户，412 人，是拆迁安置型村庄。规划建设前村庄存在人口外流和农业生产停滞、村民经济收入来源单一、农业耕地腹地小、田地闲置、村庄内部道路体系不完整、设施配套不齐全且质量待提升等诸多问题。

但汤家家具有别具一格的优势条件，是汤山北部旅游度假区门户节点，处于环城休闲游憩带、秦淮河风光带、滨江风光带等景群体系中，旅游区位优势明显，独特的温泉资源及良好的生态环境成为其发展亮点。

汤家家的规划定位为"江宁区乡村旅游体系中以温泉为主题的农家休闲驿站、汤山新城旅游网络体系中的一个接待点、汤山北部风景区的旅游门户节点"（图 10-17）。其发展目标是进行乡村自然空间及人文特色与独特的温泉资源进行高度融合，发挥乡村农业、果蔬、草药种植的一产特色与汤山旅游的三产优势，确立"花泉农家，农家花泉"的总体发展战略，填补汤山旅游产品体系中的农家温泉产品空白，打造南京独一无二的以温泉为特色的美丽乡村。

汤家家开展与乡村温泉旅游相关的创业活动，吸收了众多大学毕业生、退伍复员军人、当地打工者。年轻人群的加入使乡村充满了生命力，也带动了当地的萧条产业，

图 10-17　汤家家规划图

吸引了外来游客来此观光和度假。

　　该生态乡村旅游的带动使就业呈现多元化趋势，居民们外出打工或是经营传统农业的发展模式渐渐变为积极融合当地产业发展，服务第三产业。截至 2017 年，温泉农宿和乡村休闲农户已从开业时的 6 家发展到现在的 32 家，实现年营业额超过 1500 万元。通过社区与街道共建的汤家家乡村旅游合作社平台，为农户提供了更多的资金和技术支持，使农户呈现灵活多样的就业形式，租用农房经营，户主参与经营服务，这为村民创业创收提供巨大支持，也获得村民极大的认可（图 10-18）。

图 10-18　汤家家村庄景观

　　南京汤家家村庄旅游策划与规划实践，围绕激活生态乡村内的生活力这一主线，分析村庄发展旅游的内部条件和外部环境，寻求乡村经济社会与区域发展（例如国家旅游度假区目标和全域旅游战略）对接的路径。乡村旅游规划需要重点解决长期困扰乡村可持续发展的动力不足问题，在此过程中寻求乡村产业突破，并注重策划与规划的协同运作，探索以内在活力发展为导向的生态乡村旅游规划。

复习思考：

1. 简述乡村旅游发展的演变历程。

2. 请结合实际，论述当前我国乡村旅游发展过程中存在的主要问题。

3. 简述生态乡村旅游规划发展的几种模式。

4. 请结合某一具体旅游型乡村，概述生态乡村旅游规划的主要内容。

第十一章　生态乡村规划的实施

本章主要介绍了生态乡村规划的编制依据，成果形式与要求，结合"多规合一"与"乡村振兴"新背景探讨了生态乡村规划编制与生态乡村规划实施的"新要求"，总结了生态乡村规划建设模式。

生态乡村规划的实施是乡村规划编制环节的最后一步，是生态乡村规划的落脚点。乡村在建设的过程中如果没有按照已编制的生态乡村规划实施将会使得之前的工作付诸一炬，只有高质量、高标准的实施与监管才能推动乡村建设更加规范、有序。

第一节　生态乡村规划编制依据、成果形式与要求

一、编制依据

1. 相关法律法规及国家技术规范与标准

(1)《中华人民共和国城乡规划法》

《中华人民共和国城市规划法》，于 1989 年 12 月 26 日由第七届全国人大第十一次常委会通过，自 1990 年 4 月 1 日起施行，是我国在城市规划、城市建设和城市管理方面的第一部法律，是涉及城市建设和发展全局的一部基本法。此外，为了加强城乡规划管理，协调城乡空间布局，改善人居环境，促进城乡经济社会全面协调可持续发展，中华人民共和国第十届全国人民代表大会常务委员会第三十次会议于 2007 年 10 月 28 日通过《中华人民共和国城乡规划法》，自 2008 年 1 月 1 日起施行。

《中华人民共和国城乡规划法》颁发以后，乡村规划的重视度才逐渐提升。城乡规划法新增了乡规划和村庄规划的相关内容，并且明确指出城乡规划应保持地方特色，合理确定发展规模，加快乡村基础设施的建设，提高农村居民生活水平。

《中华人民共和国城乡规划法》中新增加了乡规划和村庄规划的内容，体现了五个统筹中统筹城乡发展的思想。乡村规划是以乡村为对象编制的规划，它不同于城市规划的对象及范畴。在规划过程中要考虑到乡村的特征，要充分考虑乡村具有与城市不同的物质景观、人地关系、生产与生活方式。乡村作为城市的广大腹地与城市的背景和组成要素存在诸多的不同。乡村规划就是既要坚持节约和集约使用土地的基本原则，又要便于农民生产生活，体现地方特色。正是由此，有学者认为乡村规划是乡村的社会、经济、科技等长期发展的总体部署，是指导乡村发展和建设的基本依据。

（2）《村庄和集镇规划建设管理条例》

《村庄和集镇规划建设管理条例》是国家为加强村庄、集镇的规划建设管理，改善村庄、集镇的生产、生活环境，促进农村经济和社会发展制定。该条例由中华人民共和国国务院于 1993 年 6 月 29 日发布，自 1993 年 11 月 1 日起施行。该条例第九条规定，村庄、集镇规划的编制，应当遵循下列原则：

①根据国民经济和社会发展计划，结合当地经济发展的现状和要求，以及自然环境、资源条件和历史情况等，统筹兼顾，综合部署村庄和集镇的各项建设。

②处理好近期建设与远景发展、改造与新建的关系，使村庄、集镇的性质和建设的规模、速度和标准，同经济发展和农民生活水平相适应。

③合理用地，节约用地，各项建设应当相对集中，充分利用原有建设用地，新建、扩建工程及住宅应当尽量不占用耕地和林地。

④有利生产，方便生活，合理安排住宅、乡（镇）村企业、乡（镇）村公共设施和公益事业等的建设布局，促进农村各项事业协调发展，并适当留有发展余地。

⑤保护和改善生态环境，防治污染和其他公害，加强绿化和村容镇貌、环境卫生建设。

（3）《村镇规划标准》（GB 50188—93）

《村镇规划标准》属于国家标准，主要包括的技术内容有：村镇规模分级和人口预测；村镇用地分类；规划建设用地标准；居住建筑用地；公共建筑用地；生产建筑和仓储用地；道路、对外交通和竖向规划；公用工程设施规划。该标准明确了：

村镇总人口应为村镇所辖地域范围内常住人口的总和，其发展预测应按式（11-1）计算：

$$Q = Q_0 (1+K)^n + P \tag{11-1}$$

式中　Q——总人口预测数，人；

　　　Q_0——总人口现状数，人；

　　　K——规划期内人口的自然增长率，%；

　　　P——规划期内人口的机械增长数，人；

　　　n——规划期限，年。

标准提出的人均建设用地指标分级标准见表 11-1：

表 11-1　人均建设用地指标分级

级别	一	二	三	四	五
人均建设用地指标（m²/人）	>50 ≤60	>60 ≤80	>80 ≤100	>100 ≤120	>120 ≤150

（4）《村庄整治技术规范》（GB 50445—2008）

为提高村庄整治的质量和水平，规范村庄整治工作，改善农民生产生活条件和农村人居环境质量，稳步推进社会主义新农村建设，促进农村经济、社会、环境协调发展，《村庄整治技术规范》（GB 50445—2008）是根据原建设部《2007 年工程建设标准规范制定、修订计划（第一批）》（建标〔2007〕125 号）的要求，由中国建筑设计研究

院会同有关设计、研究和教学单位编制而成。该规范主要原则为充分利用现有房屋、设施及自然和人工环境，通过政府帮扶与农民自主参与相结合的形式，分期分批整治改造农民最急需、最基本的设施和相关项目，以低成本投入、低资源消耗的方式改善农村人居环境，防止大拆大建、破坏历史风貌和资源。

规范规定村庄整治项目应包括安全与防灾、给水设施、垃圾收集与处理、粪便处理、排水设施、道路桥梁及交通安全设施、公共环境、坑塘河道、历史文化遗产与乡土特色保护、生活用能等。具体整治项目应根据实际需要与经济条件，由村民自主选择确定，涉及生命财产安全与生产生活最急需的整治项目应优先开展。村庄整治应符合有关规划要求。当村庄规模较大、需整治项目较多、情况较复杂时，应编制村庄整治规划作为指导。

（5）《美丽乡村建设指南》

《美丽乡村建设指南》为推荐性国家标准。该国家标准由质检总局、国家标准委于2015年5月27日发布，并于2015年6月1日起正式实施。该指南坚持政府引导、村民主体、以人为本、因地制宜，持续改善农村人居环境；规划先行，统筹兼顾，生产、生活、生态和谐发展；村务管理民主规范，村民参与积极性高；集体经济发展，公共服务改善，村民生活品质提升的原则。

该指南主要涵盖了美丽乡村范围、规范性引用文件、术语和定义、总则、村庄规划、村庄建设、生态环境、经济发展、公共服务、乡风文明、基层组织、长效管理等十二个方面。指南在上述各方面均提出了具体要求，如该指南在村庄规划的规划编制要素方面明确提出以下要求：

①编制规划应以需求和问题为导向，综合评价村庄的发展条件，提出村庄建设与治理、产业发展和村庄管理的总体要求。

②统筹村民建房、村庄整治改造，并进行规划设计，包含建筑的平面改造和立面整饰。

③确定村民活动、文体教育、医疗卫生、社会福利等公共服务和管理设施的用地布局和建设要求。

④确定村域道路、供水、排水、供电、通信等各项基础设施配置和建设要求，包括布局、管线走向、敷设方式等。

⑤确定农业及其他生产经营设施用地。

⑥确定生态环境保护目标、要求和措施，确定垃圾、污水收集处理设施和公厕等环境卫生设施的配置和建设要求。

⑦确定村庄防灾减灾的要求，做好村级避灾场所建设规划；对处于山体滑坡、崩塌、地陷、地裂、泥石流、山洪冲沟等地质隐患地段的农村居民点，应经相关程序确定搬迁方案。

⑧确定村庄传统民居、历史建筑物与构筑物、古树名木等景观的保护与利用措施。

⑨规划图文表达应简明扼要、平实直观。

2. 地方法规条例及政策

除了以上的城乡规划相关法律法规及国家技术标准以外，在编制生态乡村规划时也要依据当地具体的相关法规条例及政策具体制定适合当地发展的乡村规划。本章以浙江省、湖南省以及江西省发布的乡村规划、村庄建设方面相关规划导则为例进行进一步说明。

（1）《浙江省村庄规划编制导则》（2015）

为改善农村人居环境，建立适应浙江省的村庄规划编制体系，科学指导村庄规划编制，浙江省住房和城乡建设厅于2015年根据国家相关法律法规及标准规范的要求，结合浙江实际制定《浙江省村庄规划编制导则》。该导则在村域规划方面明确：

①资源环境价值评估

综合分析自然环境特色、聚落特征、街巷空间、传统建筑风貌、历史环境要素、非物质文化遗产等，从自然环境、民居建筑、景观元素等方面系统地进行村庄自然、文化资源价值评估。

②发展目标与规模

依据县市域总体规划、镇（乡）总体规划、镇（乡）域村庄布点规划以及村庄发展的现状和趋势，提出近、远期村庄发展目标，进一步明确村庄功能定位与发展主题、村庄人口规模与建设用地规模。

③产业发展规划

尊重村庄的自然生态环境、特色资源要素以及发展现实基础，充分发挥村庄区位与资源优势，围绕培育旅游相关产业，进行业态与项目策划，提出村庄产业发展的思路和策略，实现产业发展与美丽乡村建设相协调。统筹规划村域第一、第二、第三产业发展和空间布局，合理确定产业集中区的选址和用地规模。

④村域空间发展框架

依据村域发展定位和目标，以路网、水系、生态廊道等为框架，明确"生产、生活、生态"三生融合的村域空间发展格局，明确生态保护、农业生产、村庄建设的主要区域。

⑤两规衔接与土地利用规划

以行政村村域为规划范围，以土地利用现状数据为编制基数，按照"两规合一"的要求，加强村庄规划与土地利用规划的衔接，明确生态用地、农业用地、村庄建设用地、对外交通水利及其他建设用地等规划要求，重点确定村庄建设用地边界以及村域范围内各居民点（村庄建设用地）的位置、规模，实现村庄用地"一张图"管理。

（2）《湖南省村庄规划编制导则（试行）》（2017）

湖南省住房和城乡建设厅联合湖南省锦麒设计咨询有限责任公司为科学指导湖南省村庄规划编制，根据国家有关法律、法规和技术规范，结合湖南省实际，特制定《湖南省村庄规划编制导则（试行）》。该导则遵循"分类指导、便于操作"的指导思想，达到提升村庄规划实效性的目的。导则主要内容包括：

①发展目标与规模

依据上层规划，结合村庄现状特征及未来发展趋势，提出近、远期村庄发展目标，明确村庄定位，科学预测村庄人口规模与建设用地规模。

②产业发展规划

根据村庄产业发展的思路和策略，结合当地资源禀赋、区位条件，合理安排村域

各类产业用地。

③空间管制规划

落实上层规划，衔接土地利用总体规划、生态环境保护规划、文物保护等要求划定禁止建设区。

④建设用地布局规划

对村民住宅用地、公共服务用地、产业用地、基础设施用地进行合理布局，明确各类建设用地的边界与规模。通过用地适宜性评价，结合土地利用规划，划定村民可新建房区，并提出集中居民点建设、整治的方案与措施。

（3）《江西省村庄建设规划技术导则》（2014）

为加快农村经济和社会发展，改善农村人居环境，进一步加强对全省新农村建设规划编制和村庄整治工作的指导，江西省建设厅于2014年根据建设部《村镇规划编制办法》和《江西省村镇规划建设管理条例》，结合江西省实际，制定了《江西省村庄建设规划技术导则》。

《江西省村庄建设规划技术导则》根据当地的自然地理环境、村民的生活习俗、乡村现有建设条件、经济发展水平等多种因素，村庄规划分为新建型、改造型和保护型三大类。

①新建型村庄。根据经济和社会发展需要，确需规划建设的新村庄，如移民建村、迁村并点及其他有利于村民生产、生活和经济发展而新建的村庄。新建型村庄应做到选址科学，用地布局合理，功能分区明确，设施配套完善，环境清新优美，并与自然环境相协调，充分体现乡风民情和时代特征。

②改造型村庄。已有一定的建设规模，具有较好的对外交通条件，便于组织现代农业生产，基础设施可以实施更新改造，村庄周边用地能够满足改建、扩建需求。改造型村庄的规划，应首先对现状地物、建筑、树木及基础设施等进行实地调查并绘制现状图，注重建设用地的调整，注重道路、给水、排水、电力、电讯、绿化、环卫等基础设施的配置，突出村庄建设与"六改四普及"整治应达到的效果。

③保护型村庄。对历史文化名村、拥有值得保护利用的自然或文化资源的村落、具有独特村庄布局或浓郁地域民俗特色的村庄，加以保护性修缮和开发利用。对于格局完整、建筑风格统一的古村，划定保护范围，维修破损严重的古建筑，在不影响古村格局和建筑风格的前提下完善村庄；对于布局分散、建筑风格杂乱的古村，规划中应注重保留村庄文脉，并对具有传统建筑风格和历史文化价值的古民居、古祠堂和纪念性建筑等文化遗产进行重点保护和修缮，其他新建、改建建筑物应统一规划建设，注重传承古村建筑文化。

二、成果形式与要求

参考乡村规划成果的形式与要求，生态乡村规划的成果形式主要包括规划文本、规划图纸和附件三部分①。

1. 规划文本主要包括规划总则、村域规划、居民点规划及相关附表等。

---

① 该部分主要来源于《浙江省村庄规划编制导则》（2016年）。

（1）规划总则。一般包括指导思想、规划原则和重点、规划范围、规划依据、规划期限等。

（2）村域规划。一般包括发展目标与规模、村域空间发展框架、村域产业发展规划、两规衔接与土地利用规划、五线划定等。

（3）居民点（村庄建设用地）规划。一般包括村庄建设用地布局、公共服务设施规划、基础设施规划、村庄安全与防灾减灾、村庄历史文化保护规划、景观风貌规划与村庄设计引导、近期行动计划等。

（4）相关附表。一般包括村庄建设用地汇总表、村庄主要经济技术指标表和近期实施项目及投资估算表等。

2. 规划图纸有村域规划和居民点（村庄建设用地）规划两大类。

（1）村域规划（地形图比例尺一般为 1：2000）。主要包括村域现状图、村域规划图、村域两规衔接与土地利用规划图、村域五线划定规划图等。

（2）居民点（村庄建设用地）规划（图纸比例一般为 1：500～1：2000）。主要包括村庄用地现状图、村庄用地规划图、村庄总平面图、村庄公共服务设施规划图、村庄基础设施规划图、近期建设规划图等。同时，为加强村庄设计引导，可增加景观风貌规划与村庄设计引导图、重点地段（节点）设计图及效果图等。（所有图纸均应标明图纸要素，如图名、图例、图标、图签、比例尺、指北针、风向玫瑰图等）

3. 附件主要是对规划说明与主要图纸进行补充解释，可包括基础资料汇编、专题研究等。

村庄规划成果应满足易懂、易用的基本要求，具有前瞻性、可实施性，能切实指导村庄建设整治，具体形式和内容可结合村庄实际需要进行补充、调整。

第二节　"多规合一"对生态乡村规划编制的"新"要求

一、"多规合一"

1. "多规合一"的概念

"多规合一"，是指将国民经济和社会发展规划、城乡规划、土地利用规划、生态环境保护规划等多个规划融合到一个区域上，实现一个市县一本规划、一张蓝图，解决现有各类规划自成体系、内容冲突、缺乏衔接等问题，便于优化空间布局，有效配置土地资源，提高政府空间管控水平和治理能力的目标。

"多规合一"是从"三规合一"[①] 起源。一般认为，"三规合一"是指将国民经济和社会发展规划、城市总体规划、土地利用规划，这三个规划中涉及相同内容的部分综合考虑、整体发展地落实到一套图纸之上。"多规合一"就是在此基础上增加各专项规

---

① 一般来说"三规合一"指国民经济和社会发展规划、土地利用规划、城乡规划；十九大提出空间规划的"三规合一"指城市总体规划、土地利用总体规划和主体功能区规划。

划，更全面地综合考虑发展。因此"多规合一"并不是一个简单的多种规划大集合，而是通过对该地的整体发展综合思考并在空间布局上体现出融合的规划，是为其他规划编制提供一个顶层设计的规划。

2. "多规合一"试点工作

国家发改委、国土部、环保部和住建部四部委于2014年联合下发《关于开展市县"多规合一"试点工作的通知》，提出在全国28个市县开展"多规合一"试点。要求试点、探索"多规合一"的具体思路，研究提出可复制、可推广的"多规合一"试点方案，形成一个市县一本规划、一张蓝图。同时探索完善市县空间规划体系，建立相关规划衔接协调机制。

开展市县"多规合一"试点，主要是为了解决市县规划自成体系、内容冲突、缺乏衔接协调等突出问题，保障市县规划有效实施；强化政府空间管控能力，实现国土空间集约、高效、可持续利用；改革政府规划体制，建立统一衔接、功能互补、相互协调的空间规划体系，加快转变经济发展方式和优化空间开发模式，实施主体功能区制度，促进经济社会与生态环境协调发展。

该试点工作的主要目的是为了探索经济社会发展规划、城乡规划、土地利

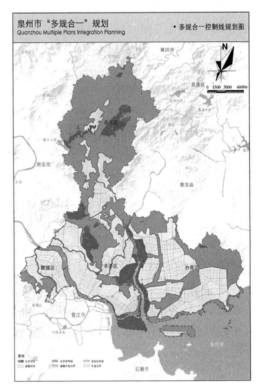

图 11-1 泉州市"多规合一"规划图

用规划、生态环境保护等规划"多规合一"的具体思路，同时探索完善市县空间规划体系，建立相关规划衔接协调机制。这28个试点工作的开展为接下来的"多规合一"在城乡规划的应用打下了坚实的基础（图 11-1）。

二、"多规合一"在乡村规划编制中应用的难点

虽然乡村规划中的每项规划的规划目的都是为了使乡村更好、更科学地建设与发展，但是乡村规划中的各项规划之间存在些许矛盾与差异之处。每个乡村规划及专项规划都是对乡村的各类资源综合考虑分析后进行更合理的安排，但是各项规划存在部分差异，不同规划对同一资源存在不同的安排，以及在规划的各部门之间的衔接较少导致乡村规划在编制和实施上都存在一定困难。因此"多规合一"就是在此背景下产生，目的是对以上问题进行改善的探索。

1. 各项规划层级及规划期限

从法律规定的规划层级关系来看，"多规合一"中主要规划的层次关系依次为国民

经济和社会发展规划、土地利用总体规划、城市总体规划或乡村规划，最后是各项专项规划，其中专项规划要求与城市总体规划或乡村规划需要对接，并符合其要求。再是各项规划的规划年限也存在不同，国民经济和社会发展规划的规划年限最短，一般为5～10年，土地利用总体规划的规划年限为15年，而层次最低的城市总体规划或乡村规划的规划年限最长，一般为20年。因此在编制"多规合一"时既要考虑各项规划的层级问题又要考虑存在各项规划的规划年限不一致的问题。

2. 各项规划管理部门不同

各项规划分别由不同部门进行监督管理，各部门作用和政府职能不一样，因此导致了全面指导生态乡村规划编制与建设时需衔接多个部门，导致乡村规划在编制与实施时的难度加大。如国民经济与发展规划由发改部门组织编制、受本级人大监督；土地利用规划由国土部门组织编制、受上级政府监督；乡村规划由规划（住建）部门组织编制，受上级政府和本级人大监督。

3. 编制过程中存在的问题

现阶段乡村规划编制专业水平普遍较低，究其根本是编制费用短缺、乡村规划在乡镇一级的重视度不够，以及规划信息存在部分缺失等因素所致。此外，各项规划的规划年限、数据口径、技术标准，甚至是规划红线均有所不同，编制过程中难以融合。各项规划的组织编制部门处于平级，相对缺少沟通，编制过程中协调和讨论存在一定难度。

4. 实施过程中存在的问题

虽然一般情况下要求每个乡镇需配备一名规划相关人员，但是目前乡镇各管理单位中缺乏规划专业人员，同时管理阶层对于乡村规划的重视程度不够、乡村建设资金短缺，规划实施缺乏强有力的后盾。此外，"多规合一"没有法律保障，而各项规划均有法律依据，这也为"多规合一"的实施带来很大困难。

三、"多规合一"下的"新"要求

1. 乡村规划与"多规合一"

乡村发展最大的阻碍就是如何做到在大力发展产业与经济的前提下又不破坏乡村生态环境与乡村特色。通过生态乡村规划"多规合一"做到统筹产业、用地与空间的关系，使资源、人口、环境与经济可持续发展并保障乡村特色发展才是符合新时期乡村发展的道路。

"多规合一"就是将国民经济和社会发展规划、土地利用规划、生态乡村规划中涉及的相同内容统一起来，并且统一落实到一个共同的规划平台上，各项规划的其他内容按照相关专业标准要求各自补充完成。"多规合一"是将乡村空间合理布局、土地资源有效配置、促进土地的高效集约利用并提高政府各部门职能综合利用的有效手段。

2. "多规合一"在乡村规划中的应用重点

生态乡村规划在进行"多规合一"时的本质问题为空间分类标准不一、规划内容

重复、规划时限不同、具体落实存在难度这四大块问题，生态乡村规划的"多规合一"可从目标、空间要素、实施三个方面体现多规融合。明确乡村边界并将空间管制范围覆盖整个村域，统一村域内部各个空间界限，对不同空间提出具有针对性的规划策略。

（1）确定发展目标

首先，对现有乡村规划等相关规划进行分析，整理分析乡村现有资料并整理乡村实际调研资料，作为生态乡村规划编制的基础性文件，明确统一乡村边界及各项用地边界；其次，通过分析上位规划、各项政策引导等，并进一步确认生态乡村发展目标；最后，对乡村用地布局、产业发展规划、乡村空间形态保护、乡村道路交通系统、基础服务设施和公共设施和乡村生态环境保护等方面提出原则性引导。

（2）空间要素整合

生态乡村规划"多规合一"的主要目标是将乡村的各种空间要素整合到"一张图"上。空间分类具体表现在两方面，一是空间管制的分类明确，空间管制规划分为四类，即已建设区、适宜建设区、限制建设区和禁止建设区；二是划定以对象目标为主的空间管控，可参考城市规划的"六线"进行空间管制，而乡村规划的"六线"具体如下：

红线：指规划中用于界定道路、广场用地和对外交通用地的控制线。

蓝线：指用于划定较大面积水域、水系、湿地、水源保护区及其沿岸一定范围陆域地区保护区的控制线。

绿线：指用于界定公共绿地、防护绿地、生产绿地、居住区绿地、道路绿地、农田、山林等各类绿地范围的控制线。

黄线：指用于界定市政公用设施用地范围的控制线。

紫线：指用于界定文物及保护用地的控制线。

黑线：一般称"电力走廊"，指电力的用地规划控制线。

（3）建立协同平台

协同平台主要包括管理实施协同以及技术协同。管理实施协同要建立镇级规划委员会统一对该镇所有乡村规划进行实施的协同管理。"多规合一"的本质问题在于负责各项建设规划的部门之间缺乏协作平台以及统一标准。在镇级层面设置规划委员会，由规划专业人士负责，统一协调各部门之间规划的编制实施，提供协作平台。

第三节　"乡村振兴"对生态乡村规划实施的"新"要求

一、乡村振兴战略

2017 年 10 月 18 日，习近平同志在十九大报告中指出，农业农村农民问题是关系国计民生的根本性问题，必须始终把解决好"三农"问题作为全党工作重中之重，实施乡村振兴战略。要坚持农业农村优先发展，巩固和完善农村基本经营制度，保持土地承包关系稳定并长久不变，第二轮土地承包到期后再延长三十年。确保国家粮食安全，把中国人的饭碗牢牢地端在自己手中。加强农村基层基础工作，培养造就一支懂农业、爱农村、爱农民的"三农"工作队伍。

2018年2月《中共中央国务院关于实施乡村振兴战略的意见》（以下简称《意见》）明确指出走中国特色社会主义乡村振兴道路：

1. 明确了实施乡村振兴战略的总体要求和主要任务。《意见》将实施乡村振兴战略的总体要求和主要任务概括为"五个新"和"一个增强"，即以产业兴旺为重点，提升农业发展质量，培育乡村发展新动能；以生态宜居为关键，推进乡村绿色发展，打造人与自然和谐共生发展新格局；以乡风文明为保障，繁荣兴盛农村文化，焕发乡风文明新气象；以治理有效为基础，加强农村基层基础工作，构建乡村治理新体系；以生活富裕为目标，提高农村民生保障水平，塑造美丽乡村新风貌；以摆脱贫困为前提，打好精准脱贫攻坚战，增强贫困群众幸福感。

2. 明确了实施乡村振兴战略的重大政策举措。《意见》提出，实施乡村振兴战略，要突出"四个强化"，即以完善农村产权制度和要素市场化配置为重点，强化制度性供给；畅通智力、技术、管理下乡通道，造就更多乡土人才，强化人才支撑；健全投入保障制度，开拓投融资渠道，强化投入保障；制定国家乡村战略规划，强化规划引领作用。

3. 要求把党管农村工作落到实处。《意见》指出，要发挥党的领导的政治优势，压实责任，完善机制，强化考核，把实施乡村振兴战略作为全党的共同意志、共同行动，做到认识统一、步调一致，把农业农村优先发展原则体现到各个方面，在干部配备上优先考虑，在要素配置上优先满足，在资金投入上优先保障，在公共服务上优先安排，确保党在农村工作中始终总揽全局、协调各方，为乡村振兴提供坚强有力的政治保障。

二、乡村规划实施问题

自2008年城乡规划法实施后，乡村规划日益受到各界的重视。但是由于我国乡村规划尚处在摸索阶段，乡村规划相对城市规划也存在理论支撑较少等问题，在实施阶段同样存在一定问题。

1. 千村一面现象

现有的乡村规划有很多是套用城市规划的方法或是套用某几个优秀乡村规划的规划方法，规划时忽视乡村的地域特点，简单照搬城市空间形态，割裂乡村空间环境组织肌理，使乡村丧失了本来的活力和文化。在一些公共服务设施建筑的设计及建设时常常参考或直接套用其他地方的建筑形式。地方特色主要包括乡村建筑肌理特色、聚落空间形态特色、产业选择及布局特色、历史文化特色、发展模式特色、生态环境特色等多个方面，其中建筑形式是最能直接表现地方特色的形式之一。

2. 人居环境质量较差

乡村人居环境质量改造包括道路改造升级、建筑风貌保护与更新、照明设施完善、环境卫生保护等四个主要方面，与乡村民居的生产生活息息相关。基础设施与公共服务设施就包括了其中三个方面：道路交通、照明设施、环境卫生。这些是当前具体落实改善农村居民物质生活条件、提升人居环境质量、构建和谐社会的重要表现之一，

也是提升乡村印象的直观表现手段之一。然而，从实地调研发现，当前国内乡村普遍面临着人居环境质量较差等严峻问题。

3. 村民满意度低、参与度低

在编制乡村规划时，居民参与度大大少于城市规划，导致规划人员对当地的具体情况了解不够充分，最后编制的规划也难以反映多数乡村居民的意愿。《城乡规划法》第十八条明确规定，"乡规划、村庄规划应当从农村实际出发，尊重村民意愿，体现地方和农村特色"。可以说，乡村居民的满意程度是考验乡村规划体系的一项重要指标，但是现有的乡村规划编制在这一部分是存在一定缺失的。

4. 建设资金较短缺

乡村建设需投入较大的资金，这不能完全靠政府的投入。比如在乡村建设的初期，政府建设了部分精品示范村之后，之后完全靠政府资金的支撑投资模式的复制推广难度十分大。因此也要发挥市场在资源配置中的作用，以政府补助与奖励为引导，鼓励吸引市场资本和社会力量共同参与生态乡村建设，解决乡村建设资金短缺带来的建设质量下降的问题。

5. 后期管理薄弱

目前各类规划无论从规划编制、审核、审批到具体的建设过程都是由政府牵头的，但相对于城市规划，乡村规划的管理尤其薄弱，现有乡村有很大一部分编制规划是为了应付上级的检查，因此编制出来的规划很少能体现当地特点，也难以满足农民生产和生活的需要，并且由于乡镇规划相关从业人员较少，即使做了规划也极易受到各种利益影响，随意更改规划，从而造成极大损失和浪费。

三、"乡村振兴"下的"新"要求

从乡村规划的落实与执行的主体来看，不同于城市规划的是，乡村规划的落实不仅与地方政府职能部门相关，还与乡村居民密切相关，如规划后期实施的监督、乡村规划编制的参与度等。这一系列问题目前还没有统一的解决模式。作为一种公共产品，作为推动乡村振兴战略目标实现的重要工具之一，生态乡村规划的实施一般要求具有以下几点保障措施：

1. 加大村民参与度

村民自治意识在乡村正逐步觉醒，随着社会主义新农村规划在全国范围的展开，以推进村民参与为重要手段的"送规划下乡"行动正逐步唤醒乡村运用乡村规划这个政策工具来维护自身合法权益、促进农村发展的意识。同时《城乡规划法》第二十二条规定："村庄规划在报送审批之前，应当经村民会议或者村民代表会议讨论同意。"加大农村居民在乡村规划中的参与度，增加村民的主人翁意识。

2. 提升人居环境质量

吴良镛院士在其《人居环境科学导论》一书中将人居环境进行释义：人居环境，顾名思义是人类的聚居生活的地方，是与人类生存活动密切相关的地表空间，它是人类在大自然中赖以生存的基地，是人类利用自然、改造自然的主要场所。要在乡村的人居环境建设中依据改造的要求和内容，采用适当规模、合适尺度的规划方法，妥善地处理好现在与未来的关系，不断提高乡村人居环境建设的质量。

3. 发展政企合作模式

乡村规划的编制与建设要在国家扶持的基础上积极运用市场机制，完善乡村规划建设资金的投融资渠道。生态乡村建设需要政府投入大量资金，因此要将政府提供的费用优先落实到乡村规划的建设中。对于第二产业以及第三产业发展较好的乡村，可以依托自身优势，吸引市场投入，运用政企结合的模式建设生态乡村。

4. 健全政府管理机制

在乡村及镇、县一级要健全分层级的规划建设管理监督机构，设置独立的规划管理部门，并设置专门对乡村规划进行监督管理的人员，加强规划管理人员的专业培训，提高专业素质。加强乡村居民对乡村规划监督管理的参与度，建立以村干部为管理员的村级规划监督管理机构，切实加大执法力度，对各种违法违规行为要坚决制止，并严格按有关法律法规进行处罚。

第四节　生态乡村规划建设模式

乡村建设的特色要素构成分自然环境要素与人文环境要素两大类，包括地形、气候、水、植物、村庄整体结构和布局、传统建筑形态和院落空间、传统街巷、传统民风民俗。生态乡村的前期规划与后期建设要充分考虑这些特色要素。2010 年 6 月，浙江省全面推广安吉经验，把美丽乡村建设升级为省级战略决策，浙江省农业和农村工作办公室为此专门制定了《浙江省美丽乡村建设行动计划（2011—2015 年）》，力争到 2015 年全省 70％县（市、区）达到美丽乡村建设要求，60％以上乡镇整体实施美丽乡村建设。

鉴于浙江、江苏等省份的美丽乡村建设水平走在了全国的前列，对于生态乡村的规划建设模式可以参考借鉴在国内较为成功的安吉、高淳、永嘉、江宁建设模式，从而吸取其中经验，以推动其他地区生态乡村建设进程。

一、安吉模式

20 世纪 80 年代，安吉县被列为浙江省 25 个贫困县之一，但在发展"工业强县"之路后，安吉县的生态环境遭到了严重污染，在此之后安吉县提出生态立县发展战略。2003 年，安吉县结合浙江省委"千村示范、万村整治"的"千万工程"，以多种形式推进农村环境整治，集中攻坚工业污染、违章建筑、生活垃圾、污水处理等突出问题，着重实施畜禽养殖污染治理、生活污水处理、垃圾固废处理、化肥农药污染治理、河沟池塘污染治理，提高农村生态文明创建水平，极大地改善了农村人居环境(图 11-2)。

安吉模式的成功做法主要包括：

图 11-2　安吉县乡村居民点与道路交通建设

1. 明确目标定位、发展优势产业。"安吉模式"的目标是打造"中国美丽乡村"，建设以生态文明为建设前提，主要依托优势农业产业的美丽乡村，同时全县大力发展以农产品加工业为主的第二产业和以休闲农业旅游为主的第三产业。

2. 突出生态建设、推动绿色发展。安吉最大的优势是生态环境，以大力发展生态农业为主要产业并结合旅游业发展推动安吉县的绿色低碳发展。

3. 坚守农业产业、坚持内生发展。依托安吉县的特色农业，并延伸一系列产业链条，实现安吉县的绿色可持续发展，是安吉模式的又一重要经验。

4. 经营生态资源、追求生态效益。树立经营生态的价值观，坚持开发与保护相结合，通过经营生态资源，将安吉县的生态资源转化成生态效益和经济效益。

5. 注重协调发展、推动全面进步。构建了现代农业与第二、第三产业协调发展的经济格局，形成了涵盖文化资源、文化事业、文化产业的农村文化体系，构建了生态环境良好、生态文化繁荣、生态产业发达、生态经济高效的生态文明格局。

二、高淳模式

江苏省南京市高淳区以"村容整洁环境美、村强民富生活美、村风文明和谐美"为内容建设美丽乡村，改善农村环境面貌，达成村容整洁环境美的目标。按照"绿色、生态、人文、宜居"的基调，高淳区自 2010 年以来集中开展"靓村、清水、丰田、畅路、绿林"五位一体的美丽乡村建设。

高淳区从具体实际出发，围绕"打造都市美丽乡村、建设居民幸福家园"为主线，积极探索生态与产业、环境与民生互动的绿色、幸福之路，实现打造环境保护与生态文明同步发展的、与建设幸福城市相互融合的美丽乡村建设。高淳区美丽乡村建设以生态家园建设为主题，以休闲旅游和现代农业为支撑，以国际慢城为品牌，集中连片营造欧陆风情式美丽乡村，形成独特的美丽乡村建设模式（图 11-3）。

高淳模式的成功做法主要包括：

1. 健全农村生活垃圾收运系统。保证农村生活污水集中处理率不低于 30%，建立健全"组保洁、村收集、镇转运、区处理"农村生活垃圾收运体系，并在全区新增垃圾中转站 34 座。

2. 发展农村特色产业，达成村强民富生活美。以"一村一品、一村一业、一村一景"的特色发展路线提升乡村的个性化和特色化，采用因地制宜、具体问题具体分析

图 11-3　高淳县乡村环境与道路交通建设

的手段对不同乡村进行特色化乡村产业规划，保障乡村的个性化和特色化。

3. 健全农村公共服务，达成村风文明和谐美。以健全公共服务设施为主体，以完善专项服务设施配套辅助，形成覆盖高淳区全区的服务设施网络。

三、永嘉模式

在浙江省永嘉县境内散布着无数大大小小的古村落。正是在这一背景下，浙江省永嘉县以"环境综合整治、村落保护利用、生态旅游开发、城乡统筹改革"为主要内容广泛开展了美丽乡村建设。永嘉县美丽乡村建设的特点是对历史文化资源大力保护开发，促进城乡要素自由流动，推动城乡一体化，减小城乡的资源分布不均等问题，促进资源的最优化配置和利用（图 11-4）。

图 11-4　永嘉县民居特色

永嘉模式的可参考之处主要包括：

1. 环境综合整治。永嘉县大力推进垃圾处理、污水处理、旱厕改造、道路硬化、乡村绿化等基础设施建设质量的改造提升，大力实施乡村立面改造、广告牌综合治理、田园风光打造、高速路口景观质量提升等重点工程，大力改善农村人居环境。

2. 优化乡村空间布局。对永嘉县内两百多个历史文化、自然生态、民俗风情村落进行更新保护，并对分散居民进行居民点集聚、新居民点的规划建设，推进中心村培育建设，从而实现乡村空间的优化布局。

3. 推进农村产业发展。积极挖掘永嘉县自然生态资源以及历史文化资源，精心打

造美丽乡村生态旅游,并综合发展现代农业、养生保健产业,加快农村产业综合绿色发展。

4. 促进城乡一体发展。通过"三分三改",政经分开、资地分开、户产分开和股改、地改、户改,积极推进农村产权制度改革,着力破除城乡二元结构,加快推进城乡一体化建设以及农村公共服务系统建设。

四、江宁模式

江宁区是属于南京市的近郊区。结合区域实际,江宁区提出了"农民生活方式城市化、农业生产方式现代化、农村生态环境田园化和山青水碧生态美、科学规划形态美、乡风文明素质美、村强民富生活美、管理民主和谐美"的"三化五美"的美丽乡村建设目标。

江宁区美丽乡村建设的主要特色是积极鼓励交建集团等国企参与美丽乡村建设,以市场化机制开发乡村生态资源,吸引社会资本打造乡村生态休闲旅游,形成都市休闲型美丽乡村建设模式。与此同时,为了推进美丽乡村建设,江宁区着力抓好以下七大工程,对于其他地区乡村规划建设也具有较多可参考之处(图11-5)。

图 11-5　江宁县民居特色与居民点建设

1. 生态环境改善。江宁区大力推进自然生态环境保护利用,对乡村居民点环境整治和农村生态大力治理,进行环境质量的提升改造。

2. 土地综合整治。通过乡村各项用地的整治和集约高效利用,对江宁区各类资源实现更高效配置,提升乡村土地利用的效率。

3. 基础设施优化。以道路交通网建设、水利设施完善、乡村给水排水设施完善、电力电信设施等基础设施网络系统构建,全面建立城乡一体的基础设施系统。

4. 公共服务完善。全面完善并提高乡村的教育、文化、卫生、社会保障、养老服务等公共服务设施的覆盖率、建设水平与服务质量。

5. 核心产业集聚。通过现代农业和都市生态休闲农业以及乡村生态旅游业的培育,实现农业接连第二产业、第三产业发展,构建绿色发展的产业体系,为农民增收提供有力支撑。

6. 农村综合改革。创新农业经营机制,深化农村产权管理机制改革,激发农村活力。

7. 农村社会管理。进一步优化农村社区管理体制机制，提升农村社区基础设施与公共服务能力，加强治安综合治理，推进精神文明和乡土文化融合发展，夯实农村基层组织建设。

复习思考题：

1. 列举生态乡村规划编制的主要依据。
2. 请结合实例，论述"多规合一"在乡村规划编制中的应用难点。
3. 请结合实例，论述"乡村振兴"对生态乡村规划实施的"新要求"。

附录 1《村镇规划标准》(GB 50188—93)

第一节 总则

1. 为了科学地编制村镇规划，加强村镇建设和管理工作，创造良好的劳动和生活环境，促进城乡经济和社会的协调发展，制定本标准。

2. 本标准适用于全国的村庄和集镇的规划，县城以外的建制镇的规划亦按本标准执行。

3. 编制村镇规划，除执行本标准外，尚应符合现行的有关国家标准、规范的规定。

第二节 村镇规模分级和人口预测

一、村镇规模分级

1. 村庄、集镇按其在村镇体系中的地位和职能宜分为基层村、中心村、一般镇、中心镇四个层次。

2. 村镇规划规模分级应按其不同层次及规划常住人口数量，分别划分为大、中、小型三级，并应符合表附 1-1 的规定。

表附 1-1 村镇规划规模分级

村镇层次 常住人口数量（人） 规模分级	村 庄		集 镇	
	基层村	中心村	一般镇	中心镇
大型	>300	>1000	>3000	>10000
中型	100～300	300～1000	1000～3000	3000～10000
小型	<100	<300	<1000	<3000

二、村镇人口预测

1. 村镇总人口应为村镇所辖地域范围内常住人口的总和，其发展预测应按式（附 1-1）计算：

$$Q = Q_0 (1+K)^n + P \tag{附 1-1}$$

式中　Q——总人口预测数，人；

　　　Q_0——总人口现状数，人；

　　　K——规划期内人口的自然增长率，%；

　　　P——规划期内人口的机械增长数，人；

　　　n——规划期限，年。

2. 集镇规划中，在进行人口的现状统计和规划预测时，应按其居住状况和参与社会生活的性质进行分类。

3. 集镇规划期内的人口分类预测，应按表附 1-2 的规定计算。

表附 1-2　集镇规划期内人口分类预测

人口类别		统计范围	预测计算
常住人口	村民	规划范围内的农业户人口	按自然增长计算
	居民	规范范围内的非农业户人口	按自然增长和机械增长计算
	集体	单身职工、寄宿学生等	按机械增长计算
通勤人口		劳动、学习在集镇内，住在规划范围外的职工、学生等	按机械增长计算
流动人口		出差、探亲、旅游、赶集等临时参与集镇活动的人员	进行估算

4. 集镇规划期内人口的机械增长，应按下列方法进行计算。

（1）建设项目尚未落实的情况下，宜按平均增长法计算人口的发展规模。计算时应分析近年来人口的变化情况，确定每年的人口增长数或增长率。

（2）建设项目已经落实、规划期内人口机械增长稳定的情况下，且按带眷系数法计算人口发展规模。计算时应分析从业者的来源、婚育、落户等状况，以及村镇的生活环境和建设条件等因素，确定增加从业人数及其带眷人数。

（3）根据土地的经营情况，预测农业劳力转移时，宜按劳力转化法对村镇所辖地域范围的土地和劳动力进行平衡，计算规划期内农业剩余劳力的数量，分析村镇类型、发展水平、地方优势、建设条件和政策影响等因素，确定进镇的劳力比例和人口数量。

（4）根据村镇的环境条件，预测发展的合理规模时，宜按环境容量法综合分析当地的发展优势、建设条件，以及环境、生态状况等因素，计算村镇的适宜人口规模。

（5）村庄规划中，在进行人口的现状统计和规划预测时，可不进行分类，其人口规模应按人口的自然增长和农业剩余劳力的转移因素进行计算。

第三节　村镇用地分类

一、用地分类

1. 村镇用地应按土地使用的主要性质划分为：居住建筑用地、公共建筑用地、生产建筑用地、仓储用地、对外交通用地、道路广场用地、公用工程设施用地、绿化用

地、水域和其他用地 9 大类、28 小类。

2. 村镇用地的类别应采用字母与数字结合的代号,适用于规划文件的编制和村镇用地的统计工作。

3. 村镇用地的分类和代号应符合表附 1-3 的规定。

表附 1-3　村镇用地的分类和代号

类别代号		类别名称	范　围
大类	小类		
R		居住建筑用地	各类居住建筑及其间距和内部小路、场地、绿化等用地;不包括路面宽度等于和大于 3.5m 的道路用地
	R1 R2 R3	村民住宅用地 居民住宅用地 其他居住用地	村民户独家使用的住房和附属设施及其户间间距用地、进户小路用地;不包括自留地及其他生产性用地 居民户的住宅、家院及其间距用地 属于 R1、R2 以外的居住用地,如单身宿舍、敬老院等用地
C		公共建筑用地	各类公共建筑物及附属设施、内部道路、场地、绿化等用地
	C1 C2 C3 C4 C5 C6	行政管理用地 教育机构用地 文体科技用地 医疗保健用地 商业金融用地 集贸设施用地	政府、团体、经济贸易管理机构等用地 幼儿园、托儿所、小学、中学及各类高、中级专业学校、成人学校等用地 文化图书、科技、展览、娱乐、体育、文物、宗教等用地 医疗、防疫、保健、休养和疗养等机构用地 各类商业服务业的店铺,银行、信用、保险等机构,及其附属设施用地 集市贸易的专用建筑和场地;不包括临时占用街道、广场等设摊用地
M		生产建筑用地	独立设置的各种所有制的生产性建筑及其设施和内部道路、场地、绿化等用地
	M1 M2 M3 M4	一类工业用地 二类工业用地 三类工业用地 农业生产设施用地	对居住和公共环境基本无干扰和污染的工业,如缝纫、电子、工艺品等工业用地 对居住和公共环境有一定干扰和污染的工业,如纺织、食品、小型机械等工业用地 对居住和公共环境有严重干扰和污染的工业,如采矿、冶金、化学、造纸、制革、建材、大中型机械制造等工业用地 各类农业建筑,如打谷场、饲养场、农机站、育秧房、兽医站等及其附属设施用地;不包括农林种植地、牧草地、养殖水域
W		仓储用地	物资的中转仓库、专业收购和储存建筑及其附属道路、场地、绿化等用地
	W1 W2	普通仓储用地 危险品仓储用地	存放一般物品的仓储用地 存放易燃、易爆、剧毒等危险品的仓储用地
T		对外交通用地	村镇对外交通的各种设施用地
	T1 T2	公路交通用地 其他交通用地	公路站场及规划范围内的路段、附属设施等用地 铁路、水运及其他对外交通的地段和设施等用地
S		道路广场用地	规划范围内的道路、广场、停车场等设施用地
	S1 S2	道路用地 广场用地	规划范围内宽度等于和大于 3.5m 以上的各种道路及交叉口等用地 公共活动广场、停车场用地;不包括各类用地内部的场地

类别代号		类别名称	范 围
大类	小类		
U		公用工程设施用地	各类公用工程和环卫设施用地,包括其建筑物、构筑物及管理、维修设施等用地
	U1	公用工程用地	给水、排水、供电、邮电、供气、供热、殡葬、防灾和能源等工程设施用地
	U2	环卫设施用地	公厕、垃圾站、粪便和垃圾处理设施等用地
G		绿化用地	各类公共绿地、生产防护绿地;不包括各类用地内部的绿地
	G1	公共绿地	面向公众、有一定游憩设施的绿地,如公园、街巷中的绿地、路旁或临水宽度等于和大于5m的绿地
	G2	生产防护绿地	提供苗木、草皮、花卉的圃地,以及用于安全、卫生、防风等的防护林带和绿地
E		水域和其他用地	规划范围内的水域、农林种植地、牧草地、闲置地和特殊用地
	E1	水域	江河、湖泊、水库、沟渠、池塘、滩涂等水域;不包括公园绿地中的水面
	E2	农林种植地	以生产为目的的农林种植地,如农田、菜地,园地、林地等
	E3	牧草地	生长各种牧草的土地
	E4	闲置地	尚未使用的土地
	E5	特殊用地	军事、外事、保安等设施用地;不包括部队家属生活区、公安消防机构等用地

二、用地计算

1. 村镇的现状和规划用地,应统一按规划围进行计算。

2. 分片布局的村镇,应分片计算用地,再进行汇总。

3. 村镇用地应按平面投影面积计算,村镇用地的计算单位为公顷(ha)。

3. 用地面积计算的精确度,应按图纸比例尺确定。1:10000、1:25000 的图纸应取值到个位数;1:5000 的图纸应取值到小数点后一位;1:1000、1:2000 的图纸应取值到小数点后两位。

4. 村庄用地计算表的格式应符合本标准附录 A.0.1 的规定;集镇用地计算表的格式应符合本标准附录 A.0.2 的规定。

第四节 规划建设用地标准

一、一般规定

1. 村镇建设用地应包括本标准表附 1-3 村镇用地分类中的居住建筑用地、公共建筑用地、生产建筑用地、仓储用地、对外交通用地、道路广场用地、公用工程设施用地和绿化用地 8 大类之和。

2. 村镇规划的建设用地标准应包括人均建设用地指标、建设用地构成比例和建设用地选择三部分。

3. 村镇人均建设用地指标应为规范范围内的建设用地面积除以常住人口数量的平均数值。人口统计应与用地统计的范围相一致。

二、人均建设用地指标

1. 人均建设用地指标应按表附1-4的规定分为五级。

表附 1-4　人均建设用地指标分级

级　别	一	二	三	四	五
人均建设用地指标 （m²/人）	>50 ≤60	>60 ≤80	>80 ≤100	>100 ≤120	>120 ≤150

2. 新建村镇的规划，其人均建设用地指标宜按表附1-4中第三级确定，当发展用地偏紧时，可按第二级确定。

3. 对已有的村镇进行规划时，其人均建设用地指标应以现状建设用地的人均水平为基础，根据人均建设用地指标级别和允许调整幅度确定，并应符合表附1-5及本条各款的规定。

（1）第一级用地指标可用于用地紧张地区的村庄；集镇不得选用。

（2）地多人少的边远地区的村镇，应根据所在省、自治区政府规定的建设用地指标确定。

表附 1-5　人均建设用地指标

现状人均建设用地 水平（m²/人）	人均建设用地指标级别	允许调整幅度（m²/人）
≤50	一、二	应增 5～20
50.1～60	一、二	可增 0～15
60.1～80	二、三	可增 0～10
80.1～100	二、三、四	可增、减 0～10
100.1～120	三、四	可减 0～15
120.1～150	四、五	可减 0～20
>150	五	应减至 150 以内

注：允许调整幅度是指规划人均建设用地指标对现状人均建设用地水平的增减数值。

三、建设用地构成比例

1. 村镇规划中的居住建筑、公共建筑、道路广场及绿化用地中公共绿地四类用地占建设用地的比例宜符合表附1-6的规定。

表附 1-6　建设用地构成比例

类别代号	用地类别	占建设用地比例（%）		
		中心镇	一般镇	中心村
R	居住建筑用地	30～50	35～55	55～70
C	公共建筑用地	12～20	10～18	6～12
S	道路广场用地	11～19	10～17	9～16
G1	公共绿地	2～6	2～6	2～4
	四类用地之间	65～85	67～87	72～92

2. 通勤人口和流动人口较多的中心镇，其公共建筑用地所占比例宜选取规定幅度内的较大值。

3. 邻近旅游区及现状绿地较多的村镇，其公共绿地所占比例可大于6％。

四、建设用地选择

1. 村镇建设用地的选择应根据地理位置和自然条件、占地的数量和质量、现有建筑和工程设施的拆迁和利用、交通运输条件、建设投资和经营费用、环境质量和社会效益等因素，经过技术经济比较，择优确定。

2. 村镇建设用地宜选在生产作业区附近，并应充分利用原有用地调整挖潜，同基本农田保护区规划相协调。当需要扩大用地规模时，宜选择荒地、薄地，不占或少占耕地、林地和工人牧场。

3. 村镇设用地宜选在水源充足，水质良好，便于排水，通风向阳和地质条件适宜的地段。

4. 村镇建设用地应避开山洪、风口、滑坡、泥石流、洪水淹没、地震断裂带等自然灾害影响的地段；并应避开自然保护区、有开采价值的地下资源和地下采空区。

5. 村镇建设用地宜避免被铁路、重要公路和高压输电线路所穿越。

第五节　居住建筑用地

1. 村民宅基地和居民住宅用地的规模，应根据所在省、自治区、直辖市政府规定的用地面积指标进行确定。

2. 居住建筑用地的选址，应有利生产，方便生活，具有适宜的卫生条件和建设条件。并应符合下列规定。

（1）居住建筑用地应布置在大气污染源的常年最小风向频率的下风侧以及水污染源的上游。

（2）居住建筑用地应与生产劳动地点联系方便，又不相互干扰。

（3）居住建筑用地位于丘陵和山区时，应优先选用向阳坡，并避开风口和窝风地段。

（4）居住建筑用地应具有适合建设的工程地质与水文地质条件。

3. 居住建筑用地的规划，应符合下列规定：

（1）居住建筑用地规划应符合村镇用地布局的要求，并应综合考虑相邻用地的功

能、道路交通等因素进行规划。

（2）居住建筑用地规划应根据不同住户的需求，选定不同的住宅类型，相对集中地进行布置。

4. 居住建筑的布置，应根据气候、用地条件和使用要求，确定居住建筑的类型、朝向、层数、间距和组合方式。并应符合下列规定：

（1）居住建筑的布置应符合所在省、自治区、直辖市政府规定的居住建筑的朝向和日照间距系数。

（2）居住建筑的平面类型应满足通风要求。在现行的国家标准《建筑气候区划标准》的Ⅱ、Ⅲ、Ⅳ气候区，居住建筑的朝向应使夏季最大频率风向入射用大于15°；在其他气候区，应使夏季最大频率风向入射用大于0°。

（3）建筑的间距和通道的设置应符合村镇防灾的要求。

（4）宅院宜缩小沿巷路一侧的边长；宅院组合宜采用一条巷路服务两侧住户的组合型式。

第六节　公共建筑用地

1. 公共建筑项目的配置应符合表附 1-7 的规定。

表附 1-7　村镇公共建筑项目配置

类别	项　　目	中心镇	一般镇	中心村	基层材
行政管理	1. 人民政府、派出所	●	●	—	—
	2. 法庭	○	—	—	—
	3. 建设、土地管理机构	●	●	—	—
	4. 农、林、水、电管理机构	●	●	—	—
	5. 工商、税务所	●	●	—	—
	6. 要管所	●	●	—	—
	7. 交通监理站	●	—	—	—
	8. 居委会	●	●	●	—
教育机构	9. 专科院校	○	—	—	—
	10. 高级中学、职业中学	●	○	—	—
	11. 初级中学	●	●	○	—
	12. 小学	●	●	●	—
	13. 幼儿园、托儿所	●	●	●	○
文体科技	14. 文化站（室）、青少年之家	●	●	○	—
	15. 影剧院	●	○	—	—
	16. 灯光球场	●	●	—	—
	17. 体育场	●	○	—	—
	18. 科技站	●	○	—	—
医疗保健	19. 中心卫生院	●	●	—	—
	20. 卫生院（所、室）	—	●	○	○
	21. 防疫、保健站	●	○	—	—
	22. 计划生育指导站	●	●	○	—

类别	项 目	中心镇	一般镇	中心村	基层村
商业金融	23. 百货站	●	●	○	○
	24. 食口店	●	●	○	—
	25. 生产资料、建材、日杂店	●	●	—	—
	26. 粮店	●	●	—	—
	27. 煤店	●	●	—	—
	28. 药店	●	●	—	—
	29. 书店	●	●	—	—
	30. 银行、信用社、保险机构	●	●	○	—
	31. 饭店、饮食店、小吃店	●	●	○	○
	32. 旅馆、招待所	●	●	—	—
	33. 理发、浴室、洗染店	●	●	○	—
	34. 照相馆	●	●	—	—
	35. 综合修理、加工、收购店	●	●	○	—
集贸设施	36. 粮油、土特产市场	●	●	—	—
	37. 蔬菜、副食市场	●	●	○	—
	38. 百货市场	●	●	—	—
	39. 燃料、建材、生产资料市场	●	○	—	—
	40. 畜禽、水产市场	●	○	—	—

注：表中●——应设的项目；○——可设的项目

2. 各类公共建筑的用地面积指标应符合表附 1-8 的规定。

表附 1-8　各类公共建筑人均用地面积指标

村镇层次	规划规模分级	各类公共建筑人均用地面积指标（平方米/人）				
		行政管理	教育机构	文体科技	医疗保健	商业金融
中心镇	大型	0.3～1.5	2.5～10.0	0.8～6.5	0.3～1.3	1.6～4.6
	中型	0.4～2.0	3.1～12.0	0.9～5.3	0.3～1.6	1.8～5.5
	小型	0.5～2.2	4.3～14.0	1.0～4.2	0.8～1.9	2.0～6.4
一般镇	大型	0.2～1.9	3.0～9.0	0.7～4.1	0.3～1.2	0.8～4.4
	中型	0.3～2.2	3.2～10.0	0.9～3.7	0.3～1.5	0.9～4.6
	小型	0.4～2.5	3.4～11.0	1.1～3.3	0.3～1.8	1.0～4.8
中心村	大型	0.1～0.4	1.5～5.0	0.3～1.6	0.1～0.3	0.2～0.6
	中型	0.12～0.5	2.6～6.0	0.3～2.0	0.1～0.3	0.2～0.6

注：集贸设施的用地面积应按赶集人数、经营品类计算。

3. 村庄和中小型的集镇的公共建筑用地，除学校和卫生院以外，宜集中布置在位置适中、内外联系方便的地段。商业金融机构和集贸设施宜设在村镇人口附近或交通方便的地段。

4. 学校用地应设在阳光充足、环境安静的地段，距离铁路干线应大于 300m，主要人口不应开向公路。

5. 集贸设施用地应综合考虑交通、环境与节约用地等因素进行布置，并应符合下列规定：

（1）集贸设施用地的选址应有利于人流和商品的集散，并不得占用公路、主要干路、车站、码头、桥头等交通量大的地段。影响镇容环境和易燃易爆的商品市场，应设在集镇的边缘，并应符合卫生、安全防护的要求。

（2）集贸设施用地的面积应按平集规模确定；非集时应考虑设施和用地的综合利用，并应安排好大集时临时占用的场地。

第七节　生产建筑和仓储用地

1. 产建筑用地应根据其对生活环境的影响状况进行选址和布置，并应符合下列规定：

（1）本标准用地分类中的一类工业用地可选择在居住建筑或公共建筑用地附近。

（2）本标准用地分类中的二类工业用地应选择在常年最小风向频率的上风侧及河流的下游，并应符合现行的国家标准《工业企业设计卫生标准》的有关规定。

（3）本标准用地分类中的三类工业用地应按环境保护的要求进行选址，并严禁在该地段内布置居住建筑。

（4）对已造成污染的二类、三类工业，必须治理或调整。

2. 工业生产用地应选择在靠近电源、水源，对外交通方便的地段。协作密切的生产项目应邻近布置，相互干扰的生产项目应予以分隔。

3. 农业生产设施用地的选择，应符合下列规定：

（1）农机站（场）、打谷场等的选址，应方便田间运输和管理。

（2）大中型饲养场地的选址，应满足卫生和防疫要求，宜布置在村镇常年盛行风向的侧风位，以及通风、排水条件良好的地段，并应与村镇保持防护距离。

（3）兽医站宜布置在村镇边缘。

4. 仓库及堆场用地的选址，应按存储物品的性质确定，并应设在村镇边缘、交通运输方便的地段。粮、棉、木材、油类、农药等易燃易燃和危险品仓库与厂房、打谷场、居住建筑的距离应符合防火和安全的有关规定。

5. 生产建筑用地、仓储用地的规划，应保证建筑和各项设施之间的防火间距，并应设置消防通路。

第八节　道路、对外交通和竖向规划

一、路和对外交通规划

1. 道路交通规划应根据村镇之间的联系和村镇各项用地的功能、交通流量，结合自然条件与现状特点，确定道路交通系统，并有利于建筑布置和管线敷设。

2. 村镇所辖地域范围内的道路，按主要功能和使用特点应划分为公路和村镇道路两类，其规划应符合下列规定：

（1）公路规划应符合国家现行的《公路工程技术标准》的有关规定。

（2）村镇道路可分为四级，其规划的技术指标应符合表附 1-9 的规定。

表附 1-9　村镇道路规划技术指标

规划技术指标	村　镇　道　路　级　别			
	一	二	三	四
计算行车速度（km/h）	40	30	20	—
道路红线宽度（m）	24～32	16～24	10～14	—
车行道宽度（m）	14～20	10～14	6～7	3.5
每侧人行道宽度（m）	4～6	3～5	0～2	0
道路间距（m）	≥500	250～500	120～300	60～150

注：表中一、二、三级道路用地红线宽度计算，四级道路按车行道宽度计算。

3. 村镇道路系统的组成，应符合表附 1-10 的规定。

表附 1-10　村镇道路系统组成

村镇层次	规划规模分级	道　路　分　级			
		一	二	三	四
中心镇	大　型	●	●	●	●
	中　型	○	●	●	●
	小　型	—	●	●	●
一般镇	大　型	—	●	●	●
	中　型	—	●	●	●
	小　型	—	○	●	●
中心村	大　型	—	○	●	●
	中　型	—	—	●	●
	小　型	—	—	●	●
基层村	大　型	—	—	●	●
	中　型	—	—	○	●
	小　型	—	—	—	●

注：①表中 ●——应设的级别；○——可设的级别。
　　②当大型中心镇规划人口大于 30000 人时，其主要道路红线宽度可大于。

4. 镇道路应根据其道路现状和规划布局的要求，按道路的功能性质进行合理布置。并应符合下列规定：

（1）连接工厂、仓库、车站、码头、货场等的道路，不应穿越集镇的中心地段。

（2）位于文化娱乐、商业服务等大型公共建筑前的路段，应设置必要的人流集散

场地、绿地和停车场地。

（3）商业、文化、服务设施集中的路段，可布置为商业步行街，禁止机动车穿越；路口处应设置停车场地。

5. 汽车专用公路，一般公路中的二、三级公路，不应从村镇内部穿过；对于已在公路两侧形成的村镇，应进行调整。

二、竖向规划

1. 村镇建设用地的竖向规划，应包括下列内容：

（1）确定建筑物、构筑物、场地、道路、排水沟等的规划标高；

（2）确定地面排水方式及排水构筑物；

（3）进行土方平衡及挖方、填方的合理调配，确定取土和弃土的地点。

2. 村镇建设用地的竖向规划，应符合下列规定：

（1）充分利用自然地形，保留原有绿地和水面；

（2）有利于地面水排除；

（3）符合道路、广场的设计坡度要求；

（4）减少土方工程量。

3. 建筑用地的标高应与道路标高相协调，高于或等于邻近道路的中心标高。

4. 村镇建设用地的地面排水，应根据地形特点、降水量和汇水面积等因素，划分排水区域，确定坡向，坡度和管沟系统。

第九节　公用工程设施规划

一、给水工程规划

1. 给水工程规划中，集中式给水应包括确定用水量、水质标准、水源及卫生防护、水质净化、给水设施、管网布置；分散式给水应包括确定用水量、水质标准、水源及卫生防护、取水设施。

2. 集中式给水的用水量应包括生活、生产、消防、浇洒道路和绿化、管网漏水量和未预见水量，并应符合下列要求。

（1）生活用水量的计算，应符合下列要求：

①　居住建筑的生活用水量应按现行的有关国家标准进行计算。

②　公共建筑的生活用水量，应符合现行的国家标准《建筑给水排水设计规范》的有关规定，也可按居住建筑生活用水量的8%～25%进行估算。

（2）生产用水量应包括乡镇工业用水量、畜禽饲养用水量和农业机械用水量，可按所在省、自治区、直辖市政府的有关规定进行计算。

（3）消防用水量应符合现行的国家标准《村镇建筑设计防火规范》的有关规定。

（4）浇洒道路和绿地的用水量，可根据当地条件确定。

（5）管网漏失水量及未预见水量，可按最高日用水量的 15％～25％计算。

3. 生活饮用水的水质应符合现行的有关国家标准的规定。

4. 水源的选择应符合下列要求：

（1）水量充足，水源卫生条件好、便于卫生防护；

（2）原水水质符合要求，优先选用地下水；

（3）取水、净水、输配水设施安全经济，具备施工条件；

（4）选择地下水作为给水水源时，不得超量开采；选择地表水作为给水水源时，其枯水期的保证率不得低于 90％。

5. 给水管网系统的布置，干管的方向应与给水的主要流向一致，并应以最短距离向用水大户供水。给水干管最不利点的最小服务水头，单层建筑物可按 5～10m 计算，建筑物每增加一层应增压 3m。分散式给水应符合现行的有关国家标准的规定。

二、排水工程规划

1. 排水工程规划应包括确定排水量、排水体制、排放标准、排水系统布置、污水处理方式。

2. 排水量应包括污水量、雨水量，污水量应包括生活污水量和生产污水量，并应按下列要求计算。

（1）生活污水量可按生活用水量的 75％～90％进行计算。

（2）生产污水量及变化系数应按产品种类、生产工艺特点和用水量确定，也可按生产用水量的 75％～90％进行计算。

（3）雨水量宜按邻近城市的标准计算。

3. 排水体制宜选择分流制。条件不具备的小型村镇可选择合流制，但在污水排入系统前，应采用化粪池、生活污水净化沼气池等方法进行预处理。

4. 污水排放应符合现行的国家标准《污水综合排放标准》的有关规定；污水用于农田灌溉，应符合现行的国家标准《农田灌溉水质标准》的有关规定。

5. 布置排水管渠时，雨水应充分利用地面迳流和沟渠排除；污水应通过管道或暗渠排放，雨水、污水的管、渠均应按重力流设计。

6. 分散式与合流制中的生活污水，宜采用净化沼气池、双层沉淀池或化粪池等进行处理；集中式生活污水，宜采用活性污泥法、生物膜法等技术处理。生产污水的处理设施，应与生产设施建设同步进行。污水采用集中处理时，污水处理厂的位置应选在村镇的下游，靠近受纳水体或农田灌溉区。

三、供电工程规划

1. 供电工程规划应包括预测村镇所辖地域范围内的供电负荷、确定电源和电压等级，布置供电线路、配置供电设施。

2. 村镇所辖地域范围供电负荷的计算，应包括生活用电、乡镇企业用电和农业用电的负荷。

3. 供电电源和变电站站址的选择应以县域供电规划为依据，并符合建站的建设条

件，线路进出方便和接近负荷中心。

4. 变电站出线电压等级应按所在地区规定的电压标准确定。

5. 供电线路的布置，应符合下列规定：

（1）宜沿公路、村镇道路布置；

（2）宜采用同杆并架的架设方式；

（3）线路走廊不应穿过村镇住宅、森林、危险品仓库等地段；

（4）应减少交叉、跨越、避免对弱电的干扰；

（5）变电站出线宜将工业线路和农业线路分开设置。

6. 供电变压器容量的选择，应根据生活用电、乡镇企业用电和农业用电的负荷确定。

7. 重要公用设施、医疗单位或用电大户应单独设置变压设备或供电电源。

四、邮电工程规划

1. 邮电工程规划应包括确定邮政、电信设施的位置、规模、设施水平和管线布置。

2. 邮电设施的规划应依据县域邮政、电信规划制定。

3. 邮政局（所）的选址应利于邮件运输，方便用户。

4. 电信局（所）的选址，应符合下列规定：

（1）宜靠近上一级电信局来线一侧。

（2）应设在用户密度中心。

（3）应设在环境安全、交通方便，符合建设条件的地段。

5. 电话普及率应结合当地经济和社会发展需要，确定百人拥有的电话机部数。

6. 电信线路布置，应符合下列规定：

（1）应避开易受洪水淹没、河岸塌陷、土坡塌方以及有严重污染等地区。

（2）应便于架设、巡察和检修。

（3）宜设在电力线走向的道路另一侧。

五、村镇防洪规划

1. 村镇所辖地域范围的防洪规划，应按现行的国家标准《防洪标准》的有关规定执行。

邻近大型工矿企业、交通运输设施、文物古迹和风景区等防护对象的村镇，当不能分别进行防护时，应按就高不就低的原则，按现行的国家标准《防洪标准》的有关规定执行。

2. 村镇的防洪规划，应与当地江河流域、农田水利建设、水土保持、绿化造林等的规划相结合，统一整治河道，修建堤坝、汗坎和蓄、滞洪区等防洪工程设施。

3. 位于蓄、滞洪区内的村镇，当根据防洪规划需要修建围村埝（保庄圩）、安全庄台、避水台等就地避洪安全设施时，其位置应避开分洪口、主流顶冲和深水区，其安全超高宜符合表附 1-11 的规定。

表附 1-11　就地避洪安全设施的安全超高

安全设施	安置人口（人）	安全超高（m）
围村埝 （保庄圩）	地位重要、防护面大、人口≥10000 的密集区	＞2.0
	≥10000	2.0～1.5
	≥1000　　　＜10000	1.5～1.0
	＜1000	1.0
安全庄台、避水台	≥1000	1.5～1.0
	＜1000	1.0～0.5

注：安全超高是指在蓄、滞洪时的最高洪水以上，考虑水面浪高等因素，避洪安全设施需要增加的富裕高度。

4. 在蓄、滞洪区的村镇建筑内设置安全层时，应统一进行规划，并应符合现行的国家标准《蓄滞洪区建筑工程技术规范》的有关规定。

附录 A　村镇用地计算表

A.0.1　村庄用地计算应符合表 A.0.1 的规定。

表 A.0.1　村庄用地计算表

分类代号	用地名称	现状　　年			规划　　年		
		面积（ha）	比例（％）	人均（平方米/人）	面积（ha）	比例（％）	人均（平方米/人）
R							
C							
M							
W							
T							
S							
U							
G							
村庄建设用地			100			100	
E							
村庄规划范围用地							

注：村庄人口规模现状　　人，规划　　人。

A.0.2　集镇用地计算应符合表 A.0.2 的规定。

表 A.0.2　集镇用地计算表

分类代号	用地名称	现状　　年			规划　　年		
		面积	比例＜％＞	人均＜平方米/人＞	面积	比例＜％＞	人均＜平方米/人＞
R							
R1 R2 R3							

续表

分类代号	用地名称	现状　年			规划　年		
		面积	比例 <％>	人均 <平方米/人>	面积	比例 <％>	人均 <平方米/人>
C							
C1 C2 C3 C4 C5 C6							
M							
M1 M2 M3 M4							
W							
W1 W2							
T							
T1 T2							
S							
S1 S2							
U							
U1 U2							
G							
G1 G2							
集　镇　用　地			100			100	
E							
E1 E2 E3 E4 E5							
集镇规划范围用地							

注：集镇人口规模现状　　人，规划　　人。

附录 B　村镇用地分类名称中英文词汇对照表（建议性）

代号	用地中文名称	英文同（近）意词
R	居住建筑用地	Residential
C	公共建筑用地	Commercial and Public Building
M	生产建筑用地	Industrial，Manufacturing，Agriculture
W	仓储用地	Warehouse

代号	用地中文名称	英文同（近）意词
T	对外交通用地	Transportation
S	道路广场用地	Street and Square
U	公用工程设施用地	Public Utilities
G	绿化用地	green Space
E	水域和其它用地	Water Area and Others

附录 C　本标准用词说明

1. 为便于在执行本标准条文时区别对待，对要求严格程度不同的用词说明如下：

① 表示很严格、非这样做不可的：

　　正面词采用"必须"；

　　反面词采用"严禁"。

② 表示严格，在正常情况下均应这样做的：

　　正面词采用"应"；

　　反面词采用"不应"或"不得"。

③ 表示允许稍有选择，在条件许可时首先应这样做的：

　　正面词采用"宜"或"可"；

　　反面词采用"不宜"。

2. 条文中指定应按有关标准、规范执行时，写法为"应按……执行"或"应符合……规定"。

附录 2《浙江省村庄规划编制导则》（2015 年）

第一节 总则

一、关于本导则

1. 为贯彻落实科学发展观，推进"两美"浙江建设，改善农村人居环境，建立适应我省的村庄规划编制体系，科学指导村庄规划编制，根据国家相关法律法规及标准规范的要求，结合浙江实际制定本导则。

2. 本导则适用于浙江省行政管辖范围内的行政村的规划编制，包括建制镇、乡的村庄布点规划和城镇规划建设用地范围外的村庄规划的编制。村庄规划除应符合本导则外，尚应符合国家和浙江省现行的相关标准规范的规定。

3. 本导则遵循"完善体系、突出重点，增强实用、分类指导，简洁易行、便于操作"的指导思想，完善村庄规划编制体系，重点把握村庄规划的基础性内容；增强村庄规划的实用性，针对不同特点的村庄编制相应内容和深度的规划；充分考虑对村庄规划编制的指导意义，保证村庄规划编制的操作性。

4. 依据本导则编制的村庄规划为法定规划。

5. 本导则由浙江省住房和城乡建设厅负责解释。

6. 本导则自发布之日起试行。

二、关于村庄规划

1. 村庄规划编制体系包括镇（乡）域村庄布点规划、村庄规划、村庄设计、村居设计四个部分，本导则重点阐述镇（乡）域村庄布点规划和村庄规划。

（1）镇（乡）域村庄布点规划。依据城市总体规划和县市域总体规划，以镇（乡）域行政范围为单元进行编制，可作为镇总体规划和乡规划的组成部分，也可以单独编制。小城市试点镇、中心镇、重点镇等宜单独编制乡镇域村庄布点规划。镇（乡）域村庄布点规划重点对镇（乡）域内的村庄进行综合布局与规划协调，并统筹安排各类公共服务设施和基础设施。

（2）村庄规划。以行政村为单元进行编制，空间上已经连为一体的多个行政村可考虑统一规划。村庄规划的规划区范围应与村庄行政边界一致，规划内容包括村域规划和居民点（村庄建设用地）规划。村域规划应重点解决村庄产业发展，并综合部署生产、生态、生活等各项建设，明确土地利用的一张图管理；居民点（村庄建设用地）规划重点细化居民点土地利用规划，统筹安排公共服务设施与基础设施，并进一步明确景观风貌特色控制与村庄设计引导等内容。

（3）村庄设计。在村庄规划的基础上，以规划实施为重点，包括村庄总体设计、农居建筑设计、村庄公共建筑设计、村庄环境设计及村庄基础设施设计等方面内容，是对村庄建设进行的具体安排。

（4）村居设计。根据村庄设计确定的风貌特色要求，在充分考虑现代农业生产和农民生活习惯的要求，进行具有浙江名居特色的建筑设计。

2. 镇（乡）域村庄布点规划和村庄规划的期限应与镇（乡）总体规划保持一致，一般为 10～20 年，其中近期规划为 3 年左右。

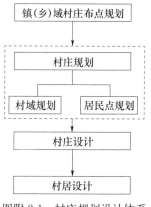

图附 2-1　村庄规划设计体系

第二节　镇（乡）域村庄布点规划

一、主要任务

1. 依据城市总体规划、县市域总体规划、县市域村庄布点规划确定的城乡居民点布局，以镇（乡）域行政范围为单元，在分类指导的基础上，进一步明确各村庄的功能定位与产业职能，加强与镇（乡）土地利用规划在建设用地规模、空间布局和实施时序等方面的充分衔接，落实中心村、基层村等农村居民点的数量、规模和布局，建立合理的村庄体系，统筹配置公共服务设施和基础设施，制定镇（乡）域村庄布点规划的时序计划，为下一步开展村庄规划编制提供依据。

二、现状调查要求

1. 调查阶段：在镇（乡）域村庄布点规划编制的各个阶段应进行不同深度的现状调查，熟悉镇（乡）域范围内自然人文环境、各类设施、各村庄和产业发展情况等，充分掌握当地自然资源、历史人文、发展诉求等资料，具体分为调查准备、初步调查、深入调查和补充调查四个阶段。

（1）调查准备。在现状调查之前，应收集好镇（乡）域地形图、镇（乡）域及各村庄基本情况说明、相关规划等基础资料，初步确定调查的方向并设计好调查问卷。

（2）初步调查。进行现场踏勘、镇（乡）座谈和村民访谈。现场踏勘着重调查镇（乡）及村庄产业发展、公共服务设施和基础设施，以及生态保护、历史文化遗产、灾害发生情况等方面内容。镇（乡）座谈应组织乡镇干部、村干部和村民代表进行座谈，了解发展诉求；村民访谈要求入户调查填写调查问卷。

（3）深入调查。在规划编制过程中，有针对性地对重点问题和内容进行深入调查，核实镇（乡）域村庄规划布点的可操作性。

（4）补充调查。在规划初步成果征求意见后，针对各方对规划方案提出的意见及建议进行补充调查，根据实际情况可进行多次补充调查。

2. 调查方式：注重地形图踏勘调研、乡镇及村落文献调研、访谈调研、问卷调研等多种调研方式的有机结合，深入了解镇（乡）发展思路与村民意愿。

3. 调查内容：主要包括社会经济要素、历史文化要素、自然环境要素、土地利用要素和相关政策要素五个方面。

（1）社会经济要素：镇（乡）及村庄社会经济基本情况，包括户籍人口、户数、劳动力人数、人均纯收入、集体收入、主导产业等。

（2）自然环境要素：包括气候、地形、地貌等。

（3）历史文化要素：包括有形要素和无形要素，有形要素包括历史文化保护区、历史文化名村、传统村落、历史建筑群、重要地下文物埋藏区等，无形要素包括非物质文化遗产及其他传统生产生活方式、社会关系等。

（4）土地利用要素：包括土地使用、交通水利、基础设施、公共服务设施等。

（5）相关政策要素：包括与镇（乡）、村庄发展相关的各类政策、管理制度等。

三、规划内容

1. 村庄发展条件综合评价。结合村庄现状特征及未来发展趋势，综合评价村庄发展条件，明确各村庄的发展潜力与优劣势，明确主要问题。

2. 村庄布点目标。以镇（乡）域经济社会发展目标为主要依据，确定镇（乡）域村庄发展和布局的近、远期目标。

3. 镇（乡）域村庄发展规模。依据镇（乡）总体规划，结合农业生产特点、村庄职能等级、村庄重组和撤并特征以及村庄发展潜力等因素，科学预测镇（乡）域村庄人口发展规模与建设用地规模。

4. 镇（乡）域两规衔接。以镇（乡）域为规划范围，以土地利用现状数据为编制基数，按照"两规合一"的要求，明确需保护的基本农田、生态公益林、水源保护地、风景名胜区等生态环境资源，以及区域公用设施走廊的界线和管控要求。

5. 镇（乡）域村庄空间布局。明确"中心村——基层村——自然村（独立建设用地）"三级村庄居民点体系和各村庄功能定位，制定各级村庄的建设标准，并对主要建设项目进行综合部署。

6. 空间发展引导。在镇（乡）域范围内划分积极发展的区域和村庄、引导发展的区域和村庄、限制发展的区域和村庄、禁止发展的区域和搬迁村庄等四类区域，制定各区域和村庄规划管理措施。

7. 镇（乡）域村庄土地利用规划。依据镇（乡）域发展规模，进一步明确各村庄建设用地指标和建设用地总量，提出城乡建设用地整合方案，重点确定中心村、基层村和自然村（独立建设用地）的建设用地发展方向和调整范围。

8. 公共服务设施规划。综合考虑村庄的职能等级、发展规模和服务功能，合理确定各级村庄的行政管理、教育、医疗、文体、商业等公共服务设施的级别、层次与规模。公共服务设施配置要求应符合表附 2-3 的规定。

9. 基础设施规划。统筹安排镇（乡）域道路交通、给水排水、电力电信、环境卫生等基础设施，提出各级村庄配置各类设施的原则、类型和标准，并提出各类设施的共建共享方案。

10. 环境保护与防灾规划。根据村庄所处的地理环境，综合考虑各类灾害的影响，明确建立综合防灾体系的原则和建设方针，划定镇（乡）域消防、洪涝、地质灾害等灾害易发区的范围，制定相应的防灾减灾措施。明确村庄环境保护的要求和控制标准，确定需要重点整治的村庄、污染源和防治措施。

11. 近期建设规划。明确近期镇（乡）域村庄布点的原则、目标与重点，确定近期村庄空间布局、引导要求和重点建设项目部署，确定近期各村庄建设用地规模与发展方向。

12. 规划实施建议和措施。提出镇（乡）域村庄发展和布局的分类指导政策建议和措施，重点对近期规划提出针对性的政策建议。

四、成果要求

1. 镇（乡）域村庄布点规划成果包括技术性成果、公示性成果。其中，技术性成果主要由规划文本、主要图纸和附件三部分组成，公示性成果主要包括规划内容简介和主要公示图纸，二者均以书面和电子文件两种形式表达。

2. 技术性成果

（1）规划文本。包括规划总则、规划布点目标、村庄布局原则与村庄调整合并方案、村庄居民点体系布局规划、公共服务设施规划、基础设施规划、近期建设规划等。

（2）主要图纸。应采用比例尺为 1∶2000～1∶5000 的地形图，包括区域位置图、村庄分布现状图、村庄布局规划图、空间发展引导图、公共服务设施规划图、基础设施规划图、环境保护与防灾减灾规划图、近期建设规划图等。（所有图纸均应标明图纸要素，如图名、图例、图标、图签、比例尺、指北针、风向玫瑰图等）

（3）附件。对规划文本与主要图纸的的补充解释，可包括规划说明、基础资料汇编等。

3. 公示性成果

（1）规划内容简介。包括村庄布点目标、镇（乡）域村庄发展规模、镇（乡）域村庄空间布局、镇（乡）域村庄土地利用规划、近期建设规划等。

（2）主要公示图纸。包括村庄分布现状图、村庄布局规划图、空间发展引导图、近期建设规划图等。

第三节　村庄规划

一、主要任务

依据镇（乡）域村庄布点规划并结合村庄实际，明确村庄产业发展要求，综合部

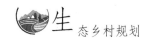
署生产、生态、生活等各项建设，确定村庄发展目标、发展规模与发展方向，合理布局各类用地，完善公共服务设施与基础设施，落实自然生态资源和历史文化遗产保护、防灾减灾等的具体安排，加强景观风貌特色控制与村庄设计引导，为村民提供切合当地特色，并与经济社会发展水平相适应的宜居环境。

二、现状调查要求

1. 调查阶段：在村庄规划编制的各个阶段应进行不同深度的现状调查，熟悉村庄用地和产业情况，充分掌握当地自然资源、历史人文、发展诉求等资料，具体分为调查准备、初步调查、深入调查和补充调查四个阶段。

（1）调查准备。在现状调查之前，应收集好村庄地形图、村庄基本情况说明、相关规划等基础资料，初步确定调查的方向并设计好调查问卷。

（2）初步调查。进行现场踏勘和村民访谈。现场踏勘着重调查村庄产业发展、用地类型、用地权属、农房建设、生产生活基础设施、灾害发生情况及生态保护、历史文化遗产等方面内容。村民访谈应组织乡镇干部、村干部和村民代表进行座谈，并入户调查填写调查问卷。

（3）深入调查。在规划编制过程中，有针对性地对重点问题和内容进行深入调查，核实村庄规划建设项目的可操作性。

（4）补充调查。在规划初步成果征求意见后，针对各方对规划方案提出的意见及建议进行补充调查，根据实际情况可进行多次补充调查。

2. 调查方式：注重地形图踏勘调研、村落文献调研、访谈调研、问卷调研等多种调研方式的有机结合，深入了解村民意愿。

3. 调查内容：主要包括社会经济要素、历史文化要素、自然环境要素、土地利用要素和相关政策要素五个方面。

（1）社会经济要素。村庄社会经济基本情况，包括户籍人口、户数、劳动力人数、人均纯收入、集体收入、主导产业等。

（2）自然环境要素。包括气候、地形、地貌等。

（3）历史文化要素。包括有形要素和无形要素，有形要素包括村庄形态与整体格局、街巷空间、传统建筑、历史环境要素等，无形要素包括非物质文化遗产及其他传统生产生活方式、社会关系等。

（4）土地利用要素。包括土地使用、交通、基础设施、公共服务设施等。

（5）相关政策要素。包括与村庄发展相关的各类政策、管理制度等。

三、用地分类

1. 参照《村庄规划用地分类指南》，并对指南中"N 非村庄建设用地"的类别名称和内容进行了调整优化，将用地划分为村庄建设用地、对外交通与其他国有建设用地、非建设用地三大类。

2. 一般规定

（1）考虑村庄土地实际使用情况，按土地使用主要性质进行划分。

（2）采用大类、中类和小类 3 级分类体系。大类采用英文字母表示，中类和小类采用英文字母和阿拉伯数字组合表示。

（3）使用本分类时，一般采用中类，也可根据各地区工作性质、工作内容及工作深度的不同要求，采用本分类的全部或部分类别。

3. 村庄规划用地分类

（1）村庄规划用地共分为 3 大类、10 中类、17 小类。

（2）村庄规划用地分类和代码应符合表附 2-1 的规定。

表附 2-1　村庄规划用地分类和代码

类别代码			类别名称	内容
大类	中类	小类		
V			村庄建设用地	村庄各类集体建设用地，包括村民住宅用地、村庄公共服务用地、村庄产业用地、村庄基础设施用地及村庄其他建设用地等
	V1		村民住宅用地	村民住宅及其附属用地
		V11	住宅用地	只用于居住的村民住宅用地
		V12	混合式住宅用地	兼具小卖部、小超市、农家乐等功能的村民住宅用地
	V2		村庄公共服务用地	用于提供基本公共服务的各类集体建设用地，包括公共服务设施用地、公共场地
		V21	村庄公共服务设施用地	包括公共管理、文体、教育、医疗卫生、社会福利、宗教、文物古迹等设施用地以及兽医站、农机站等农业生产服务设施用地
		V22	村庄公共场地	用于村民活动的公共开放空间用地，包括小广场、小绿地等
	V3		村庄产业用地	用于生产经营的各类集体建设用地，包括村庄商业服务业设施用地、村庄生产仓储用地
		V31	村庄商业服务业设施用地	包括小超市、小卖部、小饭馆等配套商业、集贸市场，以及村集体用于旅游接待的设施用地等
		V32	村庄生产仓储用地	用于工业生产、物资中转、专业收购和存储的各类集体建设用地，包括手工业、食品加工、仓库、堆场等用地
	V4		村庄基础设施用地	村庄道路、交通和公用设施等用地
		V41	村庄道路用地	村庄内的各类道路用地
		V42	村庄交通设施用地	包括村庄停车场、公交站点等交通设施用地
		V43	村庄公用设施用地	包括村庄给排水、供电、供气、供热、殡葬和能源等工程设施用地；公厕、垃圾站、粪便和垃圾处理设施等用地；消防、防洪等防灾设施用地
	V9		村庄其他建设用地	未利用及其他需进一步研究的村庄集体建设用地
N			非村庄建设用地	除村庄集体用地之外的建设用地
	N1		对外交通设施用地	包括村庄对外联系道路、过境公路和铁路等交通设施用地
	N2		其他国有建设用地	包括公用设施用地、特殊用地、采矿用地以及边境口岸、风景名胜区和森林公园的管理和服务设施用地等，不包括对外交通设施用地

类别代码			类别名称	内容
大类	中类	小类		
			非建设用地	村集体所有的水域、农林用地及其他非建设用地等
E	E1		水域	河流、湖泊、水库、坑塘、沟渠、滩涂、冰川及永久积雪
		E11	自然水域	河流、湖泊、滩涂、冰川及永久积雪
		E12	水库	人工拦截汇集而成具有水利调蓄功能的水库正常蓄水位岸线所围成的水面
		E13	坑塘沟渠	人工开挖或天然形成的坑塘水面以及人工修建用于引、排、灌的渠道
	E2		农林用地	耕地、园地、林地、牧草地、设施农用地、田坎、农用道路等用地
		E21	设施农用地	直接用于经营性养殖的畜禽舍、工厂化作物栽培或水产养殖的生产设施用地及其相应附属设施用地，农村宅基地以外的晾晒场等农业设施用地
		E22	农用道路	田间道路（含机耕道）、林道等
		E23	其他农林用地	耕地、园地、林地、牧草地、田坎等土地
	E9		其他非建设用地	空闲地、盐碱地、沼泽地、沙地、裸地、不用于畜牧业的草地等用地

四、规划内容

（一）分类指导

采取"基础性与扩展性"相结合的分类指导方式指导村庄规划编制，突出村庄规划的实用性。基础性内容是不同类型村庄都必须要编制的，扩展性内容针对不同类型村庄可选择性编制。应符合表附 2-2 的规定。

表附 2-2　村庄规划内容一览表

规划内容		基础性与扩展性内容	
		基础性内容	扩展性内容
村域规划	资源环境价值评估	☐	
	发展目标与规模	☐	
	村庄产业发展规划		☐
	村域空间发展框架		☐
	两规衔接与土地利用规划	☐	
	五线划定	☐	
居民点规划	村庄建设用地布局	☐	
	公共服务设施规划	☐	
	基础设施规划	☐	
	村庄安全与防灾减灾		☐
	村庄历史文化保护规划		☐
	景观风貌规划与村庄设计引导		☐
	近期行动计划	☐	
	经济技术指标和近期实施项目的投资估算	☐	

（二）村域规划内容

1. 资源环境价值评估

综合分析自然环境特色、聚落特征、街巷空间、传统建筑风貌、历史环境要素、非物质文化遗产等，从自然环境、民居建筑、景观元素等方面系统地进行村庄自然、文化资源价值评估。

2. 发展目标与规模

依据县市域总体规划、镇（乡）总体规划、镇（乡）域村庄布点规划以及村庄发展的现状和趋势，提出近、远期村庄发展目标，进一步明确村庄功能定位与发展主题、村庄人口规模与建设用地规模。

3. 产业发展规划

尊重村庄的自然生态环境、特色资源要素以及发展现实基础，充分发挥村庄区位与资源优势，围绕农村居民致富增收，加强农业现代化、规模化、标准化、特色化和效益化发展，培育旅游相关产业，进行业态与项目策划，提出村庄产业发展的思路和策略，实现产业发展与美丽乡村建设相协调。统筹规划村域第一、第二、第三产业发展和空间布局，合理确定农业生产区、农副产品加工区、旅游发展区等产业集中区的选址和用地规模。

4. 村域空间发展框架

依据村域发展定位和目标，以路网、水系、生态廊道等为框架，明确"生产、生活、生态"三生融合的村域空间发展格局，明确生态保护、农业生产、村庄建设的主要区域。

5. 两规衔接与土地利用规划

以行政村村域为规划范围，以土地利用现状数据为编制基数，按照"两规合一"的要求，加强村庄规划与土地利用规划的衔接，明确生态用地、农业用地、村庄建设用地、对外交通水利及其他建设用地等规划要求，重点确定村庄建设用地边界以及村域范围内各居民点（村庄建设用地）的位置、规模，实现村庄用地"一张图"管理。

6. 五线划定

（1）村域建设用地控制线。以控制建设开发强度为导向，考虑村域建设用地发展的刚性和弹性，划定村域建设用地控制线，并明确相关管控要求和措施。

（2）基本农田保护控制线。依据土地利用规划所明确的基本农田的分布与规模，划定基本农田保护线，并明确相关管控要求和措施。

（3）生态保护红线。依据土地利用规划划定的生态保护红线范围，结合村域生态用地的调查摸底，细化落实生态红线范围，并对村域内的各类生态用地实行分级保护，分别制定相关管控要求和措施。

（4）紫线。以历史文化遗产保护的相关要求为依据，划定村域历史文化遗产的保护界线，并实行分级保护，明确相关管控要求和措施。

（5）区域重大设施控制线。以相关规划为依据，划定区域交通设施用地、公用设施用地控制线，并明确相关管控要求和措施。

（三）居民点（村庄建设用地）规划内容

1. 村庄建设用地布局

对居民点用地进行用地适宜性评价，综合考虑各类影响因素确定建设用地范围，充分结合村民生产生活方式，明确各类建设用地的界线、功能和属性，并提出居民点集中建设方案与措施，重点对居民点改造、更新、重建、整治的建设类型和建设要求进行深化。

2. 公共服务设施规划

合理确定行政管理、教育、医疗、文体、商业等公共服务设施的规模与布局。公共服务设施配置要求应符合表附2-3的规定。

3. 基础设施规划

合理安排道路交通、给水排水、电力电信、环境卫生等基础设施，明确近期实施部分的具体方案，包括选址、线路走向、管径、容量、管线综合等。

（1）道路交通。明确村庄道路等级、断面形式和宽度，提出现有道路设施的整治改造措施；确定道路及地块的竖向标高；提出停车方案及整治措施；确定公交站点的位置。

（2）给水排水

①给水：合理确定给水方式、供水规模，提出水源保护要求，划定水源保护范围；确定输配水管道敷设方式、走向、管径等。村庄给水方式分为集中式和分散式两类，无条件建设集中式给水工程的村庄，可选择手动泵、引泉池或雨水收集等单户或联户分散式给水方式。

②排水：确定雨污排放和污水治理方式，提出雨水导排系统清理、疏通、完善的措施；提出污水收集和处理设施的整治、建设方案，提出污水处理设施的建设位置、规模及建议；确定各类排水管线、沟渠的走向、横断面尺寸等工程建设要求。合理确定村庄的排水体制，位于城镇污水处理厂服务范围内的村庄，应建设和完善污水收集系统，将污水纳入到城镇污水处理厂集中处理；位于城镇污水处理厂服务范围外的村庄，应联村或单村建设污水处理设施。污水处理设施应选在村庄下游，靠近受纳水体或农田灌溉区。村庄雨水排放可根据地方实际，充分结合地形，以雨水及时排放与利用为目标，采用明沟或暗渠方式，或就近排入池塘、河流或湖泊等水体，或集中存储净化利用。

（3）电力电信。确定用电指标，预测生产、生活用电负荷，确定电源及变、配电设施的位置、规模等。确定供电管线走向、电压等级及高压线保护范围；提出新增电力电信杆线的走向及线路布设方式；提出现状电力电信杆线整治方案。

（4）能源利用及节能改造。结合各地实际情况确定村庄炊事、生活热水等方面的清洁能源种类及解决方案；提出可再生能源利用措施；提出房屋节能措施和改造方案；缺水地区村庄应明确节水措施。

（5）环境卫生。确定生活垃圾收集处理方式，合理配置垃圾收集点、垃圾箱及垃圾清运工具；鼓励农村生活垃圾分类收集、资源利用，实现就地减量。按照粪便无害化处理要求提出户厕及公共厕所整治方案和配建标准；确定卫生厕所的类型、建造和卫生管理要求。对露天粪坑、杂物乱堆等存在环境卫生问题的区域提出整治方案和利用措施，确定秸秆等杂物、农机具堆放区域；提出畜禽养殖的废渣、污水治理方案。

4. 村庄安全与防灾减灾

村庄应根据所处的地理环境，综合考虑各类灾害的影响，明确建立综合防灾体系的原则和建设方针，划定村域消防、洪涝、地质灾害等灾害易发区的范围，制定相应的防灾减灾措施。

（1）消防。划定消防通道，消防通道宽度不宜小于 4m，明确消防水源位置、容量。村庄内生产、储存易燃易爆化学物品的工厂、仓库必须设在村庄边缘或者相对独立的安全地带，并与居住、医疗、教育、集会、市场、娱乐等设施之间的防火间距不应小于 50m。

（2）防洪排涝。确定防洪标准，明确洪水淹没范围及防洪措施；确定适宜的排涝标准，并提出相应的防内涝措施。

（3）地质灾害综合防治。根据所在地区灾害环境和可能发生灾害的类型进行重点防御。山区村庄重点防御滑坡、崩塌和泥石流等灾害，矿区和岩溶发育地区的村庄重点防御地面塌陷和沉降等灾害，提出工程治理或搬迁避让措施。

（4）避灾疏散。综合考虑各种灾害的防御要求，统筹进行避灾疏散场所与避灾疏散道路的安排与整治。村庄道路出入口数量不宜少于 2 个，1500 人以上村庄中与出入口相连的主干道路有效宽度（指扣除灾后堆积物的道路实际宽度）不宜小于 7m，避灾疏散场所内外的避灾疏散主通道的有效宽度不宜小于 4m；避灾疏散场地应将村庄内部的晾晒场地、空旷地、绿地等纳入。

5. 村庄历史文化保护规划

明确村庄历史文化和特色风貌保护区的范围和保护措施，加强村庄传统风貌格局、历史环境要素的保护利用，建立历史遗存保护名录，加强对非物质文化遗产的保护和传承。

6. 景观风貌规划与村庄设计指引

结合村庄传统风貌特色，按照"安全、经济、实用、美观"的原则，确定村庄整体景观风貌特征，并进一步明确村庄设计引导要求。

（1）总体结构设计引导。充分结合地形地貌、山体水系等自然环境条件，引导村庄形成与自然环境相融合的空间形态，传承村庄文化特色，并与空间形态、地域特色有机融合。

（2）空间肌理延续引导。尊重村庄原有空间肌理，通过空间格局、山水环境、街巷系统、建筑群落、公共空间等的保护与延续，形成整体有序、层次清晰的空间形态。

（3）公共空间布局引导。结合生产生活需求，合理布置公共服务设施和住宅，形成公共空间体系化布局；从居民的实际需求出发，充分考虑现代化农业生产和农民生活习惯，形成具有地域文化气息的公共空间场所；积极引导住宅院落空间建设，合理利用道路转折点、交叉口等组织院落空间。

（4）风貌特色保护引导。保护原有的村落聚集形态，处理好建筑与自然环境之间的关系；保护村庄街巷尺度、传统民居、古寺庙以及道路与建筑的空间关系等；继承

和发扬传统文化，适当建设标志性的公共建筑，突出不同地域的特色风貌。

（5）绿化景观设计引导。充分考虑村庄与自然的有机融合，合理确定各类绿地的规模、范围和布局，提出村庄环境绿化美化的措施，确定本土绿化植物种类。提出村庄闲置房屋和闲置用地的整治和改造利用措施；确定沟渠水塘、壕沟寨墙、堤坝桥涵、石阶铺地、码头驳岸等的整治措施；提出村口、公共活动空间、主要街巷等重要节点的景观整治措施。村口建筑应精心设计、构思新颖，体现地方特色与标志性，村口风貌应自然、亲切、宜人；村口、公共活动场地等景观节点可通过小品配置、植物造景与建筑空间营造等手段突出景观效果；村中心地段建设应精心设计、构思新颖，体现地方特色与标志性。

（6）建筑设计引导。村庄建筑设计应因地制宜，重视对传统民俗文化的继承和利用，体现地方乡土特色；同充分考虑农业生产和农民生活习惯的要求，做到"经济实用、就地取材、错落有致、美观大方"，挖掘、梳理、展示浙江民居特色；提出现状农房、庭院整治措施，并对村民自建房屋的风格、色彩、高度等进行规划引导。

（7）环境小品设计引导。环境设施小品主要包括场地铺装、围栏、花坛、园灯、座椅、雕塑、宣传栏、废物箱等。各类小品主要布置于道路两侧或集中绿地等公共空间，尺度适宜，结合环境场所采用不同的手法与风格，营造丰富的村庄环境。场地铺装，形式应简洁，用材应乡土，利于排水；围栏设计美观大方，采用通透式，装饰材料宜选用当地天然植物；花坛、园灯、废物箱等风格应统一协调。

（8）竖向设计引导。根据地形地貌，结合道路规划、排水规划，确定建设用地竖向设计标高。标明道路交叉点、变坡点坐标与控制标高，室外地坪规划标高等内容。

7. 近期行动计划

确定近期村庄风貌整治的原则、目标与重点，提出村庄景观环境、建筑、市政基础设施的整治措施和要求，明确近期村庄设计重点项目。制定村庄景观环境绿化美化方案，选择适宜的绿化植被，提出符合乡村特征的绿化措施，并进行河道景观整治，确定污水生态处理措施；提出村庄街道景观、建筑风貌、重要节点的整治措施；制定近期实施的村庄道路平整、亮化方案，提出路面材质、沿路绿化等建设要求以及给水排水、电力电信、燃气环卫的整治要求。同时，结合"政府投资—自主投资—招商引资"等不同投资方式确定近期重点建设项目。

8. 经济技术指标和近期实施项目的投资估算

（1）主要技术经济指标。村庄用地计算表；总户数、总人口数，总建筑面积和住宅、公建等建筑面积，住宅建设面积标准，住宅用地容积率与建筑密度、绿地率等。

（2）项目投资估算。对村庄近期实施项目所需的工程规模、投资额进行估算，对资金来源做出分析，其中主要公共建筑、绿地广场工程等所需投资应单独列出。

（四）村庄规划强制性内容

1. 村域内必须控制开发的地域。基本农田保护区、各类生态用地、地下矿产资源分布地区等。

2. 村庄建设用地。规划期限内村庄建设用地的发展规模、发展方向、建设用地范围；村庄公共场地的具体布局。

3. 公共服务设施和基础设施。行政管理及综合服务、医疗卫生、垃圾、供电、供水和污水处理等设施布局。

4. 村庄安全与防灾减灾（若有）。村庄防洪标准、排涝标准；地质灾害防护规定；避灾疏散场所与避灾疏散道路。

5. 历史文化保护（若有）。历史文化保护确定的具体规定；历史文化保护区、历史建筑群的具体位置和界线、重要地下文物埋藏区的具体为主和界线。

6. 近期行动计划。包括近期村庄风貌整治重点、近期村庄市政基础设施的整治措施和要求。

五、成果要求

村庄规划成果应满足易懂、易用的基本要求，具有前瞻性、可实施性，能切实指导村庄建设整治，具体形式和内容可结合村庄实际需要进行补充、调整。村庄规划成果包括技术性成果、公示性成果。其中，技术性成果主要由规划说明、主要图纸及附件三部分组成，公示性成果主要包括规划内容简介和主要公示图纸，二者均以书面和电子文件两种形式表达。

（一）技术性成果

1. 规划说明。包括规划总则、村域规划、居民点规划及相关附表等。

（1）规划总则。包括指导思想、规划原则和重点、规划范围、规划依据、规划期限等。

（2）村域规划。包括发展目标与规模、村域空间发展框架、村域产业发展规划、两规衔接与土地利用规划、五线划定等。

（3）居民点（村庄建设用地）规划。包括村庄建设用地布局、公共服务设施规划、基础设施规划、村庄安全与防灾减灾、村庄历史文化保护规划、景观风貌规划与村庄设计引导、近期行动计划等。

（4）相关附表。包括村庄建设用地汇总表、村庄主要经济技术指标表和近期实施项目及投资估算表等。

2. 主要图纸。应采用能够反映村庄现状情况的，比例尺为 1∶500～1∶2000 的地形图，并按照村域规划、居民点规划要求绘制以下主要图纸。

（1）村域规划（地形图比例尺为 1∶2000）。包括村域现状图、村域规划图、村域两规衔接与土地利用规划图、村域五线划定规划图等。

（2）居民点（村庄建设用地）规划（图纸比例为 1∶500～1∶2000）。包括村庄用地现状图、村庄用地规划图、村庄总平面图、村庄公共服务设施规划图、村庄基础设施规划图、近期建设规划图等。同时，为加强村庄设计引导，可增加景观风貌规划与村庄设计引导图、重点地段（节点）设计图及效果图等。（所有图纸均应标明图纸要素，如图名、图例、图标、图签、比例尺、指北针、风向玫瑰图等）

3. 附件。对规划说明与主要图纸的的补充解释，可包括基础资料汇编、专题研究等。

（二）公示性成果

1. 规划内容简介。包括规划范围、规划期限、发展目标与规模、村域空间发展框架、两规衔接与土地利用规划、村庄建设用地布局、近期行动计划等。

2. 主要公示图纸。包括村域现状图、村域规划图、村域两规衔接与土地利用规划图、村庄用地现状图、村庄用地规划图、村庄总平面图、近期建设规划图等。

表附 2-3　公共服务设施配置一览表

类　别	设施名称	服务内容	设置规定		设置要求
			中心村	基层村	
行政管理及综合服务	村委会	村党组织办公室、村委会办公室、综合会议室、档案室、信访接待	必须设置	应设置	—
	文化礼堂及场地	举办各类活动的场所	应设置	可设置	—
	养老服务站	老年人全托式护理服务	应设置	可设置	—
	治安联防站	—	应设置	可设置	—
教育	托儿所	保教小于 3 周岁儿童	应设置	可设置	根据实际情况确定全托与半托的比例
	幼儿园	保教学龄前儿童	应设置	可设置	
	小学	6~12 岁儿童入学	可设置	不应设置	根据教育部门有关布局规划设置
医疗卫生	医疗室	医疗、保健、计生服务	必须设置	应设置	
文化体育	文化活动中心	老年活动中心、儿童活动中心、农民培训中心等	应设置	宜设置	—
	图书室	可与文化活动中心等其他设施合设	应设置	宜设置	—
	科技服务点	农业技术教育、农产品市场信息服务	应设置	可设置	可与相关设施合设
	全民健身设施	室内外健身场地	应设置	应设置	结合公共绿地和广场安排
商业服务	农村连锁超市	销售粮油、副食、蔬菜、干鲜果品、烟酒糖茶等百货、日杂货	应设置	可设置	
	农村淘宝店	提供村民淘宝网买卖商品服务	宜设置	可设置	结合广场、农村连锁超市设置，并铺设相关线路接通网络，配置电脑、电子屏幕等设备
	邮政、电信、储蓄等代办点	邮电综合服务、储蓄、电话及相关业务等	应设置	可设置	也可依托镇区（乡集镇）现有设施或几个村庄合建
基础设施	垃圾收集点	垃圾分类收集	必须设置	应设置	
	供电设施	—	必须设置	应设置	
	供水设施	—	必须设置	应设置	
	燃气供应设施	—	宜设置	可设置	
	小型污水处理站	村庄生活及生产污水处理，可集中，可分散	必须设置	应设置	

附录3　镇（乡）域村庄布点规划说明的主要内容

第一节　总则

一、规划背景

二、规划范围

三、规划依据

四、规划指导思想、原则和重点

五、规划期限

第二节　现状分析与村庄发展条件综合评价

一、现状分析

二、村庄发展条件综合评价

第三节　村庄布点目标与发展规模

一、村庄布点目标

二、村庄人口发展规模

三、村庄建设用地指标选择与建设用地规模

第四节　镇（乡）域两规衔接

一、两规衔接原则与思路

二、镇（乡）域建设用地规模与空间布局

三、镇（乡）域空间管制

第五节　镇（乡）域村庄布局规划与空间发展引导

一、镇（乡）域空间发展框架

二、村庄居民点体系规划

三、镇（乡）域分区与空间发展引导

四、村庄发展引导

第六节　土地利用规划

一、中心村土地利用规划

二、基层村土地利用规划

第七节　公共服务设施规划

一、公共服务设施配置规模

二、公共服务设施布局规划

第八节　基础设施规划

一、道路交通规划

附录 4　村庄规划说明的主要内容

第一节　总则

一、规划背景

二、规划范围

三、规划依据

四、规划指导思想、原则和重点

五、规划期限

第二节　现状分析与资源环境价值评估

一、现状分析

二、村域资源环境价值评估

第三节　村庄发展目标与规模

一、村庄发展目标

二、村庄功能定位与发展主题

三、村庄发展规模

第四节　村庄产业发展规划

一、村庄产业发展策略

二、村庄产业发展引导

三、村庄产业空间布局

第五节　村域两规衔接与村域空间布局

一、两规衔接原则与思路

二、村域建设用地规模

三、村域空间发展框架与布局

四、村域五线划定

第六节　村庄建设用地布局

一、用地适宜性评价

二、村庄规划结构

三、村庄用地布局

第七节　公共服务设施规划

一、公共服务设施配置规模

二、公共服务设施布局规划

第八节　基础设施规划

一、道路交通规划

参考文献

［1］王洁钢．农村、乡村概念比较的社会学意义［J］．学术论坛，2001（21）：26-129．

［2］敬晓玲，肖景橙．"三农"问题产生的根源及其对策建议［J］．商，2016（10）：79．

［3］中国社会科学院农村发展研究所国家统计局农村社会经济调查总队．1999—2000年：中国农村经济形势分析与预测［M］．北京：社会科学文献出版社，2000：4-6．

［4］夏英．中国"三农"问题的焦点和出路［J］．河北学刊，2012，3（04）：45-50．

［5］张贡生．中国国内乡——城人口迁移研究综述［J］．山东经济，2009，25（04）：20-28．

［6］胡志辉．农业税改革与中国农民的变迁——改革开放以来［D］．天津：南开大学，2014．

［7］刘北桦．提高农业资源利用效率促进现代农业发展［J］．中国农业资源与区划，2012，33（06）：1-3．

［8］孙雷．上海农村集体经济组织产权制度改革探索［J］．科学发展，2014（02）：95-104．

［9］王松良．中国"三农"问题新动态与乡村发展模式的选择［J］．中国发展，2012，12（3）：45-52．

［10］郭焕成，韩非．中国乡村旅游发展综述［J］．地理科学进展，2010，29（12）：1597-1605．

［11］徐建春．浙江聚落：起源、发展与遗存［J］．浙江社会科学，2001（01）：32-38．

［12］王恩涌．新石器时期的聚落演变与城市出现（一）［J］．中学地理教学参考，2009（1-2）：46-47．

［13］陈勇．国内外乡村聚落生态研究［J］．农村生态环境，2005（03）：58-66．

［14］马新．远古聚落的分化与城乡二元结构的出现［J］．文史哲，2008（03）：88-94．

［15］朱馥艺，陆燕燕．新农村社区形态的启示——以南通地区乡村聚落为例［J］．华中建筑，2009，27（5）：185-187．

［16］贺聪志，李玉勤．社会主义新农村建设研究综述［J］．农业经济问题，2006

（10）：67-68.

［17］Gilman Robert，Diane Gilman. Eco-Villages and Sustainable Communities：A Report for Gaia Trust by Context Institute ［R］. Context Institute. Bainbridge Island. WA，1991.

［18］孟志中．生态村建设要慎行 ［J］．调研世界，2007（02）：41-42.

［19］邹君．生态农村的内涵及其建设方法初探 ［J］．农业环境与发展，2004（5）：19-21.

［20］韩秀景．中国生态乡村建设的认知误区与厘清 ［J］．自然辩证法研究，2016，32（12）：106-111.

［21］吴传钧．中国农业与农村经济可持续发展问题：不同类型地区实证研究 ［M］．北京：中国环境科学出版社，2001.

［22］姚龙，刘玉亭．乡村发展类型与模式研究评述 ［J］．南方建筑，2014（2）：44-50.

［23］董越，华晨．基于经济、建设、生态平衡关系的乡村类型分类及发展策略 ［J］．规划师，2017，33（01）：128-133.

［24］金凤君．基础设施与经济社会空间组织 ［M］．北京：科学出版社，2012.

［25］周明生．科学发展观在发达地区与欠发达地区差别化实施研究——以江苏苏南、苏北为例 ［M］．北京：中国社会科学出版社，2013.

［26］徐丽梅．地方政府基础设施债务融资研究 ［M］．上海：上海社会科学院出版社，2013.

［27］刘虎星．对新农村建设的科学规划的思考 ［J］．河南科技，2011（03）：26-27.

［28］孙敏．城乡规划法实施背景下的乡村规划研究 ［J］．江苏城市规划，2011（05）：42-45.

［29］陈任君．乡村规划思路的变革：从新农村到美丽乡村 ［J］．中外建筑，2017（07）：115-119.

［30］范绍磊．美丽乡村视角下的乡村空间布局研究 ［D］．济南：山东建筑大学，2014.

［31］张维义．论新经济时代传统产业的挑战和发展 ［J］．中国新技术新产品，2009（9）：188.

［32］秦志华，李可心，陈先奎，等．中国农村工作大辞典 ［M］．北京：警官教育出版社，1993：414.

［33］关小克，张凤荣，刘春兵，等．平谷区农村居民点用地的时空特征及优化布局研究 ［J］．资源科学，2013（03）：536-544.

［34］李建杰．基于产业导向的美丽乡村规划研究 ［D］．邯郸：河北工程大学，2017.

［35］王欣瑞．现代化视野下的民国乡村建设思想研究 ［D］．西安：西北大学，2007：13-137.

［36］朱良文．对传统村落研究中一些问题的思考［J］．南方建筑，2017（01）：4-9.

［37］和沁．西部地区美丽乡村建设的实践模式与创新研究［J］．经济问题探索，2013（09）：187-190.

［38］刘晔．生态乡村建设模式与途径分析［J］．经济问题，2013（06）：117-120.

［39］谢松业．"美丽广西·生态乡村"建设长效机制探讨——以广西梧州市为例［J］．北京农业，2015（31）：164-167.

［40］原锁龙．以生态建设为主体，促进"美丽乡村"健康发展［J］．农业开发与装备，2015（05）：18-19.

［41］王发堂．建筑学学科群设置与内部划分——基于英美等国家的经验考察［J］．建筑学报，2016（03）：89-94.

［42］陈凯芳．乡村规划建设中生态技术的选取及应用研究［J］．福建建筑，2016（01）：8-12.

［43］张庭伟．规划理论作为一种制度创新——论规划理论的多向性和理论发展轨迹的非线性［J］．城市规划，2006（8）：9-18.

［44］沈清基．论城乡规划学学科生命力［J］．城市规划学刊，2012（04）：12-21.

［45］陈佳．城乡规划设计中的美丽乡村规划研究［J］．江西建材，2017，（23）：36.

［46］王松良，邱建生，汪明杰，等．社区大学引导下的福建乡村社会管理创新［J］．中国发展，2012（6）：75－81.

［47］周巍，戴鹏飞，黄鑫．基于生态经济学视角的湖南乡村旅游规划研究［J］．农业经济，2016（03）：44-46.

［48］章家恩．生态规划学［M］．北京：化学工业出版社，2009.

［49］吴良镛．人居环境科学的探索［J］．规划师，2001（06）：5-8.

［50］胡伟，冯长春，陈春．农村人居环境优化系统研究［J］．城市发展研究，2006（06）：11-17.

［51］牛文元．可持续发展理论的内含认知——纪念联合国里约环发大会20周年［J］．中国人口·资源与环境．2012，22（5）：9-14.

［52］赵先超，宋丽美．长株潭地区生态乡村规划发展模式与建设关键技术研究［M］．西安：西安交通大学出版社，2018：48.

［53］庄晋财，王春燕．复合系统视角的美丽乡村可持续发展研究——广西恭城瑶族自治县红岩村的案例［J］．农业经济问题，2016，37（06）：9-17.

［54］刘剑颖．《RETROGRESSION》——当代建筑学大学生对霍华德"田园城市"的理解［J］．四川建筑，2013，2（4）：8-13.

［55］刘录艺，夏雨，张茜．浅谈霍华德田园城市理论及其对现代城市的影［J］．城市建设理论研究，2014（11）：12-16.

［56］章莉莉，陈晓华，储金龙．我国乡村空间规划研究综述［J］．池州学院学报，2010，24（06）：62-67.

［57］黄懿．城郊农村地区整体空间规划方法初探［D］．重庆：重庆大学，2007.

［58］姚莉．基于城乡公共服务一体化的行政体制改革［J］．理论导刊，2009（09）：28-30.

［59］陈伯庚．积极推进城乡就业一体化的几点思考［J］．上海农村经济，2009（11）：25-28.

［60］吴丰华，白永秀，周江燕．中国城乡社会一体化：评价指标体系构建及应用［J］．福建论坛（人文社会科学版），2015（09）：11-18.

［61］吴良镛．人居环境学导论［M］．北京：中国建筑工业出版社，1999.

［62］王祥荣．生态与环境［M］．南京：东南大学出版社，2000.

［63］丁蕾，陈思南．基于美丽乡村建设的乡村生态规划设计思考［J］．江苏城市规划，2016（10）：32-37.

［64］赵英丽．城乡统筹规划的理论基础与内容分析［J］．城市规划学刊，2006（1）：32-38.

［65］柳博隽．正确理解城乡一体化内涵［J］．浙江经济，2010（22）：6.

［66］伊伯成．西方经济学简明教程［M］．上海：上海人民出版社，2006.

［67］邵莉，周东，冯桂珍．地域性新农村建设规划探索——《济南市新农村建设规划编制技术规定》编写及其实践［J］．中国人口·资源与环境，2008（01）：166-170.

［68］李丰生．生态旅游环境承载力研究——以漓江风景名胜区为例［D］．长沙：中南林学院，2005.

［69］熊鹰．生态旅游承载力研究进展及其展望［J］．经济地理，2013，33（05）：174-181.

［70］陈润羊．美丽乡村建设中环境经济的协同发展研究——基于系统论视角的分析［J］．兰州财经大学学报，2016，32（03）：106-112.

［71］佟耕．沈阳城市绿地景观生态规划研究［D］．上海：同济大学，2007.

［72］建设部．国家生态园林城市标准（暂行）（2007/12/25修改稿）［Z］．2007.

［73］刘黎明，李振鹏，张虹波．试论我国乡村景观的特点及乡村景观规划的目标和内容［J］．生态环境，2004（03）：445-448.

［74］李孟波．新农村规划问题研究［J］．山东农业大学学报（社会科学版），2007（02）：18-21.

［75］许世光，魏建平，曹铁，等．珠江三角洲村庄规划公众参与的形式选择与实践［J］．城市规划，2012（02）：58-65.

［76］张尚武．城镇化与规划体系转型——基于乡村视角的认识［J］．城市规划学刊，2013（06）：19-25.

［77］裴红波，张坐省，陈祺．"五位一体"农林产业园规划创意探析——以灞桥区泰尔农林生态产业园规划为例［J］．安徽农业科学，2016，44（3）：207-208.

［78］刘黎明．韩国的土地利用制度及其城市化问题［J］．中国土地科，2000，14（5）：45-47．

［79］谢花林，刘黎明．乡村生态旅游的开发及其可持续发展探析［J］．生态经济，2002（12）：69-71．

［80］谢花林，刘黎明．乡村景观美感效果评价指标体系及其模糊综合评判［J］．中国园林，2003，19（1）：59-61．

［81］谢花林，刘黎明．乡村景观规划设计的相关问题探讨［J］．中国园林，2003，19（3）：39-41．

［82］丁国胜，彭科，王伟强．中国乡村建设的类型学考察——基于乡村建设者的视角［J］城市发展研究，2016，10（23）：60-65

［83］张尧．村民参与型乡村规划模式的建构——以苏南苏北典型村庄为例［D］．南京：南京农业大学，2010：37-40．

［84］米硕成．京郊旅游生态村模式研究［D］．北京：北京林业大学．2007：27．

［85］禹杰．美丽乡村建设的理论与实践研究——以玉环县为例［D］．金华，浙江师范大学，2014：9-10．

［86］武延海，张能，徐斌．空间共享——新马克思主义与中国城镇化［M］．北京：商务印书馆，2013．

［87］谢扬．积极推进城镇化稳妥建设新农村［J］．城市与区域规划研究，2011，4（2）：78-100．

［88］何兴华．中国村镇规划：1979—1998［J］．城市与区域规划研究，2011，4（2）：44-64．

［89］梁漱溟．社会教育与乡村建设之合流［J］．乡村建设，1934．

［90］梁漱溟．往都市去还是到乡村来［J］．乡村建设，1935．

［91］费孝通．江村经济［M］．上海：上海人民出版社，2006．

［92］刘邕．京郊山区生态村理想模式研究［D］．北京：中国农业大学，2005．

［93］Murdoch. J. Constructing the country side：approach to rural development［M］．Taylor & Francis Ltd，1993：11-37．

［94］Marsden. T，Murdoch. J. Constructing the countryside［M］．London/IU-CL Press，1993：41-68．

［95］徐楠．基于生态观的京郊生态涵养区村镇规划设计研究［D］．北京：北京建筑工程学院，2008．

［96］马菁．从生态住宅走向生态社区［D］．昆明：昆明理工大学，2005．

［97］李岩，申军．日本的新农村运动初探［J］．农业经济，2007（4）：22-27．

［98］李锋传．日本建设新农村经验及对我国的启示［J］．中国国情国力，2006（4）：28-31．

［99］叶红．珠三角村庄规划编制体系研究［D］．广州：华南理工大学，2015．

［100］陈大鹏．城市战略规划研究［D］．西安：西北农林大学，2005：16-20．

［101］周宏亮．基于发展绩效的中部崛起战略重构研究［D］．武汉：武汉理工大

学，2012：42-44.

　　[102] 王瑞．我国"国家区域发展战略"对区域发展的影响——以黄河三角洲高效生态经济区为例 [D]．青岛：山东大学，2017：17-20.

　　[103] 尚倩，赵晓庆．基于计量经济学的区域创新系统政策的定量评价 [J]．科学学与科学技术管理，2010（12）：57-59.

　　[104] 沈清基．城市生态与城市环境 [M]．上海：同济大学出版社，1998.

　　[105] 胡培诗．广安城市发展战略研究 [D]．西安：西安交通大学，2017：14-16.

　　[106] 秦淑荣．基于"三规合一"的新乡村规划体系构建研究 [D]．重庆：重庆大学，2011.

　　[107] 翁伯奇，黄毅斌，应朝阳，等．山区小康生态村建设规划原理与综合评价体系 [J]．福建农林大学学报（社会科学版），2001，4（2）：14-20

　　[108] 高秀清．北京郊区生态环境建设指标体系研究 [D]．北京：中国地质大学，2012：11-20.

　　[109] 吴志华．泗阳县生态城镇建设评价指标体系实证研究 [D]．南京：南京航空航天大学，2006：6-9.

　　[110] 吴运凯．田园城市建设背景下的成都市乡村生态规划研究——以双流县为例 [D]．成都：四川农业大学，2012：19-30.

　　[111] 环境保护部．《国家生态文明建设试点示范区指标（试行）》[EB/OL]．中华人民共和国环境保护部门户网站（2013 年 5 月 23 日）[2017 年 2 月 26 日]．http：//www.zhb.gov.cn/.htm

　　[112] 王劲轲，毛熙彦，贺灿飞．西南山区乡村公共服务设施空间布局优化研究 [J]．农业现代化研究，2015，36（6）：1055-1061.

　　[113] 韩源．美丽乡村导向的镇域乡村性评价及发展策略研究——以湖北省仙洪试验区为例 [D]．武汉：华中科技大学，2015：26-28.

　　[114] 叶红．珠三角村庄规划编制体系研究 [D]．广州：华南理工大学，2015.

　　[115] 湖北省农业厅．湖北省休闲农业旅游区域布局规划（2013—2020）（鄂农发（2014）9 号）[EB/OL]．https：//www.tuliu.com/read-22736.html.[2016-3-7]．

　　[116] 方明．新农村社区规划设计研究 [M]．北京：中国建筑工业出版社，2006.

　　[117] 刘利轩．新时期乡村规划与建设研究 [M]．北京：中国水利水电出版社，2017.

　　[118] 王宇．生态文明建设中新农村规划设计 [M]．北京：中国水利水电出版社，2017.

　　[119] 中国农业部．美丽乡村建设十大模式和典型案例 [EB/OL]．http：//www.360doc.com/content/17/0706/15/2498813_669337841.shtml.[2017-7-6]．

　　[120] 阮梅洪．乡村产业的思考——2017 规划学会年会学习体会 [EB/OL]．ht-tps：//mp.weixin.qq.com/s? _ biz＝MzIyOTE1NzkxNg＝＝&mid＝2247484771&id

x = 1&sn = 0086a7010d8ad40907b3e4eed0b312be&chksm = e847b810df303106ff5e91 b88944fface77c39f56e7ca0d55cf44f9b9b1bcca2f00311df9cb8 &mpshare = 1&scene = 23&srcid=0405rpGureRPenQ532B9I4Tz♯rd.［2018-1-2］.

［121］薛纪宾．青岛市市北区主导产业选择及其培育措施研究［D］．青岛：中国海洋大学，2015.

［122］梁育填．北京山区乡村主导产业选择与培育研究——以门头沟区清水镇为例［D］．北京：首都师范大学，2008.

［123］刘伟．经济发展与产业结构转化［M］．北京：中国人民大学出版社，1982.

［124］崔功豪．区域分析与区域规划［M］．北京：高等教育出版社，2006.

［125］张让刚．县域主导产业选择与发展研究——以河北滦县为例子［D］．石家庄：河北师范大学，2009.

［126］苏州科技大学，江苏省苏州市高新区通安镇人民政府．特色田园乡村创建——2016 年树山乡村发展与规划国际论坛综述［M］．北京：中国建筑工业出版社，2018.

［127］孙景芝．新疆半农半牧地区新农村规划设计研究［D］．西安：西北农林科技大学，2014.

［128］徐飞雄．休闲农业规划设计原则［N］．湖南科技报，2007（4）：5－10.

［129］中公教育．乡村振兴生态和融合发展［EB/OL］．http：//bj. offcn. com/ html/2018/04/125632. html.［2018-4-12］.

［130］新华社．中共中央国务院关于深入推进农业供给侧结构性改革加快培育农业农村发展新动能的若干意见［EB/OL］．http：//www. gov. cn/zhengce/2017-02/05/ content_5165626. htm.［2017-2-5］.

［131］东方财富网．2018 年中央一号文件——全面部署实施乡村振兴战略［EB/ OL］．http：//stock. eastmoney. com/news/1405，20180204829710749. html? from = timeline.［2018-2-4］.

［132］寇凤梅．渭源县特色种植业发展的 SWOT 分析与对策［J］．学术纵横，2008（6）：138－139.

［133］熊英伟，刘弘涛，杨剑．乡村规划与设计［M］．南京：东南大学出版社，2017.

［134］安国辉．村庄规划教程［M］．北京：科学出版社，2015.

［135］长治市规划局．关于长治市郊区堆北庄镇湛上村改造控制性详细规划的公告［Z］．2017.

［136］刘少丽．区域城镇空间布局模式研究［D］．南京：南京师范大学，2005.

［137］张泉，王晖．村庄规划［M］．北京：中国建筑工业出版社，2009.

［138］曲衍波，姜广辉，张凤荣，等．基于农户意愿的农村居民点整治模式［J］．农业工程学报，2012，28（23）：232-242.

［139］谢保鹏，朱道林，陈英，等．基于区位条件分析的农村居民点整理模式选

择 [J]．农业工程学报，2014，30（1）：219-227.

[140] 邹利林，王占岐，王建英．山区农村居民点空间布局与优化 [J]．中国土地科学，2012，26（9）：71-77.

[141] 王成，费智慧，叶琴丽，等．基于共生理论的村域尺度下农村居民点空间重构策略与实现 [J]．农业工程学报，2014，30（3）：205-214.

[142] 梁印龙，田莉．新常态下农村居民点布局优化探讨与实践——以上海市金山区为例 [J]．上海城市规划，2016（04）：42-49.

[143] 付英，郑娟尔，刘伯恩，曹端海，谭文兵．《中国节地技术政策大纲》探讨研究 [J]．中国人口·资源与环境，2012，22（S2）：198-203.

[144] 刘建平，李展彬．五华县耕地地力培育技术研究与推广 [J]．广东农业科学，2010，37（07）：84-85.

[145] 国土资源部：制定下发《关于推进土地节约集约利用的指导意见》[J]．城市规划通讯，2014（19）：3.

[146] 吕宾．加强节地技术和模式的推广应用 [N]．中国国土资源报，2014-10-28（001）．

[147] 周跃云，赵先超，张旺．长株潭两型社会农村社区建设——技术集成与实践 [M]．西安：西安交通大学出版社，2017.

[148] 谢花林，刘黎明，李蕾．乡村景观规划设计的相关问题探讨 [J]．中国园林，2003（2）：39-41.

[149] 傅伯杰，陈利顶，马杰明等．景观生态学 [M]．北京：科学出版社，2001.

[150] 李雷．基于生态经济发展下的乡村景观规划研究——以湖南永州市江华瑶族自治县大路铺镇瑯下村为例 [D]．长沙：中南林业科技大学，2008.

[151] 俞孔坚．论景观概念及其研究的发展 [J]．北京林业大学学报，1987（04）：433-439.

[152] 刘黎明．乡村景观规划 [M]．北京：中国农业大学出版社，2003.

[153] G·阿尔伯斯．城市规划理论与实践概论 [M]．北京：科学出版社，2000.

[154] 汤茂林，汪涛，金其铭．文化景观的研究内容 [J]．南京师范大学报，2000，23（1）：111-115

[155] 侯锦雄．乡村景观变迁之研究——锦水村山地聚落景观评估 [J]．东海学报，1995，36：6.

[156] 秦源泽．区域乡村景观规划理论研究 [D]．杨凌：西北农林科技大学，2010.

[157] 刘滨谊，王云才．论中国乡村景观评价的理论基础与指标体系 [J]．中国园林，2002（5）：76-79.

[158] 谢花林，刘黎明，徐为．乡村景观美感评价研究 [J]．经济地理，2003，23（3）：423-426.

[159] 肖笃宁，钟林生．景观分类与评价的生态原则 [J]．应用生态学报，1998，

9（2）：217-221.

［160］谢花林，刘黎明．城市边缘区乡村景观综合评价研究——以北京市海淀区白家疃村为例［J］．地域研究与开发，2003（06）：76-79.

［161］阎传海．山东省南部地区景观生态的分类与评价［J］．农村生态环境，1998，14（2）：15-19.

［162］周新华．试论林网在景观中布局的宏观度量与评价［J］．生态学报，1994，14（1）：24-31.

［163］傅伯杰．景现多样性分析及其制图研究［J］．生态学报，1995，5（4）：345-350.

［164］陈俊华，向成华，骆宗诗．四川盆地低山丘陵区土地利用景观格局变化研究［J］．四川林勘设计，2005（1）：7-11.

［165］王芳，夏丽华．二龙山水库流域景观多样性分析［J］．广州大学学报（自然科学版），2002（05）：72-75.

［166］谢花林，刘黎明，赵英伟．乡村景观评价指标体系与评价方法研究［J］．农业现代化研究，2003，24（2）：95-98.

［167］刘滨谊，陈威．关于中国目前乡村景观规划与建设的思考［J］．小城镇建设，2005（9）：45-47.

［168］刘黎明，曾磊，郭文华．北京近郊区乡村景观规划方法初探［J］．农村生态环境，2001，17（3）：55-58.

［169］温瑀，王颖．乡村景观的生态规划［J］．安徽农业科学，2009，37（16）：7766-7767.

［170］王仰麟，韩荡．农业景观的生态规划与设计［J］．应用生态学报，2000，11（2）：265-269.

［171］卓美行．基于城乡一体化的乡村景观规划设计研究［D］．哈尔滨：东北农业大学，2012.

［172］代琛莹．新农村建设背景下的乡村聚落景观规划与设计研究［D］．长春：东北师范大学，2008.

［173］宋俊波．西南丘陵区乡村景观规划研究［D］．重庆：西南大学，2014.

［174］张杰．村镇社区规划与设计［M］．北京：中国农业科学技术出版社，2007.

［175］挂甲峪总体规划［EB/OL］．https：//wenku.baidu.com/view/85ca9ad080eb6294dd886cd9.html.

［176］国家基本公共服务体系"十二五"规划［国发〔2012〕29号］［R］.2012.

［177］国家发展和改革委员会．促进中部地区崛起"十三五"规划［Z］.2016.

［178］长沙市规划管理局．长沙市村庄规划编制技术标准［Z］.2006.

［179］上海市规划和国土资源管理局．上海市村庄规划编制导则［Z］.2010.

［180］中华人民共和国住房和城乡建设部．村庄规划用地分类指南［Z］.2014.

［181］山东省建设厅．山东省村庄建设规划编制技术导则［Z］.2006.

[182] 中华人民共和国建设部. 村镇规划编制办法 [Z]. 2000.

[183] 天津市建交委. 天津市村庄规划编制标准 [Z]. 2010.

[184] 安徽省住房城乡建设厅和省质量技术监督局. 安徽省村庄规划编制标准 [Z]. 2015.

[185] 国家标准质检总局, 国家标准委. 美丽乡村建设指南 [Z]. 2015.

[186] 武汉市建设委员会和市城市规划管理局. 武汉市村庄建设规划设计技术导则 [Z]. 2007.

[187] 张楠. 美丽乡村建设中道路规划设计浅析 [J]. 科技展望, 2015 (06): 50.

[188] 中华人民共和国水利部. 防洪标准 GB 50201-94 [Z]. 1995.

[189] 国家基本公共服务体系 "十二五" 规划 [国发 (2012) 29 号] [Z]. 2012.7.

[190] 宋广真, 袁健, 张秀梅. 土壤污染的种类、危害及防治措施 [J]. 环境, 2006 (02): 114-115.

[191] 栾峰, 陈洁, 臧珊, 王雯赟. 城乡统筹背景下的乡村基本公共服务设施配置研究 [J]. 上海城市规划, 2014 (03): 21-27.

[192] 李泉, 刘燕平. 我国农田水利发展与投融资机制创新 [J]. 山东农业科技, 2013, 45 (1): 147-151.

[193] 上海市规划和国土资源管理局, 上海市村庄规划编制导则 [Z]. 2010.06.

[194] 长沙市规划管理局. 长沙市村庄规划编制技术标准 [Z]. 2006.01.

[195] 国家发展和改革委员会. 促进中部地区崛起 "十三五" 规划 [Z]. 2016.12.

[196] 张超. 农村环境污染防治规划理论及实证研究 [D]. 开封: 河南大学, 2010.

[197] 张莹, 陈亢利, 孙丽丽. 江浙新农村建设中环境规划的比较分析 [J]. 安徽农业科学, 2011 (05).

[198] 天津市建交委. 天津市村庄规划编制标准 [Z]. 2015.

[199] 张楠. 美丽乡村建设中道路规划设计浅析 [J]. 科技展望, 2015 (06): 50-56.

[200] 延妍, 试论我国农村环境的现状、问题及对策 [D]. 大连: 大连交通大学, 2010.

[201] 涂海峰, 王鹏程, 陈曦. "城乡统筹" 和 "两型社会" 背景下新农村规划设计探讨——以湖南省望城县光明村规划为例 [J]. 规划师, 2010 (03).

[202] 许宁. 传统聚落人居环境保护对策研究 [D]. 长沙: 长沙理工大学, 2007.

[203] 中共中央国务院关于深入推进农业供给侧结构性改革加快培育农业农村发展新动能的若干意见 [N]. 人民日报, 2017-02-06 (001).

[204] 习近平. 全面建成小康社会, 争取新时代中国特色社会主义伟大胜利——在中国共产党第十九次全国代表大会上的报告 [M]. 北京: 人民出版社, 2017: 62.

［205］馨梦．农业部等 14 部门联合印发大力发展休闲农业的指导意见［J］．农业工程，2016，6（05）：56.

［206］王洁平．乡村旅游在乡村振兴中有大作为［N］．中国旅游报，2017-11-08（003）．

［207］杨义菊．武汉休闲农业与乡村旅游发展模式探析［J］．现代农业，2015（10）：105-108.

［208］郭焕成，韩非，中国乡村旅游发展综述［J］．地理科学进展，2010，29（12）：1597-1605.

［209］代改珍．城乡一体，美丽乡村——中国乡村旅游发展模式研究［A］．中国未来研究会．全国慢旅游与慢生活学术研讨会论文集［C］．中国未来研究会，2013：5.

［210］冀献民．中国休闲农业的现状与趋势［J］．中国农学通报，2007（12）：456-460.

［211］周坤．乡村旅游规划内容体系详解［N］．中国旅游报，2011-03-09（014）．

［212］聂宗玉．匠心独运，念好"特色经"［N］．威海日报，2017-04-13（001）．

［213］中华人民共和国第十届全国人民代表大会常务委员会．中华人民共和国城乡规划法［Z］．2008.

［214］孙敏．城乡规划法实施背景下的乡村规划研究［J］．江苏城市规划，2011（05）：42-45.

［215］中华人民共和国国务院．村庄和集镇规划建设管理条例［Z］．1993.

［216］中华人民共和国建设部．村镇规划标准（GB 50188—93）［Z］．1994.

［217］中华人民共和国建设部．村庄整治技术规范（GB 50445）［Z］．2008.

［218］国家标准由质检总局，国家标准委．美丽乡村建设指南［Z］．2015.

［219］浙江省住房和城乡建设厅．浙江省村庄规划编制导则［Z］．2015.

［220］湖南省住房和城乡建设厅、湖南省锦麒设计咨询有限责任公司．湖南省村庄规划编制导则（试行）［Z］．2017.

［221］江西省建设厅．江西省村庄建设规划技术导则［Z］2014.

［222］杨玲．广东"三规合一"规划实践三阶段——从概念走向实施的"三规合一"规划［C］．2014 年中国城乡规划年会．

［223］李钟俊．"多规合一"的规划体系展望［J］．山西建筑，2017（12）．

［224］秦淑荣．基于"三规合一"的新乡村规划体系构建研究［D］．重庆：重庆大学，2011.

［225］刘馨月．基于"多规合一"的乡村规划编制研究［C］．规划 60 年：成就与挑战——2016 中国城市规划年会论文集．

［226］孟莹，戴慎志，文晓斐．当前我国乡村规划实践面临的问题与对策［J］．规划师，2015（2）：143-147.

［227］李开猛．王锋．李晓军．村庄规划中全方位村民参与方法研究——来自广州市美丽乡村规划实践［J］．城市规划 2014，（380）：34-42.

［228］吴良镛．人居环境科学导论［M］．北京：中国建筑工业出版社，2001.

［229］李莉．温岭乡村聚落特色与美丽乡村规划实践研究——以屏上村与小岙村为例［D］．西安：西安建筑科技大学，2014.

［230］周游，魏开，周剑云，戚冬瑾．我国乡村规划编制体系研究综述［J］．南方建筑，2012（04）：24-29.

［231］吴理财，吴孔凡．美丽乡村建设四种模式及比较——基于安吉、永嘉、高淳、江宁四地的调查［J］．华中农业大学学报，2014（01）：15-22.

［232］王方．新型城镇化背景下美丽乡村的规划与建设模式研究［D］．天津：天津大学，2014.

［233］吴龙福．高淳美丽乡村建设浅析［J］．江苏农村经济，2017（02）：67-68.

［234］何国华．推进湖州市美丽乡村建设的实证研究［D］．杭州：浙江大学，2015.

［235］李慧．温州永嘉县美丽乡村文化建设研究［D］．舟山：浙江海洋大学，2016.